西方环境运动：
地方、国家和全球向度

Environmental Movements:
Local, National and Global

[英]克里斯托弗·卢茨　主编
徐　凯　　译

山东大学出版社

[内容提要]本书对20世纪90年代环境运动在西欧、美国和世界其他地区发展状况进行了综合分析。作者提出，西方环境运动正处在十字路口。发达工业社会中不断制度化的现存环境组织面临着更激进团体和地方性抗议者的挑战；尽管存在着日益增加的环境难题和经济与文化全球化的趋势，一种全球性环境运动的发展至多是初步性的。

图书在版编目(CIP)数据

西方环境运动：地方、国家和全球向度/[英]克里斯托弗·卢茨主编 徐凯译．-2版．—济南：山东大学出版社，2012.5

书名原文：Environmental Movements：Local，National and Global

ISBN 978-7-5607-2904-6

Ⅰ．西... Ⅱ．①克...②徐...

Ⅲ．环境保护—研究—西方国家 Ⅳ．X-011

中国版本图书馆CIP数据核字(2008)第132319号

山东大学出版社出版发行

(山东省济南市山大南路20号 邮政编码：250100)

山 东 省 新 华 书 店 经 销

山东临沂新华印刷物流集团有限责任公司印刷

720×1000毫米 1/16 18.25印张 271千字

2012年5月第2版 2012年5月第3次印刷

定价：32.00元

总 序

在当代世界中，无论是在发达国家还是发展中国家，生态环境问题与社会可持续发展已被公认为是人类21世纪面临的最富有挑战性的难题之一。传统的工业化与城市化生产生活方式的反生态本质或不可持续性特征已暴露无遗，而同样清楚的是，在从根本上改变智力支撑着现时代的物质主义生存方式的现代化思维模式之前，人类很难找到一条通向明天的现实道路。因而，人类自从进入文明时代以来从未像今天这样需要挖掘与展现我们的理论反思潜能：通过重新思考我们与周围自然世界的关系特别是人类作为其中一部分而不是主宰者所应担当的适当角色，来重新构建一种可以使得人类长久地在地球上生存的经济、政治、社会与文化。正因为如此，我们不仅需要自然科学与工程技术意义上的生态学或“科学生态学”，而且需要（如果不能说更需要）人文与社会科学意义上的生态学或“人文生态学”。沿着上述思路，我们才能正确理解正在蓬勃兴起的、人文与社会科学视野下的大量边缘性与交叉性新学科的意蕴，比如生态伦理学、生态哲学、生态经济学、生态营销学、生态社会学、生态人类学、生态文化学、生态法学、生态文学等等。就此而言，笔者所指称的环境政治学或生态政治学也是这些诸多形成中的新兴学科之一。

环境政治的研究在欧美西方国家主要集中在生态政治理论、环境运动团体和绿色政党三个层面，但从更一般意义上说，环境政治还可以包括更为广泛的内容，比如民族国家政府的环境管治及其政策决策、环境政府间和非政府间组织的跨国环境管治合作及其全球政治参与，等等。因此，从总体上说，环境政治学或生态政治学作为一门独立学科还远未成熟，从研究对象到研究方法都需要作深入的研究。

部分是基于环境政治学这门学科本身所具有的不成熟性，部分是基于对人类所面临的生态环境问题自身与时代特点的理解，笔者并不主张急于对环境政治学作出看似明确、实际上很可能制约其发展的界定，而是更愿意将其宽泛地规定为一种政治学视野下思考生态环境问题的新视角。具体而言，这包含着两方面的含义：其一，环境政治学可以大致地规定为介于政治学与生态学之间的一门交叉性、边缘性新学科。依此，我们可以不必像对待传统学科那样过分在意它的学科独立性或“名分”，而是给予其充分的自由扩展与深化空间，这样可能反而更有利于它的学科发展与成熟。其二，由于生态环境问题明显是一个具有超出了单一传统学科研究对象归属的“超普遍性”和影响到人类基本价值认知的“深层次”问题，因而，只有以一种超越传统哲学与政治学框架的视野与开放性，才有可能突破原有认知与思维模式的局限，才可能有真正意义上的环境政治学或生态政治学。从这个意义上说，一切反灰色的都是绿色的。

基于上述认识，笔者认为，环境政治学在中国发展的切入点或突破口应着眼于以下两点：一是要坚持研究方法上的比较政治学观点或方法。这其中既包括不同学科视野下对生态环境问题研究的比较，也包括世界不同地区环境政治学理论与实践的比较。对于前者来说，对生态哲学研究已有成果的消化吸收，是其他生态环境问题相关学科包括自然科学学科的理性元点，环境政治学也不例外；对于后者来说，我们并不认为欧美西方国家掌握着人类通向绿色未来的真理或“锁钥”，也不认为中国可以回避作为一个当今世界最大现代化进程中国家的历史责任与创造潜力，但我们的确认为，只有对欧美国家社会与经济生态化发展经验的分析借鉴才有可能成为任何绿色文明与社会创建的现实起点。二是要争取研究成果上尽可能广泛而及时的交流与分享。这其中一个基础性的手段当然是有选择地翻译介绍欧美西方国家学者在环境政治学领域的经典性论著，而它对于环境政治学理论与方法在中国的普及和中外学者学术交流的重要性都是不言而喻的。

编辑出版《环境政治学译丛》是在上述两方面意义上的一个尝试，目的是推进环境政治学在中国的起步与发展。需要强调的是，目前呈现给读者的这一统一的“环境政治学译丛”（共12册）是自2005年开始陆续翻译出版的。2005年翻译出版了《绿色政治思想》（安德鲁·多布森）、《生态社会主义：从深生态学到社会正义》（戴维·佩珀）、《环境运动：地方、国家和全球向度》（克里斯·卢茨）和《欧洲执政绿党》（斐迪南·穆勒—罗密尔和托马斯·波古特克）。2008年翻译出版了《自由生态学：等级制的出现与消解》（默里·布克金）、《生态社会主义还是生态资本主义》（萨拉·萨卡）、《当代多重危机与包容性民主》（塔基斯·福托鲍洛斯）和《地球政治学：环境话语》（约翰·德赖泽克）。2012年翻译出版了《绿色国家：重思民主与主权》（罗宾·艾克斯利）、《环境与公民权：整合正义、责任和公民参与》（马克·史密斯和皮亚·庞萨帕）、《全球视野下的环境管治：生态与政治现代化的新方法》（马丁·耶内克和克劳斯·雅克布）和《全球环境政治：权力、观点和实践》（罗尼·利普舒茨）。这些著作之所以被选，一方面是由于它们都已成为当代环境政治著述中的经典性作品或“必读书目”，另一方面则是由于它们作为一个整体分别展现了“环境政治学”、“生态社会主义”、“生态资本主义”等环境政治学整体或某一主要理论与实践流派的最新概貌。

当然，如果没有大量研究基金、学术机构和国内外同行所提供的帮助与鼓励，《环境政治学译丛》在最近几年内的连续编译出版是无法想象的。因此，笔者要特别感谢“中欧高教合作项目”、“德国学术交流中心—香港王宽诚教育基金会”、“哈佛—燕京学社”访问学者项目、欧盟—中国研究中心项目、德国洪堡基金会、中国留学基金委员会，以及教育部“优秀青年教师资助计划”、霍英东教育基金会青年教师基金、教育部人文社科重点研究基地（山东大学当代社会主义研究所）项目“生态社会主义研究”、教育部新世纪优秀人才支持计划、教育部人文社科研究规划项目“西方绿色左翼政治思潮研究”（09YJA710046）和国家社科基金项目“西方生态资本主义及其批评研究”(10BKS049)等所提供的主要财政资助。同时，在本译丛的编译过程中，我们还得到了安德鲁·多布森、斐迪南·穆勒—罗密尔、戴维·佩珀、托马斯·波古特克、克里斯·卢茨、萨拉·萨卡、塔基斯·福托鲍洛斯、约翰·德赖泽克、罗宾·艾克斯利、马克·史密斯、皮亚·庞萨帕、马丁·耶内克和罗尼·利普舒茨等提供的各方面热情帮助，他们为各自著作的中文版撰写了专门的前言，而且萨拉·萨卡先生还对自己的著作作了一些文献资料性的补充与完善。

同样重要的是，我的同事和合作伙伴刘颖博士、徐凯博士、张淑兰教授、李宏博士、蔺雪春博士、郭晨星博士、侯艳芳博士、郭志俊博士、杨晓燕博士、李慧明博士和博士候选人李昕蕾女士等，他们在从事繁忙的教学科研任务的同时先后承担了本译丛的翻译工作。在此，笔者一并致以最真诚的谢意。

最后，笔者再次感谢山东大学出版社对《环境政治学译丛》的出版所给予的大力支持和所付出的艰巨努力，并真诚地希望，它能够成为我们共同期待的环境政治学研究在中国进入一个新阶段的起点。

郇庆治

2012 年 4 月于北京大学

译者说明

环境政治学是新近发展起来的一门政治学分支学科，环境运动则是该学科所研究的一个极为重要的方面。《西方环境运动：地方、国家和全球向度》是上世纪90年代西方学者对全球范围环境运动研究的一项汇编成果，向广大读者展示了从地方到国家以至全球层次上环境运动发展的复杂网络。当然，我们不难发现，其侧重点是在工业化世界尤其是欧美地区。正如主编卢茨教授所概括的那样，本书主要涵盖了以下三个主要问题：首先是环境运动的制度化及面临的困境；其次是地方环境抗议与国家之间的关系以及跨国环境组织之间的相互关系；最后部分则探讨了一场真正全球环境运动前景如何的问题。这些问题虽然近些年来在国内已经有所关注，但系统性的理论著述却并不多见，本书的翻译出版无疑有助于增强国内学术界和普通公众对于世界环境运动的理解。

在当前我国面临比较严峻的环境问题的情况下，该书向我们展示了在世界其他国家和地方以及国际层次上环境保护实践的努力。作为一种可选择的道路，这些经验在一定程度上对我国的环境保护和可持续发展的实践具有借鉴意义。尤其是自上世纪70年代末以来，随着工业化进程的加快和人口膨胀所带来的社会发展和环境保护之间矛盾的加剧，全国上下都开始对环境保护事业寄予了前所未有的重视。在政府层次上，各项与环境保护相关的法律规定正在日益得到完善，并且非常可喜的是，在《中国21世纪议程》中可持续发展战略已经被认为是“下个世纪和未来国家发展的自我需求和必然选择”。在社会层次上，普通公众的环境意识以及对于环境保护的参与水平也得到了增强。在许多环境问题上，公众的态度和声音已经在一定程度上对各级政府和商业公司的决策产生了直接或者间接的影响。尤其较为显著的是，上世纪 90 年代以来在中国也出现了诸如“自然之友”、“北京地球村”等草根(grassroots)环境保护的非政府组织，它们在唤醒公众意识、推动公众环境参与以及社区发展方面已经发挥了一定的作用。当然，我们也看到，中国环境非政府组织的发展存在着许多问题，它们在数量上较少，规模上也十分有限，并且还面临着来自财政资源、法律以及制度上的诸多压力和困难。纵然如此，它们确实代表了我国环境治理结构中所出现的一种新型力量，对于我国的环境和社会发展都具有现实意义。笔者认为，虽然它们与西方意义上的环境运动之间存在相当大的差异，但书中所涉及的一些问题可能在它们的发展进程中已经或者可能出现，从这个意义上来讲，该书对于环保活动人士也有一定的参考价值。

本书在翻译过程中遇到了诸如专有词汇、地名和人名翻译等方面的困难。对于这些相关词汇的翻译，本人尽可能与国内已有翻译作品和相关学术成果保持一致，并且在括号里用英文注明。由于本人水平有限，翻译中存在一些差错在所难免，希望各位读者批评指正。另外，郇庆治教授校对了书稿的全部内容，并编译了每一章后的注释内容，而译者的学妹杨晓燕则制作了其中的部分图表，谨以致谢。

译　者

2004 年 8 月于卡尔加里大学

中译本前言

自从本书英文版1999年出版以来，环境议题经常成为媒体的头版重要新闻，但环境运动和环境运动组织总体上说并没有在西方工业社会的大众媒体中享受到这种显著地位。

初看起来，这也许可以成为某些评论者预测的环境主义制度化确实对环境运动产生了影响的证据。博索、范德海登、加米森、乔丹和马洛尼等人主张，随着环境主义的制度化，环境运动正变得低动员化，变成一个"公共利益游说团体"或一系列"抗议性商团"，并且正在失去作为社会运动的根本特征：组织的非正式性、支持者的直接参与和对现存秩序与权力的制度化分配的冲突性抗争。在它看来，支持者正在变成"支票簿/信用卡"赞助群体或"绿色消费者"，而不是一个致力于全面改造的社会运动的主动参与者，活动分子正在日益职业化和更多是付薪的职员而不是热情的志愿者，而昔日的环境运动组织正逐渐成为它们过去所批评与反对的政府和公司的正规化组织的伙伴。

这些预测大多数是在20世纪90年代初期和中期作出的。然而，对1988～1998年间报道的西欧环境抗议的系统分析表明，宣布更激进主义的环境主义形式的死亡至少是不成熟的，因为在被认为环境主义走向制度化的90年代西方环境抗议活动并不存在线性的下降。抗议事件发生频率的历时性变化和国家间差异表明，环境抗议并非只是制度化的不可避免的伴生物，而是随着动员议题的起伏，尤其是变化中的政治机会类型而波动。因此，在英国，环境抗议在将经济发展置于优先地位，并且拒绝回应公众对环境破坏项目反对的保守党政府时期激增。相比之下，在最初的轰轰烈烈之后，由于有了一个更加愿意听取公众意见并且补充了相关政策的工党政府，环境抗议相对和缓了。

如果确有一个环境抗议频率的下降，没有理由假定它或者是永久性的或者是普遍性的。在美国，环境抗议到90年代末看起来已经和缓了，而较大规模的保护组织似乎已经完全被驯服了。然而，布什总统的共和党当局使前任政府时期建立的大量环境保护和规范制度倒退的做法，已重新激起了更新的能动主义和动员基层支持的兴趣，而基于信仰的对贪婪消费主义和对环境亵渎的批评已经获得了增加的支持。甚至一个历史如此悠久的组织像希拉俱乐部也被刺激而投入行动，它计划在2005年举行其120年历史上的第一次全国大会，这肯定将会成为聚集美国环境运动的各种流派的焦点性事件。

尽管纯粹的环境抗议活动自1998年以来在许多西方国家中看起来的确是下降了，但由于缺乏系统性的分析，我们并不能确定这一点。未经熟虑的观察可能是误导性的，因为它是非系统性的，而且现实中总是有着如此多的事情不同程度地分散我们的注意力。不仅如此，我们的环境抗议知识在很大程度上基于我们从大众媒体中阅读、看到和听到的东西，但环境抗议活动现在已不再是新颖现象，它已不再像过去那样有新闻价值。环境抗议活动很可能因此在最近几年中被较少的报道，除非当一个议题或事件在较短时间内引起一个大规模抗议活动或大量抗议活动的时候。因此，大众媒体报道的只是事实上发生的环境抗议活动的一部分，而且很可能是一个下降中的部分，因而对报道事件的统计只是对整个环境抗议频率计算的一个不完善的指标。

随着环境抗议新闻价值的下降，尤其可能被忽略的是西方工业化国家中持续存在的那些大量表面上地方化的议题。因为它没有得到充分的报道，除非是地方性的报道，我们拥有很少关于地方抗议的知识，但来自很多地方和涉及多种议题的证据表明，地方性环境抗议至少像过去一样普遍。的确，依据所获得的不断积累的证据，随着能够享受更好的教育和更加富有，人们变得更不愿意屈从于权威甚至被选举的权威和更愿

意参与政治，因而可能的是，涉及环境议题的地方抗议变得更加普遍而不是相反，而且这一趋势将会持续。

环境抗议的近况已经使政府变得谨慎。因为环境活动分子关于发动针对不希望的发展的动员威胁不能简单地视为愚蠢，政府都不愿意刺激他们，并且往往力图避免作出争议性的决定。在美国，抗议的可能性阻止了过去二十年中任何新炼油厂或核电站的建设，事实上终止了城市废弃物处理设施的建造，逆转了有害废弃物倾倒地点不成比例地集中在非白人集聚区的趋势。在英国，道路建设受到了反道路抗议复活威胁的严重抑制，而面对环境主义者的一致反对，英国政府像其他欧洲政府一样，大大限制了转基因农作物的种植。实际上的抗议也许是相对和缓的，但这仅仅是因为政府不想重新激活过去不久的争论而对环境抗议的**可能**威胁采取了更敏感立场。

当然，环境抗议只是环境运动和作为其中一部分的环境组织活动中最壮观的一种。广泛假定的是，随着环境运动组织规模的变大、更好地融入到利益团体政治网络和更加频繁地出入于决策圈，它们往往会变得更加官僚化，将会失去与其成员和支持者的联系，从而相应地失去动员那些支持者的能力。尽管大多数环境运动组织最近没有试图直接动员它们的成员和支持者，这不过是一个策略和战略选择而不是必要性的问题。的确，即使表面上的国内环境组织比如英国皇家鸟类保护协会和德国的主流环境组织通过它们的行动与宣言表明，它们虽然不经常使用，但依然保留诉诸大众动员武器的权利。

也没有任何证据显示，环境组织已经失去了吸引成员的能力。在大多数西方国家，即使在那些 90 年代没有稳定增加的国家，这些组织在 2001 年的总体成员数量也比它们在十年或二十年前要多。尽管如此，环境运动组织在吸引新成员方面并不都是成功的。在 90 年代，绿色和平组织在美国经历了一个大幅度下降过程；在欧洲，则关闭了在斯堪的纳维亚和爱尔兰的全国性办公室以节省资源。在英国和荷兰，能动性的生态组织比如绿色和平和地球之友呈现为稳定状态而不是增加状态。成员数量的持续性增加出现在更传统性的保护主义组织中和一些有着本质上保护主义目标的新组织比如英国的林区信托(WT)。在某种程度上，成员和积极支持者数量的波动看起来体现了不同组织不同的招募和运动战略。因此，皇家鸟类保护协会有意将招募置于优先地位，因为它相信其影响力是与它可以声称代表的成员数量成正比的。而绿色和平组织较少依赖数量的力量而较多地依赖壮观行动的展示性价值，后者往往涉及相对较少的活动分子成员，而且它越来越侧重于以研究为基础的游说和公共信息运动。至少在英国，绿色和平组织在不断调整成员招募与运动组织之间的平衡，并且在最近几年中将运动组织置于相对于成员招募的优先地位。总之，环境运动组织已明确地发展了它们活动的战略观点，不再简单寻求使成员数量最大化或回应所有可能相关的议题。

与保护性组织更新的成员增加和相对力量的不断增长相平行的，是那些由个人和小团体发起的实践性保护创议的发展，他们往往不认为自己是环境活动分子，但致力于采取实践行动来保持和保护自然环境中的剩余部分和恢复被破坏的自然环境。因此，英国保护志愿者信托(BTCV)是90年代英国增长最快的环境团体，而关心土地运动(LM)在澳大利亚吸引了不同社会阶层，尤其是在那些迄今处在环境运动之外的农村地区。在北美和澳大利亚，实践性的、自助的环境保护有着日益增加的报道。当然，这些保护主义的创议团体如果与过去几十年中集中于荒野保护的传统斗争相比是温和的和人类中心主义的，而且仍需要观察的是，一旦事件刺激更新的大众动员时，它们中多少会与环境运动组织相联系。然而，它们至少是对大众环境关切并且不仅限于口头上的证据，而且对环境行动的潜在支持并没有耗尽。

与农村保护行动的上升同样值得重视的是城市环境主义的持续增长。缘于对人们的健康与生活状况以及残存的城市绿色空间与野生生物的保持与改善的关切，城市环境团体已倡导社区循环和制作肥料计划作为对废弃物焚烧手段的替代性选择。这些城市活动与更广泛的环境运动的关系或许是存在问题的，但有证据表明，地方性团体在关键性动员时期可以成为运动联盟的核心，从而反过来激活更一般

意义上的环境行动主义。

对环境正义的关切开始于美国。它致力于保护人们免遭有毒和有害废弃物倾倒或排放导致污染所带来的负效果的损害。在美国，它在组织不太富裕人群和影响公众政策的网络方面是非常有效的，而且，它在近几年已被概括为全国和国际水平上环境运动和组织的一个政治动员框架。

在1998年的写作中，我表达了对一个全球性环境运动的前景的怀疑。我之所以这样做，是因为尽管我认识到很多力量促成了作为“全球化”一个结果的地方和全国孤立性的侵蚀，但我印象深刻的是阻碍一个全球性环境意识和跨国运动组织发展力量的巨大。对许多评论者已经信心十足地贴上一个全球运动标签的赞美，在1999年12月于西雅图举行的反对世界贸易组织的抗议活动之后变得更加热情。在一系列文章和著作章节中，我提出了对那种热情的批评，指出即使在最发达的跨国政体即欧盟中环境主义也只能做到有限跨国际化。现在看来，我也许是过于悲观的。对一个真正全球性运动发展的障碍依然存在，但从目前看全球正义运动的确是一个**运动**，而不只是一系列互不相关的抗议活动。日益明显的是，它包括一个行动者和组织网络，参与集体性行动，基于分享的认同或关切，因而，它满足我所偏好的对一个社会运动的界定尺度。也许它还不是(迄今?)真正**全球性**的，但它的确日益呈现为一个**跨国性**运动，它把北方**和**南方国家活动分子的关切结合起来而没有使南方活动分子的关切服从于北方同伴的关切。

然而，它与环境主义的关系是更成问题的，因为全球正义运动更多地致力于经济正义、地球资源的公正分配、人权等议题，而不仅仅局限于环境保护议题。尽管如此，它日益认识到这些议题本质上是相互联系的，而且任何一个议题都不会得到单独解决。这种对这些议题内在关联性的承认，不断地体现在环境运动组织议程的转变中。地球之友国际很可能在扩展其议程以接纳人权议题上走得最远，而世界自然基金和全国鸟类保护组织通过承认保护其栖息地的必要，已经从关心特殊物种的保持发展到关心一般生物多样性的保护阶段。这方面的最新例子是，承认只有解决人类的生活条件对自然环境的压力才能得到有效而平等的改善。

当北方环境运动向南方国家提供援助和帮助时经常被指责的是，它们往往强加给对方它们自己的议程和优先性。更糟糕的是，通过免除接受者在当地人群中动员和募集资金的必要，它被认为是破坏而不是强化了南方运动家从事大众动员的能力。这些效果已经在对后共产主义中东欧国家的分析中阐明，在那里，民主化伴随的是新自由主义的经济政策和急剧下降的生活水准，而环境状况的改善在很多情况下是被作为欧盟成员国候选人的代价所强加的。但在亚洲国家比如印度、印度尼西亚、菲律宾和泰国，大多与人权议程相联系的本地环境运动看起来是在没有得到北方国家环境团体的大量援助或帮助的情况下发展起来的。甚至在北方环境运动组织的确给予南方运动家建议和帮助的地方，前者似乎也从比如1992年里约峰会上的著名对抗中学到了很多，对南方活动分子的观点变得更加敏感，并且对自己观点的局限变得更具有自我批评性。资源的不平衡意味着南北方之间的联盟依然是倾斜的，但他们已经与甚至最近的过去十年前有很大不同，而且一般来说，南方运动家变得更加精明于从与北方的联系中获益而不改变他们自己的议程。

明确的是，环境主义在过去的十年中已经发生改变，在欧洲（如果不是也在美国的话），它变得日益制度化。但是，依然很少证据表明，既存化的渠道为实践行动提供的增加的机会已严重地消耗了环境运动的活力。环境运动组织继续享受着大量的公众支持和同情，它们比政党吸引了更多的成员，它们在环境议题上依然享有比政府和公司更多的信任，它们并没有沦落为政府的驯服伙伴或“绿色”商团。事实上，通过其持续的活力，环境运动看起来对古老的社会学公理开了一个玩笑：组织导致制度化和不可避免的非动员化。

环境运动在持续挑战现代科学的傲慢和人类对科学知识的滥用。环境运动关于其政治关切在范围上是真正全球性的说法正变得日益可信，而且它们继续推进一个对资本主义工业化使人类和星球代价的

令人信服的批评。不仅如此，它们在继续提出并且有时付出巨大具体化一个选择性的、更和谐未来的因素。这些当然是足以维持我们兴趣的理由。

克里斯托弗·卢茨

2004年8月于肯特大学

目　录

导　论　从地方到全球的环境运动

在所有从20世纪60年代后期学生运动出现的"新"社会运动中，就它们活动的专业化及其接近决策者的规范性而言，环境运动具有对政治最持久的影响力并且经历了最广泛的制度化过程。部分地作为环境运动压力的一种结果，环境部现已在西方政府中普遍存在。绿党只是工业化社会政治绿化中并不起眼的事情，但其成员现在已担任着西欧四大国中三个国家政府环境部长的职务。绿党已经成为大多数西欧国家政治舞台上稳定而积极的参与者，反过来又与其他更大政党竞争并被其他政党所讨好。

绿党并不是简单、直接地从环境运动中成长起来的[1]，它们被普遍认为是一个更广泛的绿色运动的一部分。而且，绿党进入越来越多全国政府的事实更多地要归因于环境运动的现实力量和大众影响，而不是绿党自身一般边缘化的选举成效。

尽管大众媒体周期性并且颇具煽动性地报道环境运动的衰退乃至死亡，大量的证据仍然支持它有持久的生命力。年轻人现在更可能成为环境运动组织而不是政党的成员或者付费支持者。随着老一代环境运动组织(EMOs)的既存化和制度化，新的、更正式组织化的环境活动分子网络出现了。[2]"生态卫士"不仅成了年轻人心目中的英雄，甚至成了比较保守的媒体的人民英雄。[3]反对新基础设施建设诸如道路、机场、高速铁路和废物处理设备等的行动动员已经如此提高了那些项目的成本，使得这些政策不得不进行重新评估。在全球层次上，作为与环境运动相关或其中一部分的非政府组织(NGOs)，当它们试图置身于应对全球环境难题的政策与制度的形成与落实时，作为与国家代表的对话者享受了史无前例的地位。

如果说环境运动与绿党相比遭到学术界相对忽视的话，这部分是由于这种运动的十足混乱状态。政党和个体组织相对比较容易被区别开来，但环境运动却是一个非常模糊的术语，并且经常为了包含一切而故意被模糊。

本书所采纳的“环境运动”是一个内涵宽泛的概念。因此，环境运动被视为由公众和组织组成，参与集体行动，以追求环境利益的广泛网络。[4]环境运动十分多样化和复杂化。它们的组织形式既有高度组织化和制度化的，也有非常激进和非正式的。它们的活动空间范围从地方几乎到全球。它们关注的领域从单一议题到全球环境关切的全部问题。这种包容性的概念是与环境活动分子自己对这一词汇的使用相一致的，并能够使人们考虑到活动分子所称谓的“环境运动”的几个层次和形式之间的联系。政党特别是绿党在原则上不排除在外，但是，这里的重点是团体和组织，它们一般通过不太清晰和公开的规范化管理方式进行运作，并且不追求正式的政治职位。

这里的案例并不试图完全代表具有多样性的环境运动，但它们确实包括了那些环境运动引起特别关注国家中和那些很好地体现了环境运动发展中最令人感兴趣议题的案例：

环境运动制度化及其伴随的困境；

地方环境斗争与全国及（有时）跨国环境运动组织之间的关系；

一种全球环境运动发展的前景。

1. 制度化及其争议

马里奥·迪亚尼（Mario Diani）和帕罗·唐纳提（Paolo Donati）为环境运动组织的组织结构变化制定了一个分析框架。如果认为环境运动已经历了从一个大众参与的社会运动到一系列制度化的利益团体的变化，那么这种观点就过于简化了。像其他社会运动组织一样，环境运动组织面临着在专业化和大众参与组织形式之间以及传统和非传统的行动形式之间作出选择的问题。这些选择并不是相互排斥的，形式和策略的混合

都随时间和地点的不同而变化。虽然证据显示某些迄今为止参与性和非传统的组织已经变得越来越专业化并且更乐意采用传统策略，但其他至今完全传统意义上的组织现在也使用相对不太传统的策略。然而，随着社会和政治被人们通常所说的“全球化”或“后现代化”的进程所改变，我们也有理由期望环境运动特征的一个转变。在这场转变中，处于中心地位的是大众媒体的作用。更加职业化的环境运动组织已迅速使自己适应于这个大众传媒时代，但现在出现的问题是，这些调整是否会削弱环境运动组织发动像当初那样的大规模大众动员的能力。

这种关切在德国比其他的地方更为明显。虽然德国运动被广泛认为是一种成熟的并且成功实现制度化的运动模式以及对其他国家运动的一种鼓舞，可是直到今天还没有系统性的关于其制度化过程以及制度化引起的战略困境的英文阐述。卡尔—沃纳·布兰德(Karl-Werner Brand)描述了德国环境运动制度化的许多方面，以及它在运动中所引发的自我反省。

近来主要是新闻界对于德国运动的讨论声称，环境运动已经到达了顶峰并且正进入停滞甚至已经处于衰退状态。迪特·鲁赫特(Dieter Rucht)和约琛·卢斯(Jochen Roose)引用了调查研究的结果和正在进行中的对环境运动活动的新闻报告分析，试图依此对这些基于经验事实的论断进行系统的反驳。他们的分析表明，真正的景象要比一般所描述的情况复杂得多。当然，环境运动已不再是一种新奇事物，环境政治现在也已很好地融入了主流政治。环境运动面临的这种困境不是失败而是不完全的成功。现在的问题是，如何更好地使运动得以复兴并且更进一步地走向可持续性。

虽然德国案例出于多种原因是自成一体的，但它仍然能够用来说明在成熟的北欧工业化社会中具有普遍性的制度化过程及其伴随的困境。在英国，环境运动的制度化也在快速进行[5]，但甚至比德国更为显著的是，其近年来伴随着一股尤其与反道路运动紧密关联的不太正式组织化的行动主义浪潮。[6]这表明，制度化过程可能是自我限制性的。部分是作为对诸如地球之友等老环境运动组织制度化的后果的回应，那些以“网络”组织形式为特征的新团体而不是更为正式的组织已经成长起来。德

里克·沃尔(Derek Wall)描述和分析了“地球第一”(英国)这一最知名新团体的出现过程，以及它与青年人亚文化和更广泛的环境运动“家族”的其他部分，包括更常规环境运动组织与地方环境抗议者在内的复杂关系。通过从英语世界其他部分的环境活动分子借取灵感和策略，甚至当新团体期望开始做一些比那些老环境运动组织更引人注目、更激进和更直接有效的行动时，那些更加传统的组织为新团体成长提供了一个不可估量的联系网络资源。

在南欧那些处于较晚工业化进程和新民主的国家中，环境运动也正在向制度化方向发展，但这一过程处于根本不同于北方国家的外部环境之中。尤其是由于历届政府都试图证明本国是一个充分现代化和民主化的欧盟成员所创造的机会和压力，正如曼纽尔·吉门尼兹(Manuel Jiménez)所证实的那样，甚至在没有大量成员和支持者支持的环境运动组织发展的情况下，西班牙环境运动已成功获得了一个相当高的权力和制度化水平。由此，西班牙展示了一对不同寻常的矛盾，即同时拥有在西欧最低的社团成员水平和一种实际上被大量参与政策制定和实施机会阻碍的环境运动。

2. 地方和国家

但是，正如玛丽亚·考西斯(Maria Kousis)所表明的那样，如果说低成员数量水平在南欧是普遍现象的话，那么，断定南欧的环境运动动员同样低水平则将是错误的。如果我们考察地方层次，那么我们会发现，环境抗议活动的数量和持续时间以及斗争策略的多元化都是令人印象深刻的。如果它们很少与全国性环境运动组织相联系，那几乎可以肯定，这同时与那些全国性环境运动组织的资源缺乏和抗议者环境意识的局限性一样相关。[7]实际上，当地方运动家寻求更完善的环境运动组织时，他们就像第三世界的同伴一样经常把注意力放在国外。

然而，在那些全国性环境运动组织拥有更多资源以及具有更加悠久的地方环境抗议传统的地方，比如在美国，地方性环境运动和全国性环境运动组织的联系就特别重要了。乔安·卡明(Joann Carmin)考察了地方志愿性的和全国职业性的环境动员之间的关系。他从新闻报道中分析发

现，虽然两者都会随着时间变化而发生起伏变化，但没有证据表明职业化运动倾向于取代地方志愿性行动；相反，这两个层次的行动看起来是共生的。关于全国性职业化环境运动组织行动的报道已经随着时间的延续而减少，而被报道的地方志愿性团体的活动却更多地呈现为阶段性增长。值得注意的是，被报道的地方志愿性团体的非传统活动尽管有波动，但并没有明显下降，而且，全国性职业化环境运动组织的非传统行动的上升总体来说也呈现了地方性非传统活动的模式。职业化环境运动组织的非传统行动甚至在地方性团体的相应行动开始下降之后依然持续的事实表明，地方性团体发挥了一种与环境议题相关联的"发现"作用，一旦某项议题在全国议程上得以确立，抗议指挥棒就会传到那些规模更大、资源更丰富的环境运动组织手中。

卡明发现的关系是合理的和有启发性的——如果我们将考西斯关于地方动员的数据与吉门尼兹关于全国性被报道的抗议事件的数据进行比较，这种关系似乎在西班牙得到了印证——但是，记住所有这些数据都是基于新闻报道是很重要的。虽然在缺乏更好证据的情况下，这些分析值得认真对待，但从严格意义上讲，他们分析的是媒体对环境运动行动的关注记录而不是未经思想处理过的那些行动的记录。由此，考虑到环境运动活动新奇性价值的逐步下降和它们不断增加的关起门来而不是公开进行的半制度化的工作方式，美国被报道的关于全国性环境运动组织活动的下降反映的是环境运动组织行动的新闻价值和可见性的下降而不是它们活动水平的真正下降。

如果说卡明已经表明了地方抗议者和全国性环境运动组织的行动之间的相互关联，那么，戴维·施劳斯伯格(David Schlosberg)在他对美国环境正义运动的讨论中，则考察了将地方环境抗议活动连结起来的网络作为对依赖集权化组织之外的另一种选择。很多人日益将美国主要环境运动组织视为未经授权的、家长制作风的和排他性的，从而推动了新组织形式的发展。这些组织可以足够灵活地包容环境正义运动的多样性并对地方层次上变化的情况作出回应。对网络而不是更加正式和集权化组织的偏好是美国环境运动家与新一代英国环境运动家的相同之处。戴维·施劳斯伯格对于网络并不是最合适的长时间维持抗议手段的担心可能是错误的。因为考西斯发现，在那些由于文化和资源的原因职业环境运动组织能力很弱，并且有效网络系统也肯定比美国更落后的国家，比如希腊、西班牙和葡萄牙，持续的地方性环境运动的数量是非常之大的。如果说美国的运动很少具有持续性的话，这也许更多地与一个文化上造成的偏重于对直接结果的企求、人口中更高水平的空间流动性、美国政治制度更大程度的开放性和合作能力有关，而不是与作为一种组织战略的网络缺陷相关。

3. 会走向一个全球环境运动吗

如果影响因素的多样性给美国有效的环境运动组织制造了困难，那么，当尝试组织一种真正的全球性环境运动时，其困难程度是可想而知的。正如海因安顿·范德海登(Hein-Anton van der Heijden)所指出的，在巩固的自由民主社会的西欧、北美与澳大利亚等第一世界，经济和政治上脆弱的前苏联、东欧等后社会主义国家，经济依附于政治的不稳定的第三世界国家之间存在的各种各样状况，使得生态现代化和可持续发展观——在富足和物质主义的第一世界相互竞争的环境利益之间，在实用主义的妥协进程中形成的话语——不可能被普遍使用或接受。西方反文化活动分子，诸如“地球第一”成员和第三世界环境主义者拒绝这些现代主义和人类中心主义的言论，但是，对于这种激进批评的抵抗在第一世界是根深蒂固的。范德海登希望第三世界的环境运动在今后的几年里掌握领导权。

任何对于第三世界通向有效环境运动的道路是一马平川的期望都会立刻被杰夫·海恩斯(Jeff Haynes)的观点所粉碎。对于第三世界的人民来说，像其他地方一样，环境关切是与其对经济、政治和文化的不满结合在一起的。假如，因为权力不平等在第三世界更严重，从而导致那里的大众运动很少采取像西方社会那样纯粹的环境运动形式，那么，强调更广泛的政治和经济进程对于保护环境斗争的成功是至关重要的。对民主政治活动保障和冤屈司法矫正的缺乏以及相应的公民社会的不发展，常常联合起来图谋压制世界最贫困人民保护他们居留地的艰巨努力。他们的运动成功与否往往依赖于其获取第一世界环境运动组织支持的能力。

新跨国环保条约的制定以及落实这些条约的执行机构的建立之迅速是过去二十年显著的特点。由于为经济和环境正义以及环保关切所渗透,新机构,诸如全球环境基金(GEF)和被更广泛质疑的世界贸易组织(WTO),已成为环境非政府组织和经济主要权力机构之间进行互动的场所。佐伊·扬(Zoe Young)研究了非政府组织在全球环境基金中的作用,而马克·威廉姆斯(Marc Williams)和露西·福特(Lucy Ford)则考察了环境活动分子思考世贸组织时所面临的困境。

与权力当局进行谈判的环境团体,就像它们与世贸组织打交道一样,为了能够和由于这样做而变得驯服。然而,那些仍然留在外边的团体却因此而限制了自己的影响力。因此,环境运动组织在国家层次上面临的困境在全球层次上也得到了反映。实际上,它们被扩大化了,因为在全球层次上发挥作用所需要的资源要比在国家层次上多得多。更为真实的是,那些试图成为国际角色的环境运动组织依赖于跨国组织,至少在参加国际会议所需要的经费上如此。

很明显,现存的非政府组织与很多人所期望的全球环境运动还相差甚远。正如佐伊·扬所评论的,作为新制度环境下的年轻组织,它们是“临时制”的。它们成为任何种类的真正民主负责的组织的可能性都是有限的,当它们所面对的对象是全球公众时更是如此。民主的全球国家并不存在,而且,如果说存在全球公民社会的话,那也是在精英中进行有效交流的可能性要比在普通大众中大得多。

问题是,把这种民主责任的缺乏仅仅视为全球环境运动发展中的一个暂时阶段是困难的。然而,鉴于在纯地方层次甚至国家层次上实现环境不满矫正只具有有限效果,它们只能在全球舞台上进行活动而别无选择。如果一种有效的真正民主的全球环境运动的前景在今天看来仍然是有限的话,那么,随着更好更廉价的通信方式把地球村更好地联系起来以及更多的高等教育提供给更多的人们与其他国家和地区的人们发展共同事业所必需的个人技巧和资源,环境运动的组织将很可能逐步得以改善。

4. 小　结

世界环境主义者的有效网络化发展是否会超过全球环境退化的速度

仍然是一个争论中的观点，但没有理由假设，环境运动已经受到日益增加的制度化的限制。本文集中一个不断出现的主题是社会运动在关键时刻的集中性，在本质上它必须批判现存的社会和政治关系。[8]社会运动不可能完全被制度化并将继续保留社会运动的身份，而且，只要在一个运动中保存着活力，就会存在那些以目的纯粹性名义对由制度化带来的妥协进行抵制的人。这不仅仅是对现存的和半制度化环境运动组织的恼怒，对他们来说也是无价之宝，因为它可以作为对运动良心的一种提醒、一种与基层意见保持联系的方式和一个可以用来与权力部门打交道的杠杆——通过它来提醒权力部门，如果过于强烈地抵制半制度化温和主义者的合理要求，可能会激起未形成组织的激进分子更加具有破坏性的运动。环境激进分子和现有的环境运动组织代表之间的关系，由此经常是令人惊奇的真诚和具有合作性。

无论在地方、国家还是全球层次上，环境运动发展的辩证法都是一个仍在进展中的过程。环境议题的强迫性本质使得应对它们的日益有效的制度化方式成为可能，但那些职业性地参与环保的人们清楚地意识到，一个有活力的环境运动的存在会加强他们相对资源竞争者的优势。这些人所欣赏的不只是温和环境主义的价值观，恰恰是最抗拒制度化的激进环境主义被他们特别地珍视为一种观念的源泉。[9]

无论激进环境主义在工业化程度最高的国家如何由于日益强大的制度化环境主义构架而显得黯然失色，许多理由可以说明，它将继续成为环境运动得以复兴的持续性源泉。首先，环境激进分子的理念和价值观不仅从根本上批判发达资本主义的许多制度，而且批判资本主义所代表的观念和价值。与资本主义意识形态针锋相对的乌托邦观念在没有一场革命（很少有人相信即将到来）的情况下，是很难被完全吸纳的。正如环境激进分子的最高希望很可能依然是不现实的一样，甚至最完善的环境保护体制也不可能预见、迅速或有效地应付每一个新的环境不满源，以阻止地方抱怨和抵制运动的重复出现。这些也是环境运动革新的一个持续动力。

它不只是一个为我们对环境运动持续兴趣进行辩护的、对于非传统方式的浪漫主义幻想。环境运动不仅将继续成为全球保护和改善环境动

力的一个重要组成部分，而且它们作为权力机构的对话者和施压者的重要性也不断被政府、国际机构和公司等所认可。近来迅速发展但不完全的制度化可能会使环境运动面临一系列不适的困境，然而不仅因为环境运动给权力机构造成的窘境，我们完全有其他理由认为，它们将会在未来很多年里吸引我们的注意力。

致谢

在完成这个项目过程中，我确实需要对各方面的帮助表示谢意。首先特别感谢欧洲政治研究协会(ECPR)：通过该协会举办的一系列研讨会所建立和巩固的个人网络，在很大程度上激发了我对有关社会运动的思考；这本文集的直接动力来自我1997年在伯尔尼所主持的欧洲政治研究协会联合年会的小组讨论；该协会的绿色政治常设小组的时事通讯提供了另外一个重要的成员征募方式。同时还要感谢欧盟委员会(European Commission)以及由伯特·克兰德曼斯(Bert Klandermans)发起的伊拉斯姆斯(Erasmus)社会运动研究网络，该网络帮助我巩固与扩大了我自己的环境运动研究网络。欧盟委员会通过资助"环境行动主义的转变"(TEA)项目进一步作出了贡献；虽然这本书中很少是1998年3月才启动的那个项目的直接成果，但在这一项目计划阶段观点和信息的交流却影响了我们中看待这些相关问题的方式。最后但绝非不重要的，我也必须感谢所有那些评阅者，该书的质量在很大程度上也是他们付出努力的结果。

［注释］

[1] 克里斯·卢茨：《西欧与东欧的环境运动和绿党》，载M. 雷德克里福特和G. 伍德盖特主编《环境社会学国际手册》，切尔坦汉姆爱德华埃尔加出版社1997年版。

[2] 克里斯·卢茨：《环境行动主义的转变》，载N. 拉塞尔等主编《技术、环境和我们》，切尔坦汉姆爱德华埃尔加出版社1997年版；克里斯·卢茨：《环境行动主义的转变：活动分子、组织和决策》，载《革新：欧洲社会科学学报》1999年第3期。

[3] M. 帕特森：《进退维谷与小报》，提交给基尔大学1997年"直接行动与英国环境运动"会议的论文。

[4] 克里斯·卢茨:《西欧与东欧的环境运动和绿党》,载 M. 雷德克里福特和 G. 伍德盖特主编《环境社会学国际手册》。

[5] G. 乔丹和 W. 马洛尼:《抗议运动》,曼彻斯特大学出版社 1997 年版;P. 罗迪夫:《转变中的环境压力团体》,曼彻斯特大学出版社 1998 年版。

[6] B. 多尔蒂:《铺平道路:反对道路直接行动的兴起和英国环境运动改变中的特征》,载 1999 年《政治研究》。

[7] 笔者个人对围绕着英国废物管理设施的地方环境动员的研究表明,环境运动组织的参与程度是很低的。这主要是因为:环境运动组织,比如"地球之友"的地方性团体资源缺乏,因而不能提供充分的支持;而它们的全国性组织资源有限,因而不能承担作为基本信息和网络联系来源的太多要求。在希腊、西班牙和葡萄牙等国,环境运动组织与它们的英国同伴相比,组织上更不发展和更缺乏资源,因而富有成效的地方与全国的联系的可能性更小。参见克里斯·卢茨《从抗拒到授权:围绕废物管理及其对环境教育影响的斗争》,载 N. 拉塞尔等主编《技术、环境和我们》。

[8] 参见 R. 伊尔曼和 W. 詹米森《社会运动:一种认识方法》,剑桥政体出版社 1991 年版。

[9] 有证据表明,环境运动的制度化总是被欧盟委员会官员视为一种积极现象。正如鲁萨评论的,"我的问题是,我所期待的不是游说团体而是运动。我所期望拥有的是某种……我思维中的民主输入"。而鲁赫特认为,环境运动在欧盟水平上的影响受到跨国动员诸多限制的制约,然而这种观点也许是过于悲观的,因为局限于全国甚至地方水平上的动员具有干扰欧盟偏好的项目的实力。参见:C. 鲁萨《政治决策中的组织间谈判:布鲁塞尔的欧盟官僚与环境》,载 C. 萨姆森和 N. 索斯主编《社会政策的社会建构》,纽约圣马丁出版社 1996 年版,第 217～218 页;迪特·鲁赫特《动员的限制:欧盟的环境政策》,载 M. 史密斯等主编《跨国社会运动和全球政治:超越国家的团结》,萨拉库斯大学出版社 1997 年版。

(克里斯托弗·卢茨)

第一章　西欧环境团体组织变化的一种分析框架

在社会运动研究中，社会运动组织（SMO）的特性是一个永久性的学术讨论话题。社会运动组织具有特殊的组织特点吗？它们不同于传统的公共利益团体吗？我们应该把社会运动组织日益融入政策网络理解成它们制度化的证据吗？

我们将这些宽泛的问题与近年来环境政治的转型联系起来，阐明了20世纪70年代后期80年代早期以来一些西欧环境运动的组织变化。我们并没有提供一个就成员和资源而言的完全的组织转型阐释。相反，我们确定了一些可以指导富有经验性的考察的组织模式。迄今为止，虽然已有人侧重于研究职业化团体，但其他人则更关注草根性行动的周期性活力。然而，解释环境团体组织形式多样性的分析却很少见。对其组织变化的比较分析也是如此。我们提供了一个概念性框架，来解释环境主义作为一种主要的社会运动，自20世纪80年代以来所发生的复杂的组织变化。

当前关于环境组织的讨论在理论上经常是模糊不清的。具体的运动或团体演化的准确构建并不总能得到关于社会运动组织概念讨论的充足支持。我们将从基于对资源动员和政治有效性难题的不同回应基础之上的非党派政治组织的分类开始。[1]我们也对否定社会运动组织与利益集团相比的特殊性的看法提出批评。在这些非政党的政治组织中，我们将关注那些代表集体或公共利益进行动员的组织。[2]

我们通过参考英格兰、爱尔兰、意大利以及更具选择性的法国和德国的环境组织的演化来说明我们的分类。20世纪80年代出现的社会运动组织日益变得官僚化，它们的动作方式更像公司或“抗议商团”，而不是参与性团体。同时，我们不仅能够在这些国家中发现这些团体给人深刻印象的共性，也可以指出它们在不同国家的组织演化进程中有意义的差别。

我们将通过讨论职业化组织对基层环境动员能力日渐增加的相关性的含义来结束本章。如果环境组织的基层组织结构由于职业化而被彻底破坏，它们将如何对作为可获得机会的负面变化来作出反应呢？甚至对西欧环境行动演化的不经意一瞥也能看出，通向职业化和非参与性组织形式的潮流也受到了重新恢复的地方行动主义活力的制衡。然而，人们感兴趣的可能是，正在争论中的诸如“国家政治”和“公共领域”等概念，也许未必导致参与性抗议团体的模式在后工业社会中变得不像在工业化社会中那样重要。

1. 非政党政治组织的分类

大多数政治组织都受到它们对于两个基本功能性必要条件的回应的影响，即**资源动员**和**政治有效性**。[3]一方面，它们必须通过资金和人力（即志愿行动）的组合获取组织生存和扩张所必需的资源；另一方面，为了能够在政治过程中有效地表现，政治组织可以选择干扰——或至少威胁干扰——常规化政治程序的战略和体现它们与制度化政治相融合并遵从游戏规则的策略之间的不同组合。

能否达到这些不同的要求，对任何政治组织来说都是有疑问的，无论是一个政党、一个既存的利益团体或者一个社会运动挑战者，都不例外。然而，考虑到它们在政治整体中的边缘地位与它们寻求政治认可之间的矛盾，社会运动也许面临着最困难的任务。

资源动员战略

社会运动组织面临着在两个基本方向之间的困难抉择。它们可以尝试动员来自普通大众的最大可能的支持以及对于维持一个准或半职业化团体所必需的资源。可采用的战略包括从倡导得到广泛支持的价值观到为潜在的成员或订购者提供选择性的动机（以提供服务、休闲活动和打折销售等形式）。此外，社会运动组织也可以尝试动员规模较小但经过更加

精心挑选的尽职尽责的活动分子团体。这些对于要求更高的运动参与任务来说是必要的,包括持久的组织承诺和代价高昂的集体行动形式。

基本的选择存在于"时间"(能动主义)或"金钱"之间。这些选择并不是很容易协调的。能够提供一个运动的明确身份或者反对者形象的情感化信息,对于动员核心活动分子是十分必要的,但它们的尖锐化也会疏远同情者和潜在的支持者。[4]这也可能使既存化角色(公共机构或"相关的"私人资助者)中的潜在支持者灰心丧气,而这些人的捐献将有助于吸引更大规模公众对运动的支持。在时间或金钱之间的选择动员对社会运动组织有着重要的含义:每一种选择要求不同的动员技术和由此产生的不同的组织模式。

政治有效性

社会运动组织作为非既存利益代表的有效性,可以在破坏行动或常规性政治谈判中产生。完全服从游戏规则,可能得到官方认可,却会削弱它们具有的挑战性。相反,对抗性策略可能会在某些场合下增加它们讨价还价的能力,但最终会导致它们在制度中边缘化。

人们也许把对抗性策略的选择视为一项战术的、最终是偶然性的事情,而不是一种组织的资产。尽管两者之间存在着连续性,然而非常规做法要比制度化的方式更有争议性和成问题:采纳非常规做法需要不同的组织文化,因为活动分子必须视它们为一项显而易见的选择并且准备在需要时使用它们,无论是职业化的还是参与性的组织形式。

总之,社会运动组织至少面临着两个基本困境,不得不在**职业化**和**参与性**组织模式之间、**破坏性**和**常规性**压力方式之间作出选择。通过组合这两种选择,我们可以得到以下四种组织类型(参见表 1.1)[5]:

表 1.1　　非党派政治组织的分类

	行动方式	
	破坏性	常规压力
职业化资源	公共利益游说团体	职业化抗议组织
参与性资源	参与性压力团体	参与性抗议组织

公共利益游说团体

一个由专业化职员管理的、参与意向较弱并强调传统的压力策略的政治组织，与传统的利益团体最为接近。

参与性抗议组织

对参与性行动和亚文化结构的强调，与一个强烈的破坏性抗议意向结合在一起。这一模式与经典的分散化、草根性社会运动组织的理念最为接近，考虑到其组织特点，它最可能采纳对抗性战略。

职业性抗议组织

这一模式与公共利益游说团体一样，强调职业行动主义和财政资源的动员。然而，在策略选择中，它包括了对抗性策略以及更常规的方式。

参与性压力团体

与参与性抗议组织相似，普通的成员和同情者也介入其组织生活，但它的中心战略是常规游说技巧而不是抗议。

2. 环境运动组织的转变

是否从参与性抗议组织走向公共利益游说团体

环境组织近来的变化表明了一个走向运动制度化的总体趋势吗？[6]或者，遵循着我们的理想分类，我们已经从**参与性抗议组织**走到了**公共利益游说团体**吗？传统的游说技巧已经代替了对抗性的策略吗？物质资源动员的增加已经构成了对基层参与的破坏吗？

应当承认，许多环境组织总是接近于公共利益游说团体。一些协会诸如意大利的 Italia Nostra、英国皇家鸟类保护协会（RSPB）和爱尔兰的 An Taisce，或者伞型团体像德国自然保护协会（DNR），一直坚持偏好非对抗性风格的行动，并且更多地依赖于它们成员的会费而不是好战性。只有在与决策者的直接沟通被证明无效后，它们才会使问题成为公众争

论的对象。然而，值得注意的是，那些在20世纪70年代和80年代早期具有激进和参与性形象的组织，看起来在朝着同一个方向演进。[7]

自80年代后期以来，对抗性战略已经让位于更传统的压力方式。尤其是，政治生态组织看起来已经放弃了抗议动员和抵制方式，而更喜欢全民公决、请愿运动、“绿色股权”、保护环境的志愿行动（在沿海、河流和湖泊等地方）、游说、为媒体和直接的商业目的制作图书和音像出版物、学校的教育活动，甚至是通过把它们的标志作为一种生态商标授权给工商企业来换取资金和其他形式的基于环境创议的支持等。

唐纳提谈到了意大利最重要的政治生态团体“地球之友”（Legambiente）。同样的趋势也可以在全欧洲发现，而不只是在像英国这样环境保护团体已经长期享有制度上认可的国家，或像德国那样环境政策最有活力的国家，而且还包括在像爱尔兰那样制度革新还只是最近现象的国家。[8]

在整个欧洲，主要的环境团体已经不同程度地获得了对诸如听证或部长委员会等正式政策机构和程序的进入权。环境团体也通过正式或非正式的渠道不断给机构提供专家建议。为了在这些活动中获得成功，环境团体需要合法性认可和尊重，而不是展示强大的破坏潜能。制度建设看起来正在逐渐取代对抗政治。

还应该注意的是，主要生态社会运动组织在国家层面上发动大众抗议运动的企图所取得的成功并不均匀分布。例如，当意大利的主要环境协会尝试发起全国性运动（1986年通过抵制Standa公司来反对Montedison——作为连锁超市的前者当时是后者的一部分——和1988年反对200个高风险的化学工厂）时，结果一直是令人失望的。

甚至在德国，抗议活动在过去十年中也出现了实质性的下降，尽管已很好地融入更广泛的激进运动部门的政治生态组织在大众中较受欢迎。虽然暴力抗议活动仍然可能发生，但它们不再代表着一个反对制度运动的象征性联系点。传统的运动形式往往占据主导地位，包括旨在保护自然地点的自愿工作或教育创议。

抗议技巧的减少并不一定意味着向**公共利益游说团体**模式的转变，这也是与**参与性压力团体**模式相容的。基层参与日益采取了在具体难题上志愿工作的形式而不是破坏性的直接行动，但有证据显示，一个从参与性到非参与性结构的转型近来也发生了。它已经影响了环境团体内部中心与边缘的关系，以及职业化运动分子和志愿者之间的关系。

环境组织在传统上展示了相互之间一种程度很高的劳动分工。但是，在运动组织**内部**而不是**相互之间**的劳动分工和职能分化的扩展，促进总部对动员活动的控制，尽管许多问题实际上是真正地方性的。

例如，在意大利，全国性社会运动组织围绕单一议题来组织它们的活动。它们中的主要实体大多由共享诸如新闻办公室和法律建议等基本资源的运动团队组成，但实质上都是独立的。这不仅仅适用于像世界自然基金(WWF)那样传统上官僚化的群众组织或者像绿色和平组织那样的集权化团体，它也适用于原则上是一个分散化结构的地球之友，因为其作为一个在 ARCI(意大利传统左翼的文化和休闲协会)内的地方团体和协会的伞型组织而产生。运动管理者与支持性专家、地方团体和他们最终依赖的中心办公机构相联系。

日益的官僚化和正规化也成为 20 世纪 80 年代后期和 90 年代早期英国环境团体的特征：世界自然基金从一个基于 8 个都与一个主要执行官相关联的不同部门的结构，变成了 5 个内部相互分离的部分，总共有 36 个下属单位；地球之友(FOE)任命了大量的中央协调员；英国绿色和平组织在 1980 年启动时只有 6 个职员，到 1993 年时发展到了 8 个工作部门。

地方分支机构在集资方面占有重要的地位。就绿色和平组织而言，这实际上是地方团体持续发挥作用的唯一领域。一般来讲，虽然该组织是由总部指挥进行职业化的运作，例如通过直接邮寄，但集资也由基层的志愿者在示威、集市活动和公共表演的时候来完成。在欧洲环境团体中，组织生存和自主性日益依靠自有收入来源而不是成员会费或者公司的资助。

然而，除了募集资金外，地方机构的作用，对于它们的总部来说，具有不同的利益和兴趣。比如，意大利的地球之友或英国的世界自然基金与英国皇家鸟类保护协会，似乎并不太关心它们的地方机构直接介入最直接可见的全国性活动之中。然而，它们由于允许边缘性团体在从事自己的创议时拥有实质上的自主性，因而确实不同于绿色和平组织。

与正规化和集权化同时发生的是，从参与性到职业化组织的一种转变，运动计划和协调日益被职业化的职员所控制。自从20世纪80年代中期以来，集中于游说战略与主要以媒体为取向的职业运动者小团体和一个富有支持性的但很少被动员起来的“关注公众”之间的差距明显增大了。环境团体的成员大多通过加入邮件表和请求更新订阅来介入他们的组织。一个非参与性的取向似乎已发展起来了，特别是在那些强大的选择性运动部门从未得到巩固的地方(比如在意大利和法国)。

生态团体总部的大多数职员都接受过通讯和新闻学的专业教育。许多人还具有科学或法律方面的背景。很明显的是，这样的职员是日益按照职业化标准来招募的，而不管他们以前是否具有环境运动或者其他形式的政治行动的经验。

这是环境运动家，作为一种与众不同的职业角色，地位正在上升的结果和决定性因素。反过来，这似乎依赖于近年来公众环境关切和政府回应的持续增长。环境主义也可以为那些将大量的专业技术和交流技巧结合在一起的人们提供有前景的就业机会。越来越多环境团体的高级官员，在其他团体内或者是在公共机构甚至私营公司，担任关键性职位。外部专家也在全国性运动的计划和执行中发挥着至关重要的作用。虽然他们不是专职人员的一部分，但他们的影响进一步体现了走向非参与性行动的趋势。

向职业化结构的转变也导致了社会运动组织之间为吸引共同潜在支持者的资金而发生日益激烈的竞争。虽然社会运动组织之间的意识形态冲突正在减少，但社会运动组织之间一些分工的存在并没有阻止以市场为导向的竞争的发展，反而妨碍了运动内部的整合和合作，因为对这些组织来说保持和维护它们的特别身份更为重要。然而，正如德国情况所显示的，过分的组织自豪感会最终降低环境运动作为一个整体的动员能力。

基层行动主义的复兴

到目前为止，我们已经描绘了一个看起来从激进主义到制度化的清晰可见的过程。尤其是，一个**公共利益游说团体**模式逐渐比一个参与性的模式更占优势。但是，这个趋势真的是完全同质的吗？或者，究竟有没有另外一个“趋势”存在呢？

实际上，确实有一些理由来怀疑任何对从基层抗议到制度化趋势分析的关注。首先，抗议团体实际上只代表了很小一部分为公共议题而积极活动的组织：1955年至1985年，美国只有十分之一的妇女和少数民族团体集中于抗议与对抗性活动。而且它们的比重在这个时期内维持稳定不变，尽管抗议活动的强度有所变化。[9]

其次，即使在最近的“制度化”期间，关于环境议题的对抗性基层动员的事例也并不少见。在英国，1992年以来，由“地球第一”、“环境解放阵线(ELF)”和“反道路联盟”等发动的抗议行动数量有了强劲的增长。[10]伞型团体“英国警报(Alarm UK)”估计，1994年大约有250个反道路建设团体处于活跃状态。在爱尔兰，科克地区的地方冲突向由跨国化学公司推动的发展项目发起了挑战。在意大利，地方抗议行动往往围绕着从危险的工厂到道路建设的议题而发生。德国的地方性冲突已成为对抗和基层对政策过程介入的混合产物。正如布兰德所表明的，抗议策略通常由游说和对抗技巧的结合组成。由于政府对环境团体的立场是容忍性的接受而不是完全的结合，环境团体需要持续地使用或威胁使用对抗来迫使政府就范。

全国性团体网络也得到了发展，它们明确拒绝职业化行动主义而支持志愿的基层行动。在这些团体中，与妇女运动相关的组织扮演着一个显著的角色。英国妇女环境网络(WEN)和爱尔兰妇女环境网络(IWEN)已经使独立的基层团体集结到一起，所致力的议题经常超出环境关切的范围。英国妇女环境网络以平等主义和反职业化为基础，并且带薪职员和志愿者之间合作密切。它的基本原则之一是“授权”——通过行动形成不需要局限于特定专业人士的个人技巧。在德国，“反对核能母亲(Mothers Against Nuclear Power)”在切尔诺贝利核电站事故之后，作为一个非正式的妇女反核和选择性团体网络建立起来，在全国各地积极活动。

因此，90年代也形成了新的参与性抗议组织或者至少是团体网络。基层团体的扩展证实了主要环境角色不断增加的制度化在环境运动的边缘部分所产生的不满。[11]也许有人会关心，最初接近于一种参与性政治生态运动模式的全国性社会运动组织是否在新的地方冲突中扮演任何角

色。意大利反对高危险工厂的动员只得到了地方联盟的推动，而主要生态团体诸如地球之友或世界自然基金几乎没有发挥任何作用。虽然后者可能在媒体和机构面前代表了地方联盟，并由此增加了地方冲突的可见性，但它们并没有促进一线的斗争。相反，它们充当了“制度间的联盟”。近来对英国道路建设抗议活动的分析也显示了一个相似的模式。

在抗议和压力之间的参与性模式

在环境运动中，职业化和参与性趋势之间的关系要比简单的“激进化对制度化”的两分法所表明的内涵复杂得多。许多环境活动分子仍然谨慎地看待他们的团体最近获得的局内人地位，并且赞成保留允许基层参与的组织基础。在某些场合下，既存的社会运动组织在行动委员会和基层联盟的形成中发挥了工具性作用。[12]

不仅如此，德国的实例表明，当职业化发生在一个反文化向度仍具活力的背景下(在研究机构、选择性媒体和城市激进社区里)，它并不一定就阻碍冲突性和参与性的取向。德国的特殊性还体现了在生态主义者和社会运动部门之间更强烈的整合。德国抗议活动在 80 年代而不是 70 年代达到高峰的事实，或许正好可以解释这一现象。

即使在明确的对抗战术被放弃而更传统的战术被青睐的情势下，这一转变并不一定就产生完全集权化和职业化的组织。尤其在英国，主要社会运动组织并不对草根行动和地方支部的介入采取完全同样的态度。90 年代中期，当绿色和平组织把地方团体作用限制于募捐时[13]，世界自然基金和英国皇家鸟类保护协会给予了地方团体一定的自主性，但不让它们介入主要活动；而 CPRE 和地球之友却给予地方团体实质性的自主性，并允许它们对组织的运行发挥实质性的影响力。尽管前面三个组织主要采用市场研究来笼络它们成员的观点，地球之友却继续依赖一些草根类型的组织。[14]

如果说组织集权化并非没有受到挑战的话，职业化也是如此。老资格的活动分子经常遗憾从前内部团结的消失，并且担心职业化会削弱他们组织的核心价值观。而且，即使当它们的关注焦点离开了对抗战略时，一些官僚化社会运动组织保持了一个旨在促进志愿行动的参与性结构。

这些团体往往近似于一种**参与性压力团体**的模式。

官僚化社会运动组织的出现，在很大程度上不是大众性抗议组织消失的结果，而是一个长期既存化趋势的体现。一些从前的抗议组织的确已经沿着结合公共利益游说团体和参与性压力团体模式的因素的方向发生了变化，意大利地球之友即是一例。[15]然而，世界自然基金等团体却在传统上就敌视对抗性的活动，并强调它们成员所从事的教育和志愿性工作。如果它们发生根本改变，那就是朝向更多而不是更少的对抗性战略发展。例如，意大利世界自然基金分部近年来已经日益对温和抗议者开放。由此，发展趋势并不一定就是从对抗到(参与性)常规压力方式，当激进行动策略扩展到温和的公众部门时，它也可能是相反的。

职业性抗议组织

绿色和平组织与这个模式最为接近。它从未采取一个群众参与性模式而是一直保持高度集权和职业化、依赖物质资源而不是成员数量的行动主义(虽然现有的描述多少有些差异)。它的行动策略经常包括常规性的游说，其在偏向于轰动性对抗战略方面也一直与其他的主要环境组织有所不同。

在**职业性抗议组织**中，抗议和对抗战略与群众性的草根参与相脱节。代表公共利益的行动通过由一个特别版本的"见证逻辑"取代"数量逻辑"来执行。后者把群众参与集体行动视为社会运动成功的关键。前者强调那些面对高度个人风险来突显一项伦理或道德原则的一小部分活动分子的作用。虽然"见证"可以被视为一种激励大众行动的努力——或者至少维护在公开抗议不可行的地方比如威权体制中不同意见的存在——这并不适用于诸如绿色和平组织这样的职业化团体。比较突出的是，职业化运动者冒险行动的目标并不是动员同情者，而是吸引媒体注意力并由此获得来自普通公众的财政资源。非常规的破坏界定了一种实际上是以媒体为取向而不是草根取向的"代理人的行动主义"。普通公众的歧见不再阻碍抗议和争议性活动，因为后者由少数职业化职员来管理。绿色和平组织等抗议团体吸引媒体关注的能力，使它们较容易地接近其潜在的赞助和支持者，这些人可能会带来对于职业性抗议组织生存来说必需的

资源。

3. 组织变化和动员潜力

当代西方环境运动展现了一系列不同的组织形式。那么,多样性是不是足够显著而可以不承认职业化趋势的存在呢? 一方面,环境组织内部职业化、非参与性因素的日益突出地位确实存在着大量的跨国间证据。原先接近于参与性抗议模式的团体(例如地球之友)和显示某些参与性压力模式特点的团体(世界自然基金),都已经变得日益职业化。另一方面,也有迹象显示,参与性抗议并非那些致力于环境事业的人们无可替代的选择。妇女和其他草根网络、反道路建设运动和其他地方联盟以及诸如"地球第一"等激进团体的增加,都显示了争议性行动和相应的"动员技术"的持续生命力。更既存化的环境社团对志愿性活动的重视,也表明了——尽管从不同角度上——成员参与的持续重要性。

因此,环境运动的组织演化不应该被简化为"运动组织对利益团体"的粗略两分法。我们的分析框架使得我们把宽泛的运动制度化概念分解成不同的组成部分。尤其是,它使我们把运动职业化的难题从诸如行动策略的选择等一些相关却仍然独立的议题中分离出来。这比沿着从一个运动组织到利益团体的序列对不同环境组织进行分类更具优势,我们可以由此看到不同模式的特点是如何结合到不同组织中去的。

例如,世界自然基金现在似乎把公共利益游说和参与性压力团体的特点与一些先前与这种方法相距甚远的草根抗议的倾向结合起来(尽管人们应警惕得出关于拥有几个国家分支的这个组织过于空泛的结论,这些分支组织实际上相互差异很大)。地球之友等团体也不是真正从"运动演化到制度";相反,它们经历了一个更加复杂的组织变化的过程,这一过程结合了公共利益游说团体和参与性压力团体的特点。同样,绿色和平组织展示了一种特殊的职业化和对抗性特点的混合,这显然也与粗糙的"运动对制度化"的两分法极不吻合。

如果我们考虑到核心职业化组织和草根组织活动之间的一体化程度的话,情景同样是复杂的。这至少是在国内和国家之间不均衡的(例如,地球之友比绿色和平组织和保护性团体更强一些,在爱尔兰比在法国或英国更强)。不仅如此，地方抗议活动总体来说很活跃，并没有收缩的迹象；相反，在一些国家尤其是英国，地方抗议看起来正在扩展。实际上，我们可能正在经历一个处于一波抗议的结束和另一波开始之间的过渡阶段。在这样一个阶段中，曾经是激进的但现在被制度化的社会运动组织日益难以对来自基层的要求作出回应，并由此激发了一个自我组织的过程。这一过程可能会在合适的条件下导致对现存社会运动组织和(或)它们战略与目标的挑战。

人们也应该考虑到，地方抗议并不一定依靠核心的社会运动组织，也未必是由它们来协调的。相反，在主要社会运动组织和地方团体之间某种程度的距离，可能经常被证明有益于进一步的行动。这可能促进分工并允许核心社会运动组织运用它们温和的战略前进，而不必看到它们的努力被其地方分支所危害，同时给后者发挥一种自主作用的机会，更好地对具体的地方环境议题作出回应(就像英国的反道路抗议活动所表明的那样)。

然而，关键的问题是近来**全国性**抗议活动的缺乏(或者，在那些地方抗议活动中，核心社会运动组织未能促进它们)。通常，地方抗议活动升级为全国范围内协调的活动，不能仅依赖于地方性的相互分离的行动团体；它需要一个全国范围内的组织基础。这里，主要环境社会运动组织或者没有坚定立场或者行动失败了。然而，人们不得不思考，为什么人们应该期望环境运动建立起像工人阶级和民族主义运动那样的、具有发动全国性运动能力的同样的组织结构。环境议题的本质同时是分散的和普遍的：缺乏一个明确的社会基础——尤其是一个由内部特殊的社会网络联系起来的社会基础；关于生态变化是否应该在根本上被视为一个政治问题而不是当成一项教育事务还在公开争论；民族国家在它们的规范和决策功能中正在面临着日益增加的困难。所有这些因素都质疑全国动员应该成为环境团体核心关切的观念。甚至在并不遥远的(更参与性的)过去，环境组织只能是在引起情感震动的事件比如切尔诺贝利事故余波后设法发起全国性运动，或者当环境议题与其他社会和政治议题紧密地相互交织在一起时(比如德国运动部门发起动议的情况)。

因此，基本的问题是，全国动员是否仍然是后工业和“信息”社会中争

议性政治冲突的一个本质特点。在一个日益全球化的世界里,忘却全国政治舞台的持续主导性是没有什么问题的。然而,重要的是要注意到,作为集体行动的一种形式,全国性示威和运动依赖于一系列的具体假设:体现在民族国家的一个"核心权力"的存在;在不直接挑战中央权力尤其是它们的地理位置——首都城市、政府建筑等等的情况下,被排斥在外的社会团体缺乏机会传播它们的声音;挑战性团体的文化和政治社会化所需要的大众组织基础。个人主义、渐增的对多元化的和在很大程度上无法解释的政治权力来源的感知以及媒体影响的扩张,都对破坏上述基本信条发挥了作用。由于个别现象研究所可能具有的有限性,对环境组织变化的完整评估仍然需要在它们在国家、市民社会和公共领域之间关系中更广泛变化的背景下才能作出。

许多当代社会理论都强调了近来公共领域发生的根本变化,尤其是它的个性化。在当代西方("后工业的"或"后现代的")社会,公共领域不再是以前在半公共社会网络和社区中形成的意识形态立场和主张相互冲突的地方;相反,它是政策方案(仍然主要由政治制度或媒体预先确定)被公众争论的场所,这些角色(在理想情况下)都参与了政策选择的决定。这样一个变化反过来又被两个相互平行的转变所推动:"后现代景象"(post-modern scene)的出现和大众传播系统的发展与自主化。环境运动(更一般地说,所有的"新"社会运动)和媒体的特殊关系可以通过参照这些现象得到最好的理解。

虽然还没有一个公认的对"后现代"这一术语的理解,这一术语已经被描述为一种已确立观念和社会文化分界线以及在社会和政治过程中文化向度下进步核心性的瓦解。它是这样一个情景:符号的过度生产和形象与外表的复制,导致了其稳定含义的丧失以及一种现实唯美主义。大多数作者把向后现代主义的转型视为福利国家的兴起和扩大与随之而来的社会和政治权利形式化之间矛盾的产物,即一种在技术官僚机构和公民的私人生活世界之间的矛盾。

后现代的状况因此可以看成是一种个性化的社会生活,其中,公共领域致力于满足个人自主性的政治化渴求和生活机会。这是新社会运动的本质。新社会运动不再关注物质资源的再分配,而是抗议这一制度的"行政管理逻辑"意义上的生产。这种逻辑打破了曾经潜在于公共领域运行与表达的阶级模式，并且使得公民抗争被设计来为公共利益负责的制度。在政治层次上，政党制度的危机让位于"新政治"的出现。

与这股潮流并行的是，大众媒体尤其是欧洲媒体在商业电视频道出现与自由化之后，已经历了相对于政治制度和机构的不断增加的自主化过程。商业化（自主收入来源的发展）和职业化（自主的"注意力和决策规则"的发展）在这些发展中具有关键性意义。它们已经使媒体制度日益分化而且越来越能够维护自己的存在和运作，并且导致了政客和选民对媒体及其提供信息的更大依赖。相应地，政治和媒体制度的关系经历了从"政治制度主导"到"完美的相互适应"，其中双方对话语的决定权相互竞争，这被用来作为吸引和留住不同支持者的一种手段。

媒体和政治之间不断变动的关系并行于"意识形态的"和党派政治的没落：

> 媒体向政治过程中心的转移造成了某种程度的**非**政治化。这是因为，在西方民主国家里，媒体（尤其是电视）将其声称的对公众的合法性和可信性建立在它们的非政治地位和它们对明确政治的特别是党派动机的拒绝基础之上。[16]

人们甚至可以说，媒体通过成为讨论具体的公共事务的论坛来尝试独立于政治制度，好像媒体系统真正完全地代表了公共领域。通过"现场的"观点调查、脱口秀和政治候选人的辩论，媒体日益制度化并且给予"公众意见"的概念注入真实的（或者视觉的?）实质，同时使它们自己呈现为真正的政治行动和决策的场所。这与传统的、基于冲突向度的政党政治的危机相联系，因为非党派性是媒体作为一个"代理人"政治论坛可信性的前提条件。因此，由于媒体往往使自己呈现为公民抗议活动的联盟者，媒介化的决策获得了一个特殊的"人民的"色彩。这不只局限于存在现场民意测验的媒体民主的"全民公决模式"，也适用于近来互联网民主的试验，它促进了公众在政治和社会议题上的辩论。

这两个现象——后现代条件的出现和大众媒体的自主化——在"非政治化"或非意识形态化的基础上聚集。环境议题的主要特点使它接近于一种后现代政治的模式。它代表了一种典型的普遍性和"公共产品"——以及潜在的

可以非政治化的——议题。它可以安全地被期望来吸引媒体人群的兴趣。全国环境社会运动组织对于媒体工作和它们职员的专业化方面所不断增加的资源和注意力，是与政治组织中的一个更一般趋势相一致的。

随着媒体成为政客们得到公众认可的主要来源，大众媒体政治也可能成为当今西方社会里一种必要的政治行动形式。大众媒体由此获得了相对于政治进程的一个新权力。越来越多的媒体和政治角色对公众的认可而不是对实质性难题的解决感兴趣，更加不稳定的政治与政策议程以及政策议题间更加激烈的竞争就会到来。

政治和媒体系统关系的变化已经促进了环境活动分子转变成职业化的运动家和拥有完全资格的政体成员。然而，这些转变对环境角色促进集体行动能力的含义产生了疑问。前文的评论并不意味着，其他的非专业化和更加参与性的政治组织形式就没有用处了。相反，如果可变性和分化将代表政治议题可预见的将来，那么，社会运动组织如果要存活下去的话，就将不得不组织它们自己去应对在很大程度上由外来因素所决定的公众关注焦点发生的变化（尤其是由媒体决定）。这使得环境团体建立能够“自主化”对待和缓冲它们受到来自媒体选择的直接冲击以及——在特定环境下——促进和疏导草根参与的组织基础成为必需。

然而，在不远的过去，主要环境团体似乎明确地将优先性置于物质而不是人力资源的“动员技术”。这种战略是成功的吗？媒体报道毫无疑问有助于将公共权威置于压力之下。职业化环境团体中合格专家的增加也可能巩固了它们在政体内部的游说地位。人们也可以争论说，通过吸引公众对环境议题的注意力并由此创造一个全球范围的良好文化氛围，主要社会运动组织的媒体取向战略甚至培育了地方团体和草根行动的出现。

同时也可以指出这一战略的几个缺陷。首先，日益求助于象征性的政治压力手段会导致政策制定者纯粹象征性的回应。其次，主要社会运动组织可能交换了对于资源的共识；它们对于制度的政治代表性规则的遵从促进了其接近公共基金的机会，但也削弱了它们反抗行动的潜能。第三，核心的社会运动组织越是把目标定位于一个市场取向的个人组成的群体——这些人中的大部分视生态为一种特殊的商品，那么，它们在需要时成为大众抗议活动促动者的机会就会越少。考虑到它从根本上说依然是一种不确定的制度化，这看起来是一项冒险的战略。比如，当他们的核心关切不再像过去那样在公共议程上占有较高地位时，90 年代初期德国环境主义者可获得政治机会的突然变化确实暴露了过于专业化团体的局限。他们作为局内人的地位遭到了削弱，不得不再次急切地寻求草根动员。在不断恶化的政治环境下，高度专业化的环境游说团体或许会证明不能回复到那个已经失去兴趣、但却很好用的老手段——争议性抗议。

［注释］

[1] 笔者在此指的是“非政党政治组织”，因为这种分类适用于比社会运动组织更广泛的范围。

[2] 埃兹奥尼区分为意指一个特定政体中人们的全球性的公共利益和关系到大规模社会团体的集体利益。参见 A. 埃兹奥尼《特殊利益团体与选民代表性》，载 L. 克雷斯伯格主编《社会运动、冲突和变化研究》，格林威治 JAI 出版社 1985 年版。

[3] 这一部分的很多评论也许可以同样适用于政党，尤其是那些激进的、没有完全制度化的政党。然而，笔者决定限制于“非政党”组织。因为，选举竞争参与和直接与获得政府职位相联系的机会使政党对资源动员和政党效率的回应十分不同于利益团体和社会运动组织。

[4] 尽管这对于传统的利益团体来说是经常的，但来自富裕小规模团体——个人或公司——的赞助者对于社会运动来说一直是很少见的。然而，最近几年来，运动组织与比如商业社团在环境或消费者保护等领域的合作正在逐渐地、尽管缓慢地增加。

[5] 这种分类法接近于 C. 罗的观点，他区分为“市场管理的”和“共同体性的”资源动员类型（分别对应于笔者的“职业化”和“参与性”类型），并把政治组织的地位视为政体成员或挑战者。笔者认为，我们的分类法更可取，因为作为一个政体成员或挑战者只是间接地与组织特征相关。

[6] 这一部分的经验性证据主要来自以下人员的相关研究：K. W. 布兰德：《走上前台：德国的环境联系战略》，载 K. 埃德尔主编《框架化和沟通环境议题》，欧洲大学研究院 1995 年；P. 唐纳提：《媒体力量和基础结构缺陷：意大利环境运动的近期趋势》，欧洲大学研究院《进展中论文》1994 年总第 14 期；P. 唐纳提：《建设一个统一的运动：意大利环境运动中的资源动员、媒体参与和组织转变》，载 L. 克雷斯伯格主编《社会运动、冲突和变化研究》；G. 穆雷利：《走上前台：爱尔兰的环境联

系战略》,载 K. 埃德尔主编《框架化和沟通环境议题》;G. 斯泽辛斯基:《走上前台:英国的环境联系战略》,载 K. 埃德尔主编《框架化和沟通环境议题》。

[7] 约翰斯顿在他关于“市场化的社会运动”的分析中发现了同样的新宗教流派,参见 H. 约翰斯顿《市场化的社会运动》,载《和平社会学评论》1980 年总第 23 期。

[8] 在爱尔兰,环境保护局(建立于 1993 年)的顾问委员会包括两个生态组织:爱尔兰妇女环境网络(IWEN)和全国青年环境组织(NYEO)。参见 G. 穆雷利《走上前台:爱尔兰的环境联系战略》,载 K. 埃德尔主编《框架化和沟通环境议题》,第 18 页。

[9] 这部分是由于很多抗议组织较短的生命周期,它们大多出现于政治抗议的顶点阶段,但随着抗议浪潮的下降而很快解散。G. 明科夫较低的数字也许与她的数据来源即《协会百科全书》(1995 年)有关,该书很可能更多地选择了正式的社团。另外,她对抗议组织创建的上升与下降的计算数据表明,对于这种趋势而不是它的实际规模的描述是可靠的。参见 G. 明科夫《为平等而组织起来》,鲁特格斯大学出版社 1995 年版。

[10] G. 斯泽辛斯基:《走上前台:英国的环境联系战略》,参见 K. 埃德尔主编《框架化和沟通环境议题》。当然,像“地球第一”和动物权利创议等团体的扩展不限于英国。参见:D. 鲁赫特《“全球思考、地方行动”:环境团体跨国合作中的需要、形式和难题》,载 J. 列夫赖克等主编《欧洲一体化和环境政策》,伦敦贝尔哈温出版社 1993 年版;J. 詹斯珀和 D. 内尔金《动物权利运动:一种道德抗议的增长》,纽约自由出版社 1992 年版。

[11] 基层环境行动的持续有效性当然不局限于西欧。参见:A. 萨兹《生态民粹主义:有毒废弃物和环境正义运动》,明尼苏达大学出版社 1994 年版;P. 利切特曼《寻找政治共同体》,剑桥大学出版社 1996 年版;S. 耶尔利《社会学、环境主义和全球化》,伦敦萨奇出版社 1996 年版;M. 卡斯特尔《信息时代:经济、社会和文化》,牛津布莱克威尔出版社 1997 年版。

[12] 比如,一个由地方和全国团体组成的联盟“科克环境联盟”(CEA)在 1990 年参加了抗议一个计划在科克郡的化学项目。参见 G. 穆雷利《走上前台:爱尔兰的环境联系战略》,载 K. 埃德尔主编《框架化和沟通环境议题》,第 28 页。

[13] 然而,在爱尔兰,绿色和平看起来正在扩大与社区团体之间集资之外的联系。参见 G. 穆雷利《走上前台:爱尔兰的环境联系战略》,载 K. 埃德尔主编《框架化和沟通环境议题》,第 42 页。

[14] 这种解释与 G. 乔丹和 W. 马洛尼有着很大不同,他们把英国地球之友视为一种“抗议商团”范式即笔者称的“职业性抗议团体”的例子。参见 G. 乔丹和 W. 马

洛尼《抗议运动》，曼彻斯特大学出版社 1997 年版。

[15] 尽管集权化和职业化在意大利地球之友内部有所增加，基层参与的众多机会仍然存在。参见 P. 唐纳提《媒体力量和基础结构缺陷：意大利环境运动的近期趋势》。

[16] J. 布卢姆勒和 M. 冈雷维奇：《公共交往的危机》，伦敦罗特里奇出版社 1995 年版，第 213 页。

（马里奥·迪亚尼、帕罗·唐纳提）

第二章　德国环境运动的转型

像其他西方工业国家一样，德国环境运动在过去 30 年里经历了一个深刻的制度化过程。尽管环境议题在 20 世纪 70 年代末仍然是严重极化的，但它们只在 10 年之后就在公共政策议程上获得了较高地位；同时，环境运动本身在国家和国际环境政策的领域成为了一个得到充分认同的角色。虽然无法分清原因和影响的绝对界限，但毫无疑问的是，环境运动加速了一个日益密集的环境协调网络的形成。这种环境主义的广泛制度化是明显的。然而，制度化也许表明了一个十分不同的过程：习俗化、职业化或官僚化、运动政治的终结、新的行为规范标准的推行、公民社会新的组织形式的建立或一个新的环境冲突的制度领域的形成。

本章将讨论德国环境运动制度化过程的特点以及它们对运动动员的影响。本文利用了德国变化中的环境联系模式的经验研究成果，这个研究基于 1986 年到 1994 年间一个对英国、法国、德国、爱尔兰和意大利的"框架化和沟通环境议题"的更广泛的比较分析。[1] 在展示经验发现结果之前，笔者将先给出一个简短的理论方法概述。

这个研究把一种文化新制度主义观点和话语理论（discourse theory）结合到了一起。新制度主义将制度视为有意义地构造、认可和稳定社会实践的社会互动的规则。然而，制度只能在它们通过话语被有规律地复制的情况下才能构造社会实践。反过来说，只是就它们也能够实际地组织我们的生活而言，由这些话语建构的对现实的解释才有意义。话语对制度结构的复制就像对它们的转型一样合理。"制度转型同时是世界的物质和符号性转型。它们不仅包括了权力与利益的结构，而且包括了权

力和利益的定义的变化。”因此，对环境运动转型的分析来说，话语和符号性层次以及组织方面的发展是其主要兴趣所在。以下对两种分析层次简短地加以阐明。

社会运动在符号斗争领域构建它们自己。社会运动只有在能够将它们自己对难题的竞争性界定提升到公共议程的情况下才被认可为社会角色。在这些符号性斗争中，对现实的社会感知被再定义，新的话语联盟形成，然后新的政治冲突向度出现。这一过程与对“老的”符号模式相关的社会实践的质疑和丑化同时进行。因此，运动角色往往选择说明性的、醒目的和对抗性的战略。在这个冲突层次上，问题的关键不是直接的权力关系而是概念界定的权力。社会运动在现代多元社会中通常只是间接地影响制度：通过使制度实践丧失合法性和重新定义符号秩序。因此，社会运动的成功或失败严重地依靠它们是否能够找到公众对其论点、批判和理想的共鸣。这又依赖于大众媒体的调节性作用。只有当运动在符号政治领域取得成功时，它们才可能打破制度结构、权力、利益和控制网络，并且采取新的、制度的问题解决方式。

这些符号斗争在一个不断变化的话语领域中演进。环境辩论受到变化中的议题顺序的影响：空气和水污染、增长的极限、酸雨、有毒废弃物、核能、切尔诺贝利事件、废物管理、交通、臭氧层空洞和全球变暖。这些议题影响到每一个环境争论中的特殊构型，提供了不同形式的问题联系，并且提出了一种意味着不同的行动战略的、新的集体行动动机的词汇。

然而，环境运动不只是存在于话语领域，而且也在一个特殊的组织环境中演进。正如过去二三十年的社会运动研究所表明的，社会运动同时受到政治机会机构和它们可以获得的组织、资金和人力资源的影响。在这种组织层次上，社会运动参与了资源动员，试图产生制度性影响，努力形成新的联盟，扩大参与机会和改善决策过程。20 世纪 70 年代以来，社会运动在这个层次上也发生了实质性的变化。

接下来的五个部分通过考察这一过程的话语和组织方面而概述了环境冲突领域的重建以及与之相关的环境运动的转型。第一部分提供了德国环境冲突自 70 年代以来发展的一个粗略纲要。第二部分探讨了环境组织结构的变化。第三部分讨论了环境运动活动的多样化和专业化。第

四部分讨论的是新的、对话性的、合作互动形式的出现。最后，第五部分讨论了自90年代中期以来由于新的理论框架“可持续发展”所实现的对环境动员领域的重建构造。

1. 德国环境冲突的发展

像在其他西方国家一样，20世纪初自然保护在德国同时作为一项有组织的运动和政府调节的一个目标而发展起来。直到30年代，实践工作基本上基于荣誉性的参与。尽管自然保护在德国法西斯主义“血与土”的意识形态中获得了支持，实际上它很快被迅速增长的战争经济的优先性推到次要地位。在第二次世界大战后，人们发现自然保护很难再次获得根基。这不仅仅由于法西斯主义意识形态已经损害了所有保护主义的价值观，包括栖息地、景观和自然，而且由于战争造成了巨大的破坏，经济重建成为最优先的事务，自然保护关切只能处于次要的地位。甚至德国自然保护协会(DNR)——一个德国自然保护团体的伞状组织——在1950年的建立以及它的游说努力，也未能更大地推进这项事业。

直到60年代后期，这种情势才发生了变化。公众迅速上升的对环境难题的敏感性和不断显现的市政、区域和国家层次上计划过程的重要性，要求对自然保护工作进行重新组织。随着1976年《联邦自然保护法》的制定，自然保护开始植入了统一的、国家组织的环境管理理念之中。

现代环境政治的确立(1969～1974)

1969年社民党和自由民主党(SPD/FDP)联合政府的形成，可以被视为环境政策的转折点。与环境相关的政策任务第一次整合为一个单一的独立政策领域。受到它雄心勃勃的改革主张的推动，政府在很短时间内启动了一个“初步计划”(1970年9月)，紧随其后的是一个依然决定着今天环境政策规范的详细的“环境纲领”(1976年修正版)：“预防”、“因果关系”和“合作”的基本原则。这暗含了一种环境管辖权限的转变。随着宪法在1972年的修改(《基本法》第24条74款)，废物处理、清洁空气、噪音消除等领域的管理被转移到了联邦政府。由此，环境政策成为主要在国家层次上调节的政策，只把环境法的执行及其监督留给了州和市政府。

科学专业知识由于1972年环境专家理事会(SRU)和1974年联邦环境办公室(UBA)的建立而得到了加强，这两者都是联邦政府的顾问性组织。这种在很短时间内建立起来的新制度网络为一系列的法律措施提供了基础，其中，1974年的《联邦空气质量控制和噪音消除法》具有核心的和确立规范的重要意义。

环境政治在这些年里是以一个广泛的社会共识为基础的。德国工业联盟(BDI)欢迎“环境纲领”和国家与工业界之间“建设性合作”的原则。工会也加入了环境创议，其中由金属制造业工会(IG Metal)于1972年组织的“生活质量”大会吸引了最多的公众关注。70年代早期出现的公民团体主要关注地方性环境难题(例如，由交通造成的噪音污染或附近工厂的空气污染)。公众不断增加的对于环境难题的敏感也对既存的自然保护制度产生了影响，引起了老保护主义者和新环境主义者之间的内部冲突。

经济对生态：环境议题的极化(1975～1982)

1973年秋的石油危机和1974～1975年的全球经济衰退使对进步主义社会变化的可行性的信念发生了动摇，使改革主义精神变为悲观主义。政治关注的焦点转向了危机管理。总理职位从“改革者”维利·勃兰特(Willy Brandt)传给了“实干家”赫尔穆特·施密特(Helmut Schmidt)。随着这一变化，环境议题上的广泛共识被打破了。由于建立与联邦工业联合会和工会的紧密联盟，政府从环境保护的一种推动力量转变为一种阻碍力量。能源供应问题获得了新的突出地位，像在许多其他西方国家一样，核能计划的实施得到了推动。

基于公众对“增长的极限”和威胁性生态灾难的广泛讨论的背景，这种新的所有政党的“增长联盟”激发了一个强大的、以成千上万地方草根团体为基础的环境运动的出现。环境运动围绕建议的核电站地点和放射性废弃物地点的、日益暴力化的冲突而聚集到了一起。因此，这些年导致了一个围绕环境问题的极化。这孕育了一种新的生态意识、一种新的环境组织的兴起和70年代末首次进入联邦州议会的一种新政治力量——“绿色”与“选择性名单”。

生态进入主流政治(1983～1990)

在80年代初,尽管反核运动(被和平运动吸收)衰弱了,环境政策还是经历了一阵清新的复苏时期。首先,环境问题在大众媒体报道和公众意识方面获得了很高的优先性。这在整个80年代都一直持续。其次,所有既存的政党现在都不得不面对来自1983年进入全国议会的绿党的竞争。第三,在运动组织和生态研究所中,在新的全国范围的左翼自由日报(*taz*)中,以及在绿党的科学职员和委员会中,"反对性专家"的职业化和制度化,使绿色论点在公共领域里获得了一个更好的形象。

在制度政治方面,许多这些变化很奇怪地被1982年保守和自由党接管的政府所加速。这个政治变化扭转了联邦议会里以前的冲突格局:尽管70年代早期进步主义的环境政策遭到了保守政党的反对,80年代执政的保守党面对着要求一种更加激进的环境政策的反对派(绿党和社会民主党,后者中生态派别占了上风)。这种变化的背景给政府提供了一个更好的机会来把自己描绘成欧洲环境保护的积极参加者,并且它的技术环境保护纪录实际上并不坏。"死亡中的森林"议题在1981～1982年兴起,并且在好多年里主导了德国环境难题的讨论。这对于新的保守自由党联合政府来说,是一个展示它们采取严厉措施、反对环境污染的意愿的良好开始。能源工厂的排放限额被急剧地降低,并且,催化剂转化器的引入不顾大多数欧洲共同体国家的反对得到推进。

虽然绿色观念无疑在被推进,这个新制度背景对环境运动提出了严峻的难题。除了一些依然发生的地方冲突,基于大众动员的直接对抗丧失了显著性。生态斗争转移到了不同的领域并且要求环境组织与战略的变化。专业化运动组织比如德国环境和自然保护联盟(BUND)和绿色和平组织与绿党一起成为了西德环境主义的积极倡导者。在环境主义的制度化和基层活动分子保留的基要主义(fundamentnlism)的自我感知之间日益增加的矛盾引起了误导,尤其是在绿党内部的"基要主义者"和"现实主义者"之间尖锐的内部斗争。

虽然1986年切尔诺贝利事故动员了一场新的草根运动——"反对核能母亲"——它的主要影响发生在制度水平上。一方面,它推动了公共辩论（和大党的立场）走向一种对核技术的批判态度，将此描绘为现代技术整体所与生俱来的灾难性风险。因此，它有助于加快私人和公共生活的象征性绿化。另一方面，为了回应州和联邦政府对于切尔诺贝利事故最初毫无根据的和矛盾的反应，一个新的联邦环境、自然保护和核安全部（BMU）建立了，曾经分散的环境保护权限现在被集中到一个政府部。克劳斯·托普费尔（Klaus Töpfer）于1987年担任部长，以一种积极可信的方式象征性地代表了政府的环境关注。通过发布一系列新指令（例如，环境责任法的修改，禁止使用氯化学产品），通过在《保护北海和波罗的海条约》中发挥领导作用，以及宣布到2005年之前削减二氧化碳排放量的25%，托普费尔赢得了一个进步主义的环境主义者的声誉，尤其是在国际层面上。

甚至工业界也开始为一个更好的环境形象而斗争。环境保护牢固地植根于许多大公司尤其是化学和汽车工业公司的政策之中。除了终端处理技术外，预防性战略日益获得了重要性（至少在词汇层次上）。环境管理成为了工业辩论中的一个中心话题，生态咨询业也日益兴旺。“生态现代化”成了政治和经济争论中的核心性组织理念。

环境政治的停滞和重新定位（1991～1998）

德国的重新统一进程相当迅速地将优先性转向了社会和经济议题。在国家层次上，革新性环境政策的范围急剧地缩减了。这不仅表现为日益增加的财政限制，而且反映在总体性政治话语框架的重大变化上。由德国工业联盟倡导的一个关于在全球化进程中德国经济竞争力的新自由主义话语不久开始主导公共辩论，再次把旧的“增长”框架推到了前沿。

这种优先性次序的变化通过把现存的环境法应用到前民主德国的领土上而“免费”地装饰上了一种环境效果。东部州的环境清理活动不但更加迫切，而且由于较高的边际收益而看起来更加有效。然而，废物政策领域成了一个在90年代初获得了大众广泛关注的环境政策领域。由于日益突出的废物处理难题，1991年通过了一项旨在大幅度削减包装材料的法令。结果，**双重体制**通过商业和工业建立起来。这种体制不仅要求个人行为的改变（对不同的废弃物进行分类），而且由于发生的一系列丑闻

而招致了公众批评。同时，全球环境议程随着准备 1992 年里约联合国环境峰会而进入中心舞台。德国环境政策变得日益关注国际层面，多少是由于它转移了对国内停滞状态的注意。

然而，对全球环境难题的新关注产生了意料之外的后果。里约及其后续进程导致了“可持续发展”概念扩散进入德国环境问题的话语中。尽管经济和社会难题在 90 年代中期依然维持着公共讨论中的主导地位，环境政治的辩论变得持续地被这个新的“宏大框架”的整体性观点所重新组织。对于那些对公共争论中优先性迅速变化深感失望的运动分子而言，“可持续发展”概念的提出为其提供了战略再定位的基础和一个新的公众动员机会，尽管是在不同的制度领域。

2. 德国环境主义的三大组织支柱

像在其他国家一样，德国环境主义的兴起植根于一场更广泛的“新社会运动”的出现。这对德国来说尤其贴切，因为这里的运动部门发展了一个具有强烈的文化更新色彩的力量。没有其他国家能像德国那样，这些运动交织在一个如此紧密整合的“选择性氛围”之下，并由此赋予它们一种明显不同于更古老的冲突和运动的自治政治形式。只有在这里，新议题上的冲突引起了在“旧”政治和“新”政治、“第一”文化和“第二”文化、“制度”和“运动”之间的明显极化。如果不参照这一运动部门动力的话，德国环境运动的具体特点将无法被理解。

尽管环境运动由此获得了一个显著的左翼自由派的形象，但它在意识形态上强烈地影响了整个新社会运动部门。虽然没有新的综合性意识形态出现，在这个十年结束时，一个对于技术社会和工业增长的共同批评以及一种抽象的对一个选择性社会的“生态乌托邦”理想，成为了反对性的、左翼自由派的文化整合基础。然而，如同妇女或和平运动一样，环境运动也遵从着它自己所应对的特殊难题所决定的逻辑。

如在其他国家一样，环境运动在组织上基于三大支柱：第一，自治的、松散连接的地方草根团体网络；第二，绿色竞选组织和政党；第三，既存的自然保护和新一代的环境运动组织。根据整个新社会运动部门的动力和环境冲突的内部动力，每一个支柱的特点和重要性都随时间的变化而变化。

在20世纪70年代，具有区域性和具体议题网络特征的公民行动团体主导了德国环境运动的出现和自我理解。在核能上的冲突推动了这些多样化的、反对性网络"运动"在70年代下半期形成一个共同的集体身份。围绕计划的核电站地点和核废物存放处发生的大众抗议和暴力冲突，把反对"高层人物"的"权力傲慢"的乡村抗议与左翼自由文化和城市的"选择性"抗议形式联系了起来。许多地方、区域和国家杂志与报纸——包括于1979年创办的新全国日报《每日新闻报》在内——在这些反对性氛围中创建了一个联系网络。这是绿党在20世纪70年代末孕育形成的基础。

1983年，绿党成员选举进入联邦议会标志着基要主义运动阶段的结束。分裂为"制度"和"运动"的极化让位于一种新的运动政治的制度化。运动文化失去了它们许多的内在一致性，但地方性草根抗议活动并没有出现数量上的下降。1986年切尔诺贝利事故引起了新一轮全国范围内的草根抗议活动浪潮。1987年和1988年反对在瓦克多夫(Wackersdorf)修建核再处理工厂的斗争，动员了好几万反核活动分子，直到1989年这个项目被最终放弃。1996年、1997年和1998年，当核废料被火车运到戈勒本(Gorleben)和阿华斯(Ahuas)的存放地时，民间反抗和暴力抗议活动大规模地迅速成长起来。然而，草根层次上大众抗议的周期性传播——在反核抗争领域中表现为相当高程度的暴力——和更多的成千上万的地方环境团体的隐形活动并没有改变总的趋势。随着环境关切和公共风险联系的制度化，环境冲突领域不可避免地转换到了制度领域。因此，绿党和职业化运动组织成为了80年代和90年代环境冲突中的主要角色。

德国环境运动的第二个组织支柱是绿党。自1977年以来，在联邦州层次上形成的各种各样的"绿色"和"选择性名单"的基础上，1980年绿党作为一个联邦政党成立。绿党部分是由在柏林和汉堡面临着重要性和影响力不断下降的新左翼的团体组成，部分是由在下萨克森和巴伐利亚的更加右翼的团体组成。在80年代初，绿党已经确立了一个左翼自由主义的生态形象以及一个基于直接民主观念的自我界定。国家对政党的财政资助以及它在市镇、州和联邦层次上的选举成功——即绿党以5.6%的选

票进入联邦议会，给予了绿党丰富的资金来源来加速环境运动中一个绿色专家群体的扩大。由此，尽管直到80年代中期成员数量依然相对较小，绿党却已发展成为了生态运动中的主导性组织。

同时，绿党越来越丧失了一个运动政党的特征，多少是因为群众动员的减弱和环境政治的制度化。结果是80年代后半期绿党内部“现实主义者”和“基要主义者”派别之间的尖锐冲突，这极大地削弱了绿党的公众吸引力。1990年，由于在它们认为没有必要的德国统一问题上处理不当，绿党丢掉了它的联邦议会席位。这一打击引发了一个重新评估阶段：更多的“现实主义的”立场开始起主导作用，其中主要以黑森的环境部长约希卡·菲舍尔(Joschka Fischer)为代表。经过长期谈判以后，1993年“联盟90”(东德公民运动的代表)和绿党合并，并且，这一新联盟于1994年毫不困难地重新进入了联邦议会。然而，随着环境问题在公众讨论中重要性的下降，绿党也大大失去了公众的关注度。

尽管绿党为了寻求一种新的身份在80年代后半期经历了一个不太具有吸引力的明争暗斗阶段，环境运动的第三大支柱即已经现代化的传统的和七八十年代形成的新环境组织开始活跃，持续地获得了成员和财政资源。这对于德国环境与自然保护联盟和德国绿色和平组织来说尤其如此。德国环境和自然保护联盟于1975年作为一个在传统自然保护团体和激进政治生态团体之间的联系纽带成立。在德国环境和自然保护联盟的影响下，其他传统的伞型自然保护组织诸如德国自然保护协会或德国鸟类保护协会——1989年之后使用的新名字是德国自然保护联盟(NABU)——像世界自然基金德国分部一样，也开始接纳一种环境关切的系统观点。

新一代环境运动组织中最著名的一个是1980年成立的绿色和平组织德国支部。正像在其他国家一样，绿色和平组织以强烈的等级化结构组织起来，并且以追求媒体对破坏性行动和运动的高度关注为中心目标。虽然在几乎所有较大的城市中都有绿色和平分支团体，它们对运动的计划没有影响。较大数额的个人支持者(1995年大约为50万人)使绿色和平组织成为德国资源最充足的环境组织。1982年，在辩论“死亡中的森林”的过程中和为了抗议绿色和平组织内部的等级化决策结构，名为罗宾森林(Robin Wood)的团体分裂出去。这种新一代环境组织的典型代表也包括德国运输俱乐部(TCG)、德国自行车总俱乐部(GGBC)或者消费者创议团体(CI)。科研性生态研究所在德国环境运动中也发挥了重要作用，其中最古老和最有名的是弗莱堡生态研究所。回溯到公民行动团体对在威尔(Wyhl)的一个核电站计划地点的抗议的消极经历，这一研究所作为“批判性科学”的一种生态上参与和应用方法的模式而于1977年成立。生态地参与研究制度化中的新步骤是1991年乌帕塔尔气候、环境和能源研究所(WICEE)的成立。与弗莱堡生态研究所相反，它基本上是由联邦州(北莱威州)资助的，并且致力于能源节约的制度化、减少二氧化碳的项目或可持续的生活方式。

总而言之，除了零星发生的暴力性反核大众抗议，环境组织已经成为德国环境运动内部各种力量中最显著和最有影响的角色。因此，我们现在转向对80年代中期以来这一运动部门中组织和意识形态转型的更详细的分析。

3. 道德抗议和职业市场化

社会运动比如环境行动团体依赖于它们动员道德抗议的能力。[2]当冲突能够被展示为一场为正义事业而斗争的“大卫”(David)和明显的恶人“戈利亚特”(Goliath)之间的冲突时，这是一种最理想的情况。这些条件在今天的德国很少能找到。当污染更多的是一种相对较高水平的终端技术标准的一种结果、更多的是一个环境不敏感商品的结果而不简单是一个排放事件时，爬上高大烟囱的惊人举动也就不再有效。当他们试图去阻止高速铁路线、环行公路或机场工地选择地点以及与习惯的消费和生活方式紧密联系的事物时，或者当选择性方案(从生态观点看)依然是存在问题的时候，抗议和占据地点会激起冲突性的反应。环境议题不再必须是为了唤起公众意识而斗争。环境规范的制定已成为重要方面。工业在绿色市场化方面已超过了自己原来的水平。环境关切的合法性不再是争议性的，所争论的只是它们怎样才能适当而高效地与经济和社会关注相结合。

对于环境团体来说，所有这些使得动员更加困难。“简单的辩论已成

为过去。简单的对抗、简单的议题、容易的动员——所有这些都成为过去。每一样事物都已变得更加复杂。”[3] 环境团体被迫适应变化着的环境。这种适应在不同的层次上发生：在行动方式、组织形式、动员战略等领域以及与经济和政治角色的互动模式里。

行动领域的多样化

一个引人注目的变化是行动领域的多样化。既存的环境组织比如德国环境与自然保护联盟或德国自然保护联盟现在参加听证会，在议会委员会中工作并且评议议案。它们在市镇和州层次上参与计划建筑项目和设施。它们出现在法庭上或者支持公民的法律要求。绿色和平组织资助科学研究以支持议题运动（例如，一种生态税改革的可行性）。德国环境与自然保护联盟——与米索尔基金会（MISEREOR）一起——资助了乌帕塔尔气候、环境和能源研究所从事的“可持续德国”的研究。绿色和平组织和德国环境与自然保护联盟期望与公司合作，推进清洁技术或强化生态管理的原则。世界自然基金在更加传统的自然保护领域里实施具体的项目（例如，通过建立新管道防止德国北部海岸上的淤泥滩遭到破坏）。环境组织构思选择性交通和能源政策，并且参与市镇和州层次上的执行。它们的专家详细研究了特定化学品的替代物或者一种可持续“自然管理”的标准，比如在森林工业中。然而，这些环境组织也发起了消费者抵制活动（例如，热带林木遭破坏或壳牌公司关于石油平台的处置问题），或在必要情况下组织对抗性的抗议行动、游行和示威。最后但同样重要的是，它们中的一些成员——尤其是德国环境与自然保护联盟或德国自然保护联盟——在地方层次上以“传统的”方式行动，通过它们成员的无报酬的活动来保护自然和野生物种。

科学技术作用的增加和市场化

行动领域的分化伴随着一个持续的行动方式的职业化。这一趋势在科学作用的增加、组织重建以及把营销手段引入公共关系中得到了体现。80 年代后半期，在所有的主要环境组织中，科学专家增加了重要性。对于大部分环境运动来说，专业素质已成为它们自我理解的一个重要方面：

这不再与绿色和平组织的初创阶段相一致。跟过去相反，我们拥有大量常规参加者的前提是现在必须有很多能为我们工作的专家。每个为具体问题工作的运动参与者要么是通过培训而达到合格，要么是由于他或她的经验拥有较高的资格而加入。[4]

德国环境与自然保护联盟在1986～1990年间职员数量也实现了大幅度的增加。经过专业培训的顾问、交通专家、物理学家和化学家被雇用。因此，一个“以技能为基础的组织”的自我形象形成了。正如一项对80年代末一个中等德国城市的环境活动分子的研究所显示的，议题应对能力在草根团体层次上被视为同样重要。

这一科学重要性增加的趋势看起来仍在持续。然而，对许多环境团体特别是绿党来说，这一趋势首先具有未曾预料到的消极影响。科学论断比容易记住的口号更难以传播给公众。环境团体在科学专业技能方面虽然有所收获，但它们在公共关系上却遭受了损失。因此，营销手段被引入到了大型环境组织的公共关系管理。这方面的一个成功事例是绿色和平组织的公共关系工作，它在80年代后半期由于频繁的大众媒体曝光而成为最知名的环境组织。这一变化是在经历一场尖锐斗争的情况下发生的。虽然绿色和平组织长期以来就完全根据它们的公共关系有效性来计划它的行动，其他环境团体基于政治原则考虑拒绝这种战略。以公众共鸣为标准来选择议题似乎是对运动政治道德原则的背叛：

我认为，绿党在那方面有着很大麻烦。因为……其他政党被它指控为是大众主义的。我认为，多一点大众主义不会伤害到绿党更容易地接近其他部分的人群。但困难的是，很难使党内成员相信，多一点大众主义不一定会损害到传播信息的目标。或者，大众主义就必然意味着，你不得不淡化你自己的立场。[5]

这一冲突由于政治、工业和运动角色之间的渐进合作，自80年代末丧失了其重要性。大多数环境团体现在都运用市场化战略。来自运动的人们部分地由在营销和管理方面有资格的职员所取代。在他们1994年的竞选活动中，绿党首次雇用了广告机构。德国环境与自然保护联盟内部也发生了变化。或多或少是由于财政压力，与专家合作以提供议案的评论和详细批评的战略让位于对准更广泛公众的“运动取向”的工作。

差异政治

外部形象也即“一个人如何代表他自己，一个人如何创造一个持续的自我形象”的问题，由此变得越来越重要。市场战略导向的增强影响了环境组织间互动的方式。它强化了环境组织注重内部向心力和相互差异的趋势。每个环境组织都试着通过它的议题选择和工作风格来塑造一个特定的身份和形象。当合作发生时(很少在地方层次上)，这种形象能够得到维护。因此，德国环境与自然保护联盟把自己视为一个拥有深厚的专业知识和基要主义格调的组织：“绿色和平组织很擅长推销自己，而德国环境与自然保护联盟有专业知识。”绿色和平组织立足于它的“大卫对戈利亚特”的形象以及它具有轰动效应的对公共冲突的展示。相反，世界自然基金却避免过于惹眼的行动，并且为了形成“长期的解决方案”而寻求与政府、工业界和工会的“建设性对话”。罗宾森林、反对核能母亲等团体或地方创议组织，为了培育它们一个草根组织的直接民主形象，经常与大型组织的专业化、效率取向的工作风格划清界限。虽然环境组织间的合作在 90 年代初经济衰退的背景下得到了某种改善，整体来说仍然具有明显的竞争性，尤其是在大型组织之间。除了在伞状组织德国自然保护协会下的会议以及大型组织领导人之间偶尔的聚会，制度化的联系并不存在。尽管地方活动分子期待合作，除了私人间的联系和网络外，在全职管理层次上没有定期的信息交流，没有协议，也没有共同策划的活动。与生态大众动员的高涨时期相反，环境组织成了竞争对手。

新分化：职业化与非职业化组织

环境运动的职业化也有着内部的、组织结构上的结果。在大型环境组织内部，管理和营销变得比志愿性委员会更重要。管理方式发挥着一个日渐重要的作用。职业化组织所持续要求的不再是任何形式的个人介入而是资金支持。虽然这只是对绿色和平组织和世界自然基金来说达到了极端的程度，但它似乎成为一个迅速普遍化的趋势。

所有这些带来了运动内部的新分化。那些不能或不想追随这一职业化进程的较小环境组织面临着严重的生存难题。

> 我们都是志愿性工作者和外行……我们如果拥有更多的专业人员和付薪职员会做得很好。但是，由于我们基于每年40万德国马克的捐献来运作，依此我们出版了一份免费的报纸……换句话说，我们在生存线上挣扎。[6]

尽管从意识形态上说，一个实用主义的环境保护趋势自80年代中期以来在传统的自然保护主义者和激进的政治生态团体中出现，但一个新的分化变得很显著：一方是那些主导公共环境话语的大型专业组织（尤其是绿色和平组织、德国环境与自然保护联盟和绿党），另一方是专注于特定议题或地方性冲突的较小团体。在1992年里约举行的联合国环境和发展大会后（这一会议加速了大型环境非政府组织的国际网络化，并且使它们在不同国际体系的谈判过程中和相关的全国落实程序中获得了被认可的地位），这一分化被不断增加的全球层次上环境政治的重要性而加剧。只有较小规模的团体尤其是反核能团体部分维持了草根动员的传统风格。其他的"单一议题团体"，比如交通、节能或农业部门的环境组织，往往发展成为服务和游说组织。许多与周边污染工厂斗争多年的地方行动团体的成员已经具备了很高的（相关问题的）专业能力，并使他们成为形成中的议程设计中得到工业代表尊重的对话伙伴。

因此，人们是否依然可以谈论一个统一的环境运动就成了疑问。在90年代初期，这些运动角色的自我形象问题导致了关于"环境运动终结"的激烈辩论。[7]许多讨论者看到了旧形式运动的终结，而这恰恰因为它的环境政治要求的完全成功。环境运动已经从一个不适应者和社会批判者转变成为一个得到认可的社会角色。从这个观点来看，环境运动的困难之所以产生，是因为它缺乏满足需求的资源。虽然这种"管理观点"仍然受到要求战斗性群众抗议复兴的草根活动分子所主张的一个更加基要主义观点的挑战，环境运动渐进职业化的经验事实没有什么争议。考虑到明显不可逆转的社会的"绿化"，大多数活动分子欢迎这一趋势并视之为推动环境主义前进的一个先决条件：

> 在统一之前不久，我们对一个生态—社会的市场经济的讨论达到了一个很高的水准。我们对此都确信无疑。两个大的政党至少在它们的纲领中开始了一个关于这个问题的竞赛。我与许多商业经理

讨论得到的真实印象是，事情正在发生变化："他们正在上船"，尽管走得不像我们那样远和坚决。接着，两德统一了，环境问题就变得不那么重要了。[8]

然而，并不是德国统一本身，而是它的巨大财政和社会代价、1992～1993年的严重经济衰退和迅速增加的失业率（尤其是在东德），导致了这种观念上的突变。当在政治和公共议程中经济增长再次居于优先地位时，在草根和精英层次上的环境主义者中顺从和接受都获得了支持。关于生态现代化进程已经变得不可逆转的期望现在看来是多么天真！

尽管这种严重失望引起了环境运动的一个战略重新定位，但并没有改变其职业化的总体趋势。相反，优先性向经济和社会难题的转移减少了进一步支持环境关切的大众动员的机会，使得专业性组织可以依靠自己的努力使环境问题在公众中拥有一个更好的理解。

4. 从对抗到对话

前文描述的环境运动的组织发展反映了环境冲突自80年代以来的渐进制度化。这种组织结构趋势对应于一个从对抗到对话和合作战略的总体变化。然而，这一总趋势受到以下两个因素的影响：第一，战略选择强烈地依赖于个别团体组织和意识形态形象，如绿色和平组织的哲学倾向于采取要求对抗战略，尽管它也参与了许多合作性实践；相反，遵从更为传统的自然保护观点的世界自然基金和德国自然保护联盟一直偏好与国家机构或工业公司合作。第二，公众动员的战略对公共议题周期与政治气候的变化十分敏感。在这一部分，我们将考察环境运动的结构性趋势和它们的团体性和循环性变化。

政治舞台上作为"反游说团体"的职业环境主义

与80年代初相比，环境和政治角色之间的关系已经得到了很大的改善。与部长一起参加听证会或讨论，至少对于有影响力的环境角色来说没有问题。政治角色一方也有着强烈的对话意愿。联邦环境部的代表赞扬了环境团体的工作，他们认为自己对政府政策的影响依赖于来自"下边"的压力。"环境部长拥有的力量基本上来自于公众意识，当环境保护增强政治影响时……部长也是强大的：其最强大的'军队'是大众媒体、环境组织和一般公众。"[9]

虽然绿色和平组织没有参加政治游说和在决策进程中利益团体的定期听证，它仍然因为其发挥的"支持性作用"和拥有"杰出的与有能力的科学家"而得到了行政当局的赞许。因此，环境团体(绿色和平组织例外)得到了联邦和州政府的财政资助，其公开的目标在于建立一个反游说群体。批评意见一般只是当它们由于"无能"或者"非专业主义"而未能实现这些期望时才会产生。

然而，环境团体方面也存在着很多对这种合作结果的不满。这既与程序方面也和政策结果相关：

> 当部里举行听证会时，我们当然被邀请了：这在10年前还不可能，但在今天却成了理所当然的事，这确实是个进步。但是，那30个或20个来自工业界的人物被允许发言半小时甚至一个小时，而环境组织只允许进入一两个人并且每人只给5分钟时间。在那里，你所看到的只是合乎比例的代表名额。工业或商业和环境组织依然没有平等的地位。[10]

当增长政治随着德国统一和90年代初经济危机的深化再次占据第一的位置而阻止了任何革新的环境政策时，对于政治的失望也增加了。虽然"对于我们能够在政党**内部**更好地促进环境事业的信心消失了"[11]，与政治角色联系和互动的环境政治模式继续如常运行，尽管其中存在着一种环境运动的顺从情绪。

与商业角色的互动：冲突解决对话模式的出现

环境运动与工业界的互动有着一个显著的不同。在许多年作为明确的敌人之后，德国工业中对环境敏感的部分在80年代末转向了一种对话战略并且由此为合作互动创造了新的机会与领域。"我们定期地举行对话……与富有创造性的管理代表们一起。在那里，人们可以看到相当程度的开放意识和一种关于我们如何能够以生态的方式改进我们产品的质量、改进供应和销售过程中的事务的思维。"[12]

蒂洛·博德(Thilo Bode)——在那时是德国绿色和平组织的领导

人——也把与生态上开明的经理们的对话视为“比与政客们对话更加激动人心。许多事情都在发展。工业界靠近我们，我们接近它们”[13]。这导致了面向单个公司的咨询活动，或甚至为了促进新产品和技术而进行的有限财政合作。这种新战略的一个很好例子是与东德公司福隆(Foron)合作发展无氟冰箱，这在一年内推动了德国最大的冰箱生产者发展它自己的无氟产品。另一个以改善环境友好产品经济机会的典型例子，是绿色和平组织劝服一个来自法国博物馆的试验性高效雷诺飞行器在1993年法兰克福国际汽车展览会上的展示，以公开表明一辆每百公里油耗只有1.9升的汽车在技术上是可行的。紧接下来的就是它与大众、奥佩尔和奔驰等公司代表的谈判。

德国环境与自然保护联盟代表也期待与工业部门内部的生态先行者合作。“当我们发现这是一个重要的议题，并且一个公司正在为推动这个事业而做出某些改善时，我们愿意与这个公司合作并提供我们的帮助。”[14]然而，这一立场是存在很大争议的。在1992年莱比锡代表大会上，它公布了一个拒绝与其合作的工业机构名单：原子和化学工业以及参与军事生产或基因工程的公司名列其中。而且，它还建立了一个机构来监督这种联系。与百货公司赫蒂(Hertie)的合作成为一个典范。德国环境与自然保护联盟的雇员为了环境健康而检查了赫蒂的原料线并且提出了使该公司付诸行动的建议。合作也来自于德国环境与自然保护联盟和邦迪商店(Body Shop)发起的废物利用运动，后者提供了以生态典范方式来包装的产品。

另一种在80年代末西德兴盛的合作形式是生态赞助(尽管当经济问题在90年代再次成为首要议题时它衰弱了)，尤其是在自然和野生生物保护领域，许多项目获得了资助。虽然绿色和平组织不采用生态赞助的形式，但世界自然基金最多地采纳了这种合作形式。早在1986年，它就为了赞助活动而创立了一个营销社团来出售熊猫标志的使用权。

虽然这些是新型的、与生态革新性公司或工厂间互动的合作形式，但商业与环境角色之间的关系往往也是十分冲突性的。这不但对于高度争议性议题，比如核能、氯化学工程、基因工程和电动交通，而且对于公民行动团体和污染工厂之间大量的地方性冲突来说也是事实。然而，就像在化学生产和交通政策等冲突领域中一样，即使在这里，一个简单的对抗战略在大多数情况下也让位于公众动员和致力于解决难题的部分合作的双重战略。只要认真的“对话”提议存在，环境团体通常都欣然地参加。相应地，人们可以看到，为了通过对话缓和潜在的冲突，在地方层次上出现了组织间的谈判制度，例如在化学公司霍赫斯特（Hoechst A. G.）和地方公民行动团体“霍赫斯特监控”（HSM）之间。极化战略及其典型的象征性仪式活动——一方面是揭露、道德愤慨和示威，另一方面是试图忽略、歧视和刑事犯罪化——越来越让位于把抗议团体接纳到寻求妥协可能性的谈判中。虽然那些对话建议在商业方面经常只是策略手段，虽然被接纳的结果对于受到影响的公民团体来说往往是失望的，这些冲突规范形式确定了不容忽视的新认知标准。霍赫斯特公司1993年春天一系列生产的失败对此提供了一个很好的阐释。最初的反应是旧风格的：躲避和抚慰。这导致了如此强烈的公愤以至于主要行政官员被迫辞职。霍赫斯特公司终于认识到了召集一个邻居圆桌会议的必要性，以改善其严重受损的公众形象。那时，与霍赫斯特监控组织之间的冲突协调对话还只是自愿的，现在，它们被扩大了，更好的信息联络渠道也制度化了。

总之，即使当对一个不可抗拒的生态现代化进程的信仰仍未破灭时，环境运动对工业的态度依然是模棱两可的。一种疑虑是环境保护被利用为纯营销的目的。环境主义者感到，他们自己陷入了一种战略窘境。虽然生态现代化被一个批判性公众的压力推向前进，但一旦工业部门接受一种“绿色”标签后，环境团体就不再能够控制这一进程。因此，商业角色获得了来界定正被讨论的生态难题的象征性权力。对环境主义者来说，在公众辩论中推行他们自己更加激进的观念变得更加困难了。

> 我们在许多情况下都会谈到“生态谎言”。例如，奥佩尔公司宣传生产可循环利用的未来汽车，或者对环境友好的未来汽车。严肃的生态学当然必须要求较少地使用汽车，而不只是生产被按照生态标准改造的汽车。这些是今天的关键问题所在，这使我们很难向公众澄清什么是真正的冲突。[15]

战略失范:对生态现代化信心的丧失

当然,对90年代迅速变化着的优先性次序的失望也与工业界的反应相关。然而,并不能仅仅指责个体工业家阻断了生态需求。工业作为一个整体和单个公司不再被妖魔化。这部分是由于,它们被认为是由于市场的必要性而不得不这样做。这并不意味着被动地接受这一结果。相反,在环境团体看来,这表明生态和经济利益可以和谐的假设不过是一个经济繁荣年代的天真幻想。此外,在里约峰会之后,有一种观点已经站稳了脚跟。这种观点认为,即使出现不伴随环境污染的经济增长,为了发展"一种可以让80亿人繁衍而且长期来看不破坏这个星球的富裕模式"也需要一个根本性变化。

无论是那些长期以来对温和战略表示怀疑的团体,还是那些长期来相信"对话"的团体,都要求采取一个对工业界和政府更加强硬的立场。环境运动的实用主义战略的一个痛苦经历,是1992年法兰克福德国环境大会的失败。

> 我们准备了一个环境大会……而且,我们在两年准备期内就像我们在1989年之前那样行动。但是,我们根本没有看见那种现实。这次会议也是强烈地以"对话"为取向的,并且我们将仍然去对话。但我认为,环境组织在与工业的冲突很明显会在德国统一之后再次发生的时候,在本应该更强大地展示其力量的时候……我的印象是,我们在关键时刻过于温和了。[16]

然而,没有一个现存的环境组织主张回到过去的对抗战略。尽管地方行动团体(尤其是在反核运动内)和绿色和平组织从来没有放弃对抗战略作为它们的战略选择之一,战斗性大众抗议战略的复兴对环境运动**整体**来说不再是一种可利用的选择。相反,环境团体开始关注"生活方式"问题,主张西方生活方式发生一个激进的变化以保证全球范围内的"可持续发展"。

5. "可持续发展"的新焦点

虽然可持续发展的概念直到90年代初之前还只是在专家之中讨论,

但 1994～1995 年间公众对这一讨论的反响迅速高涨起来。两个被广泛讨论的出版物在这场讨论中发挥了一种催化剂的作用。第一个是议会委员会关于工业代谢和化学政策问题的报告。它把“三个支柱”模式引入了公众辩论。依据这一模式，生态、经济和社会关心是可持续发展中同等重要的方面。在实践层次上，这意味着任何在国家、区域和地方层次上的环境政策和发展计划，都不得不以平衡的方式来整合工业界、工会、社会和环境团体的利益。一方面，这一概念足够模糊来包容所有相关社会团体在可持续发展道路的（冲突性的）界定与落实过程中在政治各个领域中的合作；另一方面，它主张一个大量依赖公民社会资源的参与性决策模式。这一可持续性框架促进了 1995～1996 年间地方性 21 世纪议程团体的迅速扩展，比如，乌帕塔尔气候、环境和能源研究所所开展的“可持续德国”的研究，给环境运动在“可持续生活方式”问题上的战略再定位吹入了一股清风。在地方性 21 世纪议程团体内部，大量的精力和想象力现在都投入到了这些观念的实践落实中了。

因此，“可持续发展”的新架构给对话政治的新模式提供了一个强有力的基础。它集中于全球、国家和地方层面上发展的社会、经济和生态方面的重新结合。虽然具有像 80 年代后期对“生态现代化”理论那样的乐观偏见，然而，它不再接受简化主义的关于技术革新带来经济和生态关切的准自动协调的假设。相反，它把注意力投向了社会和制度实践的层次，以及发展新的“可持续”生活方式和解决问题的新制度模式的必要性。尽管直到 1998 年末，这一概念性的再定位除了一个词汇上的改变，并没有对全国层次上的环境政治产生重要影响，但在过去的两三年中，它已经在地方政治层次上进行了显著的制度革新。这仍然是一个正在进行的结局未知的过程。与所有其他环境辩论的宏大框架一样，“可持续发展”概念开启了一个新的话语和实践的冲突领域，这为所有方面创造了机会和限制。因此，德国环境运动的前景依赖于它是否能够在公众领域和不同的制度领域展示具有说服力的可持续发展概念。这些概念需要同时给环境的和紧迫的社会难题提供解决出路。面对占主导地位的新自由主义话语，这看起来很难说是一个简单的任务。而且，在一个全球化时代，这些概念必须将地方和全球层次连接起来。环境运动必须获得一个“全球”公

民社会角色的新形象。一项战略只有通过政治对话、圆桌会议或者新形式的参与性计划的合作，才能实现这一目标。另一个同样重要的战略依然是环境运动对公众的象征性动员，以及为了使现存制度实践非法化和传播新的环境难题界定方式而戏剧化表现和丑化这些难题的能力。

［注释］

[1] 本课题研究是在克劳斯·埃德尔指导下和德国研究协会(DFG)与欧盟委员会资助下完成的。其间，研究者访问了几乎所有的、有着全国性公众或媒体影响的环境团体与组织。参见 K. W. 布兰德和 A. 波费尔《德国》，载 K. 埃德尔主编《框架化和沟通环境议题》，欧洲大学研究院 1995 年。

[2] 在后面两部分中引用的访问材料来自 1992 年和 1993 年间进行的对德国环境组织代表的采访，以及 1994 年举行的对政策角色的单独采访。出于匿名的原因，引用这些访问材料时只注明了组织名称与时间。

[3] 采访德国环境与自然保护联盟，1993 年 9 月 16 日。

[4] 采访绿色和平组织，1992 年 7 月 14 日。

[5] 采访德国绿党，1992 年 8 月 18 日。

[6] 采访反核能母亲，1992 年 9 月 12 日。

[7] 这种争论由《生态信笺》(一个月度性环境政策发展信息简报并得到政治与商业界的广泛认可)引导。

[8] 采访德国自然保护联盟，1993 年 6 月 28 日。

[9] 采访联邦环境部，1994 年 8 月 5 日。

[10] 采访德国自然保护协会，1993 年 6 月 28 日。

[11] 采访德国自然保护联盟，1993 年 6 月 28 日。

[12] 同上。

[13]《时报》，1994 年 6 月 17 日。

[14] 采访德国环境与自然保护联盟，1992 年 6 月 24 日。

[15] 采访绿色和平组织，1992 年 7 月 14 日。

[16] 采访德国自然保护联盟，1993 年 6 月 28 日。

（卡尔—沃纳·布兰德）

第三章　处于十字路口的德国环境运动

德国环境运动一直是相对成功的。[1]在过去的三十年里，它已经长大和成熟，赢得了大量的胜利并且成为了环境政治中一个严肃认真而倍受尊敬的角色。然而，矛盾的是，这种成功和受尊敬却似乎在破坏这个运动的力量和未来的影响力。商业像往常一样在削弱着这个运动，更多的人可能因此认为那种支持和压力已不再需要，因为一切都在改进之中。考虑到这个可能性，运动的许多部分已经开始质疑，它们是否走在正确的道路上。什么是最重要的目标？通过什么手段可以实现这些目标？在多样化的道路上什么将是可以被预测的障碍？当过去的指南不再显得充满希望和有意义时，这些很可能是被问到的主要问题。

虽然我们最感兴趣的是运动当前面临的难题，但本章的很大篇幅将致力于对它从 20 世纪 70 年代的兴起到当前的运动进程的经验分析。当前的难题只能参照过去的发展和经验来得到理解。为此，我们将会利用很多数据资料，它们在某些方面将有助于确认或更正一些可以在科学著述和运动的内部辩论中发现的假设。例如，一些观察家确定了一些不同的发展阶段，部分是指主要战略的变化；[2]某些人则强调了一个不断增加的制度化过程，以及与此相关的环境运动的非激进化；还有些人则认为，生态运动自 80 年代初以来已处于衰退状态。

考虑到这些坚定的但却未能充分植根于德国环境运动的论断，笔者将集中考察环境运动的结构、战略和行动技能以及当前它所面临的战略难题。我们也会注意到制度化方面和这一过程与一种战略再定位相联系的程度。

1. 对环境运动转型的一种经验考察

在展示和解释经验发现之前，扼要叙述一下现代环境运动出现和发展的条件也许是很有用的。这些因素也影响着运动理解和处理相关环境难题的方式。

正像在其他国家一样，德国运动可以追溯到19世纪最后几十年的保护主义运动先驱并且相互间有部分重叠。[3] 1970年的第一个地球日在美国成为了新运动的象征性起点。德国运动与之不同，它起初主要由对它们紧邻街区的环境退化担忧的地方居民的创议团体组成。然而同时，60年代关于人口过度增加、自然资源耗尽以及环境污染的辩论，在70年代初传播到了决策者和更广泛的人群中，并且也影响到了地方公民的创议活动。1972年《增长的极限》的出版，同年斯德哥尔摩联合国环境会议的召开以及1973年石油价格的暴涨，激发了公众对于资源稀缺的关切和认为社会对待其自然基础的方式需要根本变化的情感。

虽然西德政府决策者相当早就于1970年和1971年发起了环境规划，并且在接下来的几年里通过了许多环境法律，但大多数环境团体在这些年里仍对未来表示很悲观。人们的言论中充满了世界末日的景象，并且认为，只有政策、经济和个人生活方式方面的激进改革才能阻止一个全球性的环境灾难。

许多决策者与工业、商业和工会团体一起在很大程度上不重视环境主义者的警告。这些工商团体认为，环境主义者的主张存在着阻碍经济和技术进步的风险，并且由此会引起高失业率。它们想通过这种说法来使环境主义者蒙羞。经济需求与生态关注形成了鲜明对照，导致社会分裂成两大不可调和的阵营。1973～1974年起推动了运动发展的核能冲突扩大了这一裂缝。一方面，核能被认为是不断进步的一个关键；另一方面，它被认为是资本家对利润和权力贪婪的表现以及国家对大工商业主而不是对公民需要的遵从。核能冲突不断增加并在70年代后半期进一步加剧，以前对环境关切不太敏感的左翼激进分子也加入了进来。

70年代末和80年初开始，对环境和反核运动的抵制变得不再那么坚决，一些既存组织特别是社民党、自由民主党和工会变得对运动的批评更加敏感。同时，这一运动中的大部分人放弃了他们的基要主义立场。他们表现出更加专业和实用主义的姿态，并且开始形成建设性的建议（比如使用太阳能和风能），而不是简单地拒绝现状。近来，一些环境组织寻求与工业的部分合作，例如接受“生态赞助”等主动施予。这一趋势遇到了复杂的反应，引起了这些组织内的两大派别以及更加激进的和草根取向团体的尖锐批评。实用主义的总体趋势在成员众多的组织里尤其明显。甚至德国绿色和平组织这样试图维持它作为一个“彩虹斗士”形象的团体，也开始参与游说、撰写科学报告以及促进环境友好的工业产品。

在某种程度上，绿党的兴起和发展反映了这一总趋势。起初，绿党作为一个“反党派的政党”成立，同时在内容和形式上试图挑战现实政治并追求一种激进的、类似于基要主义的路线。很快，这一路线就被一个最终成为党内主导力量的“现实主义”趋势所挑战。今天，绿党已不再是一个“选择性”政党。[4]在许多方面，他们不得不付出代价，例如进行结构调整以消除他们作为局外人和幻想家的形象。今天，绿党在几个州的议会获得代表权，它进入或曾经进入过几个州政府，并且成为 1998 年秋上台的新全国政府的次等伙伴。

总体上说，环境团体已被认可为在建立新政策领域和减缓甚至阻止进一步的环境破坏方面的关键性角色。它们被大部分人肯定地看待，已经可以接近这一政体中的某些制度化渠道并且介入了许多政治谈判的过程。同时，需要强调的是，激进团体依然存在。例如，它们继续参与抗议核能事务，最著名的是核废料的运输和存储。而且，其他议题比如“动物权利”和基因工程的户外试验，已经引起了大量的公众抵制活动并偶尔引起暴力行动。

组织和资源

环境运动作为整体由具有不同构成要素的团体和组织的复杂网络组成。一是关注诸如交通、有毒废弃物或雨林保护等特殊议题的非正式和地方性行动团体。它们要么独立于其他团体运作，要么形成从地方到全国层次的联合。在某些场合下，这些联盟是相当松散和临时的，而在其他情况下，它们会结成更加稳固的结构，比如罗宾森林，或者一个全国范围

内的伞型团体，如环境保护公民创议联盟（BBU）。这些团体最接近于由迪亚尼和唐纳提所指称的那种参与性抗议组织（参见第一章）。

二是制造和传播专业知识的更加正式但相对较小的组织。一个突出的例子是1977年成立的生态研究所（Öko-Institut），它最初为环境团体提供科学和司法支持，然后变得较为独立于这些团体。大多数旨在发展某种“批判性专业知识”的研究所，在一个全国范围的网络——“生态研究所工作联盟”内进行合作。这些组织是迪亚尼和唐纳提所称的“公共利益游说团体”的实例。

三是大型的并且通常是全国范围的正式成员组织。其中一些拥有州、区域和地方的分会以及数量可观的成员。两个最重要的组织是德国环境与自然保护联盟（BUND）和德国自然保护联盟（NABU），后者是原来的德国鸟类保护协会（DBV）。大多数较大规模的区域性和全国范围的组织是一个全国性伞型组织德国自然保护协会（DNR）的成员，这一组织声称代表了107个组织的近300万成员。然而，由于它的一些团体成员之间的异质性和紧张关系，德国自然保护协会并不像它所声称的那样强大和有影响力。绿党也是一个全国范围的成员组织，但由于它的政党地位而具有自己的特点，这意味着它不能完全算作环境运动的真正一部分。[5]另一个全国范围组织的亚类是绿色和平组织和世界自然基金的德国分部。这些组织就它们拥有职业化专家和相当官僚化的总部来说是特别的。它们主要是由那些不是成员、在组织内也没有发言权的捐献者提供资金。根据德国自然保护协会的粗略估计，今天正式的环境组织代表了400万成员，其中17.5万名志愿者平均每周6小时投入到自然保护和环境保护。[6]借用迪亚尼和唐纳提的分类法，诸如德国环境与自然保护联盟或德国自然保护联盟等组织可以被归为一种公共利益游说团体和参与性压力团体间的混合体。绿色和平组织是一个明显的专业性抗议组织的范例，而世界自然基金则是公众共利益游说团体的代表。

在东德共产主义政权下，环境主义的形象很不突出，尽管并不是完全不存在。一方面，那里存在着官方和半国家的自然与环境保护协会（GNU）；另一方面，数目有限的小规模和非正式创议团体试图在国家渠道之外推进环境主义，批评虽然名义上存在但却十分低效的环境政策以及信息的匮乏。并不令人惊奇的是，当这些团体尝试公开行动时，它们面临着许多困难。有时候，它们被公开镇压。在德国统一进程中和统一之后的很短时间内，东德环境主义的双重结构消失了。总体上说，西德运动的组织模式被扩展到了东部。西部的大型环境团体在所有东部5个州都建立了分部，虽然其成员数量要比西部少得多。只有一个成立于1990年2月的非地方性和真正的东德组织"绿色协会"(GL)，能够抗衡这些来自西部并在东部扩张的竞争者。

我们自己的调查试图覆盖到环境运动的不同组成部分。如同通常处于科学和公众关注前沿的大型组织一样，地方性团体也必须被考虑在内。一项对几个德国城市团体的近距离考察和对柏林地方团体的详细调查，提供了下面这些对运动被忽视部分的独到见解。

基于不同的来源，表3.1提供了被选择地点团体数量历时性变化的概况。

表3.1　　德国部分地区环境与反核团体的数量

年份	西柏林团体	东柏林团体	年份	科隆团体
1978	96	无		
1980	130	无	1982～1983	41
1984	130	无	1984～1985	52
1989	104	35	1989	46
1995	70	45	1993～1994	60

资料来源：迪特·鲁赫特等：《走向制度化的社会运动？德国东西部结构性变化中的"选择性团体"》，法兰克福校园出版社1997年版。

在最近观察时段内，西柏林环境团体的数量出现了下降而在科隆却上升了。[7]对其他西部城市而言，我们计算了单个年份但没有趋势资料。如果考虑到城市规模，西柏林(大约220万居民)当然不具有高密度的环境和反核能团体。例如，一个小得多的城市比如亚琛(大约24万居民)，1988年时有22个环境团体。而对另一个比西柏林小得多的城市康斯坦茨(Konstanz)环境团体数量的精确调查显示，它在1991年有62个团体。在东德，有迹象表明，东柏林、德累斯顿、莱比锡和哈勒(Halle)的团体数量正在增加。[8]

环境团体变化的数量可能不一定反映就成员和支持者而言同样的趋势。表 3.2 提供了关于西柏林环境和反核团体成员数量演变的信息。

表 3.2　西柏林环境与反核能团体的平均规模

	1989	1993
每一个团体中的积极成员	17.8 （N=39）	17.1 （N=29）
每一个团体中的成员总数	267 （N=34）	46 （N=29）

资料来源：同表 3.1。

那些参加一个团体的所有或者大多数会议的活跃团体成员的平均数量从 1989 年到 1993 年几乎维持稳定。然而，那些包括在很大程度上处于被动地位的成员在内的所有团体成员的平均数量下降了很多。这表明，团体能够维持它们的核心部分但失去了许多被动性成员。妇女在这些团体中的比例——占活跃成员的 39%以及所有成员的 40%——与其他研究的结果是一致的。根据这些研究的结果，妇女在环境团体中的比例在 30%到 40%的范围之间变动。

除了地方性团体，我们也调查了许多全国范围的组织并获取了关于它们资源和成员的信息。图 3.1 表明了 4 个德国最大环境组织成员在 80 年代和 90 年代间的演变。这里需要记住的是，绿色和平组织和世界自然基金提供的数字，指的是定期的捐赠者而不是正式的成员。德国绿色和平组织尽管在整个国家有许多捐赠者和许多所谓的行动团体，但其正式成员却少于 30 个。

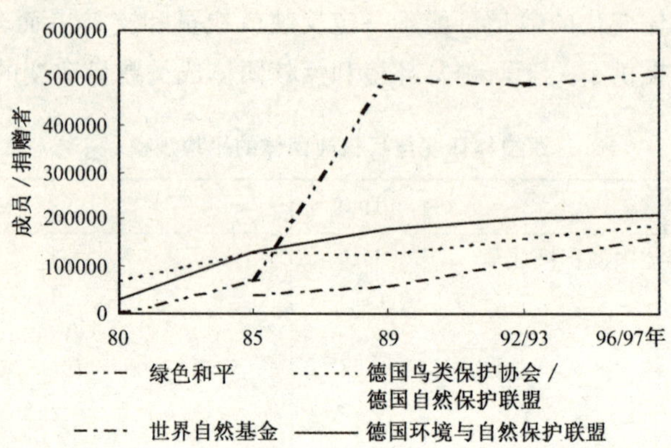

图 3.1 大型环境组织的成员/定期捐赠者数量

可以看出，4 个最大环境团体的成员在 80 年代经历了显著的增长。然而，在更近一段时期却出现了增幅下降甚至停滞的迹象。对中型全国性环境组织的观察，证实了我们关于扩张期似乎已经结束的印象。表 3.3 显示了 7 个被选择组织中的 4 个，其中包括著名的绿色和平组织的一个分裂团体罗宾森林和生态研究所，在最近一个时期经历了成员数量下降。其他 3 个组织包括绿党的成员有一个温和的增长。

表 3.3　　中型环境组织和绿党的成员演变

组　织	1985	1989	1993	1997
生态研究所	4 400	5 000	5 300	4 600 (1996)
罗宾森林	750	2 400	3 000	2 000
消费者创议	200	6 000	7 500 (1992)	9 000
德国交通俱乐部	—	31 000	63 000 (1991)	70 000
德国森林保护协会	2 100	25 000	40 000	20 000
山野保护协会	无	5 000	4 700	4 500
联盟 90/绿党	37 000	41 100	39 600	49 000

除了这些仅仅是量的变化，思考一下随着时间变化而发生的结构变化也是有意义的。一个最多被争论的方面是运动制度化以及它不断增加的对国家依赖的问题。表 3.4 提供了这些方面的资料，尽管只限于西柏林。虽然我们也有关于更广泛环境团体的数据，我们将信息限制在西柏林是因为在这一个例中可以得到小组讨论资料。[9]

从表 3.4 可以看出，西德环境和反核团体经历了一个温和的制度化过程[10]，它们与所有"选择性团体"的演变趋势不同，在 1989 年之后发生了逆转。当我们观察制度化指数所基于的单个项目时，可以明显看出，环境团体出现的逆转主要是这些团体中只有较少数量至少部分依赖付薪雇员并且有它们自己办公室的结果。我们认为，这是打击了某些团体的州财政资助削减所产生的影响。总体上说，与许多团体在东德的发展不同，西柏林环境团体的制度化水平要比我们与大多数评论者共同预期的低得多。

表 3.4 西柏林环境与反核能团体的制度化和州资助(1980～1993)

	1980	1984	1989	1993
环境与反核能团体平均指标(从 0 到 3)	1.04	1.24	1.29	1.14
数量	8	14	30	32
所有"选择性团体"平均指标(从 0 到 3)	1.18	1.25	1.33	1.44
数量	59	125	215	209
环境与反核能团体的国家资助	0	11.8%	25%	31.3%
数量	9	17	32	32

资料来源：同表 3.1。

可以看到，在观察期内州资金作为首要或者第二资金来源的团体比例显著上升。虽然我们讨论中的环境团体没有一个在 1980 年时依赖州资金，然而由州资助的团体的比例在 1993 年已上升到超过 30%。这反映了环境团体广泛利用了州资助的劳动项目，这个项目据我们所知不适用于反核团体的亚类。

战略和行动技能

除了环境运动的组织方面，它的抗议活动也是非常有意思的。团体结构只能给出关于战略和抗议动员的极少信息。为了获得这方面的信息，我们对新闻报道内容进行了量化的分析。

基于两家全国范围报纸报道的从1950年到1994年西德所有类型集体抗议的综合数据(1989年后包括东德)[11]，我们可以描绘出支持环境和反核抗议活动的模式。[12] 1970年前几乎没有关于这些议题的抗议活动，所以我们只集中考察后面的时期。从1970年到1994年间的总计8 603个抗议活动中，3.9%的集中在它们的第一声称支持环境，另有6.6%的集中在反对核能。[13]就参与者而言，支持环境事件和反核能事件分别动员了所有抗议活动中2.9%和5.3%的参与者。当我们使用一个更加包容性的计算方法时，这些比例会变得更高。[14]

另一套数据来自一份不同的报纸(左翼选择性的《每日新闻报》)并且使用了有着细微不同的研究程序，涵盖了从1995年初到1997年6月的期间。[15]在那个时期中的1 856个抗议事件中，7.1%的是支持环境，而13.1%的是反对核能。就参与者而言，15.6%的是在环境抗议中被动员，而反核抗议活动中则只有3.4%。让我们惊讶的是，反核抗议活动的数目在最近时期超过了其他环境抗议，但后者动员起了更多的参与人数。这一差异的原因将在下面讨论。

那么，如果把支持环境和反核能抗议合起来，并包括第一和第二声称目标，环境运动将会如何随着时间而演变呢？图3.2展示了每年抗议事件以及参加者的数量。数据只包括了基于最初的和更大规模的资料系统的周末抗议。[16]

总体上说，代表抗议数量的曲线与参加者数量的曲线相平行。环境和反核能动员在70年代初仍然是数量很低的，但接着出现了显著的增长并在80年代的大部分时间里达到了很高的水平。抗议事件数量的高峰在1986年达到，主要是由于对切尔诺贝利核事故的回应以及围绕在巴伐利亚的瓦克多夫建设核处理厂的冲突。在那个十年结束时，动员的数量

下降了，但接着在 90 年代初出现了有着温和水平增加的抗议事件和较大规模的参加者数量。我们假设，德国统一和由此导致的经济与社会难题的主导地位是 1989～1992 年环境抗议较为平淡的主要因素。[17]我们最近的关于 1995～1997 年中期的资料表明，环境和反核抗议再次在日程上变得十分瞩目。它们不支持关于环境行动主义正在下降的广泛看法。

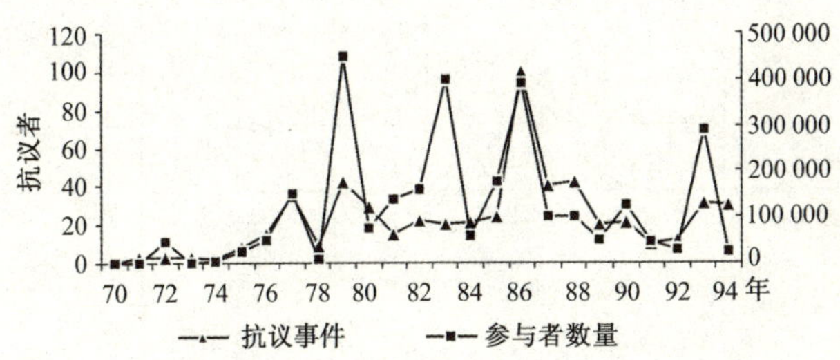

图 3.2　德国的环境与反核能动员(1970～1994)

通过比较 1990～1994 年西德和东德的动员活动，我们可以发现，德国所有环境抗议活动中的 20.7%发生在东部。这基本上与东德的人口比例相称。东德反核抗议活动占 12.3%的份额，很明显未被充分代表。然而，最显著的是东德就参与者数量而言的未被充分代表，他们只占了 1990～1994 年期间所有反核抗议者的 2.4%。然而，在接下来的 1995 到 1997 年间，东德反核抗议事件的比例保持在与以前时期相似的水平，而参加者的比例有了大幅增加(13.4%)。

对不同时期支持环境和反核能行动主义的近距离和相互分开的考察显示，动员的结构已随着时间而发生变化。表 3.5 表明，在整个时期中，环境抗议活动规模平均来说要比反核能抗议大得多。在 80 年代和 1995～1997 年期间，反核能抗议的中值而不是平均数比其他环境抗议要高。这个总体模式很可能反映了动员结构和偏好的活动类型间的差异。环境抗议经常由大型全国范围的成员组织来实施，包括群众示威和收集签名，并且倾向于不太激进。相反，反核能抗议基本上由小型和更加非正式的团体来组织。它们也更多涉及相对较少人愿意承担的高风险活动。反核能抗议的平均规模在 1995 年到 1997 年间特别小，那时的大多数抗议活动都与阻断核废物的运输相关，而在其他时期，群众示威或者收集签名也是行动技能的重要方面。

表 3.5 环境和反核能抗议活动中的平均参与值

议题 \ 年份	1970～1979	1980～1989	1990～1994	1995～1997
环境				
平均	15 777	10 825	15 973	15 815
中值	1 575	400	760	100
数量	28	165	51	69
反核能				
平均	4 765	5 272	6 581	2 111
中值	500	1 000	235	300
数量	109	233	51	114

支持环境和反核能抗议活动的动员结构差异在表 3.6 中体现得很明显，它展示了不同类型集体角色的分布。反核能抗议活动主要由非正式团体执行，而正式协会及政党在支持环境抗议活动中发挥了显著作用。与人们可能期待的相反，非正式团体的比例在支持环境和反核能抗议活动中在最近期间更高。[18]

表 3.6 环境和反核能抗议活动中集体角色的类型(%)

	1980～1989		1995～1997	
	环境	反核能	环境	反核能
非正式团体	30.2*	65.8*	51.6	69.0
正式协会	65.5	24.4	25.8	10.5
政党	4.4	9.8	0.0	0.8
网络/联盟	无	无	12.3	6.7
其他	无	无	10.3	13.0
总计	100	100	100	100
数量	252	225	155	239

* 包括网络和联盟。

当我们把四个宽泛类型中的不同抗议形式集合到一起并考虑它们不同时期的比例时[19]，可以看到，在每个阶段中反核能抗议活动明显比其他支持环境的抗议活动更具有破坏性(参见表 3.7)。也许最引人关注的是 1995 年到 1997 年间高比例的暴力性环境抗议活动。这一对总体模式的偏离主要受到单一性议题比如反对基因工程植物户外试验和一个奔驰汽车测试地点等的影响。这些结果明显与研究中可以找到的一些假设相矛盾，即认为存在着制度化的趋势，“抗议平静下来，并且环境团体将它们的活动集中在现存的利益代表形式中”。虽然一个也许占主导地位的环境团体走向制度化的趋势不能被否认，我们强调的是，这一趋势与甚至更加激进形式抗议活动的持续和增长相并行。从表面上看，正是“社会运动往往被制度所吸纳”的事实为其他团体的激进化提供了动机，就像诸如美国的“地球第一”和海洋保护者协会以及英国的反道路和动物权利团体兴起的例子。

表 3.7　　不同时期环境和反核能抗议中的行动类型(%)

	1970～1979		1980～1989		1990～1994		1995～1997	
	环境	反核	环境	反核	环境	反核	环境	反核
呼吁/程序	63.6	32.7	32.9	16.2	31.9	15.0	36.1	14.7
示威	29.5	47.9	44.9	51.6	49.1	45.0	34.3	43.7
对抗	6.8	17.0	17.4	20.6	18.1	36.3	16.6	24.9
暴力	0.0	2.4	4.8	11.5	0.9	3.8	13.0	16.7
总计	100	100	100	100	100	100	100	100
激进程度(1～4)	1.43	1.90	1.94	2.27	1.88	2.29	2.07	2.44
数量	44	165	207	339	116	80	169	245

正如人们可能期待的，对环境和反核能抗议活动来说，国家都是主要目标。它吸引了从 1970 年到 1994 年间所有环境抗议活动的 55.9%以及所有反核能抗议的 67.3%。私营企业是第二大最主要的目标，分别为 29.7%和 28.5%。

就空间的动员而言，环境抗议活动的地方和区域动员的比例首先下降，但接着明显上升（1970年至1979年为36.4%，1980年至1989年为31.1%，1990年至1994年为46.7%）。从反核能抗议中可以发现一个不同的趋势（分别是49.7%、41.4%和40.5%）。这似乎反映了一方面是环境议题的分散化，另一方面是在围绕特定核电站的斗争之后反核能团体向核运输议题上的集中。令我们惊奇的是，德国境内的跨国和国际动员并没有像被广泛讨论的全球化趋势所表明的那样随着时间而增长。当我们把80年代与90年代上半期相比较时，环境抗议活动（从5.2%减少到3.3%）和反核能抗议活动（从9.6%减少到5.1%）的比例实际上都下降了。

2. 历史背景下的环境和反核能运动

德国的环境运动没有形成一个内在一致的实体，而是由在某种程度上重叠并且只是松散联系的相互间非常不同的部分组成。正如前文分析所表明的，可以被认为是更广泛的环境运动一部分的反核能运动展示了相当不同的特点并且因此应该被分别对待。

支持环境和反核能运动经历了重大的质变和量变。两个运动都能创立一个坚固的组织基础，来赢得许多拥护者的支持并且完成大量的抗议活动。总的来讲，支持环境运动更加多样化和分散化，与反核能运动相比，由更加不同的组织成分所构成。前者依赖地方团体、专业团体和全国范围的成员组织，而反核能运动拥有在国家层次上没有正式结构的更加非正式和分散化的结构。这些差异在动员集体角色的类型和它们不同的意识形态和战略中得到明确反映。总体上说，支持环境运动已经随着时间变化变得实用和温和，虽然大部分最新资料表明这一趋势已经停止。相比之下，反核能运动维持了它的激进和不妥协立场。

两大运动在几个方面都获得了成功。就绝对的组织成员而言，德国的运动在欧洲是规模最大的。[20]就政策影响而言，虽然未能提供比较性数据，但一些观察者还是认为，“德国环境运动似乎比任何其他地方都更加成功”。但是，这不意味着，环境和反核能运动已经实现了它们的大多数目标。在许多冲突中，运动在斗争中失利。当涉及建设新高速公路、扩建

机场和引入快速铁路系统等问题时，它们依然面临着强大的抵抗。然而，几十年来运动已经吸引了大众媒体的关注，赢得了很大部分公众的支持，影响了政治精英并且强烈地改变了政府的环境与能源政策。今天，德国环境政策是一个发育完善的政策领域。环境议题在大众议程和现实政策领域舞台上有着突出的地位。

环境关切至少在词汇上几乎得到了国家中所有团体和大部分工业界的赞同。即使考虑到环境条件仍然继续在许多领域中退化，情况总是比没有运动的活动要好一些。运动的影响在核能领域中特别显著，尽管存在顽强的抵抗和强大的对手，它们能够阻止核能的进一步开发。在某些事例中，反核能运动甚至阻止了已经建成的大规模和代价特别高的核设施投入运行。[21]除了从一开始就采取反核能立场的绿党，社民党在 1986 年党代会中也选择逐步停止使用核能。

德国环境运动的相对实力和成功当然不仅是高动机和战略能力的结果，还必须根据德国更广泛的政治和社会背景来解释。其中几个因素对环境运动特别有利。

第一，该运动是一个更广泛社会运动家族的一部分，所谓的新社会运动在德国尤其强大。这促进了广泛联盟的创立，并且吸收了除运动直接拥护者之外的大量良心支持群体；在妇女解放、和平和裁军以及第三世界发展等领域中的许多团体，也支持环境关切和运动。欧洲晴雨表（Eurobarometer）关于新社会运动的动员潜能数据显示，尤其是在德国，这些运动的同情者和支持者往往将后者理解为一种整体性的现象。

第二，精英在环境议题上出现了分裂，以至于运动在现实政治领域里获得了一些影响。就后一点来说，绿党成功地进入全国和几个州议会，在使环境议题保持在政治和公共议程方面也具有关键性意义。

第三，德国环境难题的绝对数量和可见性，也许比大多数人口较少、城市化和工业化水平较低的其他西方国家更高。与诸如美国、加拿大甚至法国不同，而与比利时或荷兰等国家相似，德国已几乎没有文明尚未涉足的任何空间。因此，忽视或者逃避环境破坏是很困难的。

第四，就经济竞争力而言，德国是一个相对富裕的国家，能够“支付”环境保护费用。许多环境规定包含着反对寻求短期利润逻辑的代价或限制。因为这个原因，运动首先面对来自公司和工会的巨大抵抗，但当环保能够成为一项可赢利工业的基础已经变得十分明显时，即对环境友好的技术和商品能够提供世界市场的竞争性优势，并且环境投资长期看来可以对国民经济有利的情况下，这种抵抗减弱了。这样的考虑转而促进了环境运动的目标。

我们缺乏足够可靠的资料来评估德国运动是否按照国际标准在它的动员和政策影响上是突出的。从由库普曼斯(R. Koopmans)和克雷希(H. Kriesi)等提供的关于1975年到1989年四个西欧国家抗议事件的资料来看[22]，很明显，德国的环境和反核能运动作为整体要比它们在瑞士、法国和荷兰的同伴从绝对和相对意义上来说都更加重要。从相对人口数量来讲，德国反核能运动比其他三个国家动员了更多人口，而德国环境运动则排在瑞士之后居第二位。[23]至于环境运动的政策影响，由于政策领域中的因果归属难题和测量影响的复杂性，进行比较分析是极为困难的。笔者在其他地方提供的更加详细的分析表明，德国环境运动确实属于相对成功之列。[24]

3. 处于十字路口的运动

尽管它们给人以深刻印象的成绩，反核能运动和环境运动却面临着类似中年危机的停滞的迹象。就政策影响而言，看起来明显的是，人们不能期待它有重大的突破。环境政治领域已经丧失了新奇感和刺激感。在过去几年里，它与诸如失业、预算赤字和移民整合等“面包和黄油议题”比较而相形失色。

其他难题来自于运动所经历的结构变化。总体上说，环境政治已经变成例行性的专家事务。关注地点似乎已经转移到国际层次，使得较小和更加地方取向的团体很难保持介入和承担有意义的地方性行动。因此，在一方是小型自治和地方取向团体、另一方是专业团体之间，存在疏远的迹象是不足为奇的。在正式的成员组织内，职业人员和普通成员之间的间隙似乎也在出现。而且，成员围绕战略和战术问题的冲突似乎在增长。例如，德国环境与自然保护联盟由于内部争执发生而遭到损害。一个是关于生态赞助，在少数拥护者眼中，这将会由于组织与工业公司过于密切的合作而使组织妥协。这些组织为了得到资金，可能会给这些公

司提供声望很高的“绿色”商标。

另一个冲突则由在电力公司和德国环境与自然联盟的图林根州分部之间的交易所引发。后者接受了700万德国马克捐助，以交换撤回它反对在戈尔迪斯塔尔(Goldisthal)建设水电站的法律行动。虽然这笔资金全部用于环境保护，许多德国环境与自然保护联盟成员以及来自其他团体的成员感到，这个交易会破坏组织的信用。[25]少数绿党成员也日益对该党的实用主义路线以及在他们看来为了成为一个可尊敬和既存化的角色而采取的折衷立场表示怀疑。虽然在早些时候绿党曾经将化学工业作为它的主要“敌人”之一而正面攻击，现在双方的代表却相聚在研讨会上。在1997年第一次这样的会议上，绿党在联邦议会的环境发言人迈克尔·胡斯泰特(Michaele Husdedt)主张：“一个可持续的经济不能通过反对工业而只能与其一起才能实现。”[26]

职业化、环境事务的复杂性、内部矛盾及明确敌人的丧失，都使维持活动分子的动机和热情变得更加困难。尽管成员数目稳定并且略微增长，但一些大型组织的代表仍抱怨成员对信念的缺乏。较小的团体也往往失去它们的消极成员。一些组织显示了清晰的官僚化和寡头政治化迹象，而其他组织则干脆消失了或者趋于激进化。一些观察家对运动的现状和未来表示悲观是不足为奇的。他们不得不为正在失去其批判性动力的“跛足环境协会”[27]：环境组织发现新成员上的困难[28]、更广泛平民中环境关切意识下降而引起的“环境主义者的啜泣”[29]、以及环境保护已经做得足够多的错觉[30]而担心。

当环境议题变得更加复杂时，冲突也会在环境团体之间发生。与早期不同的是，这些团体会发现各自处在路障的不同一边。例如，许多希望减少个人交通的环境团体支持新铁路的建设，而其他的和主要是地方性团体反对这样的计划，因为它们会造成特定地方的环境破坏。一个相似的冲突格局也围绕现代风车的建设而形成。许多环境团体支持风车作为一种清洁可持续的能源生产形式，其他团体则反对风车，因为它们会在紧邻周边环境中产生噪音并且首先会破坏乡村的美景。

然而，德国环境主义今天的主要难题不是团体之间和内部的严重冲突，而是对能做什么的更加普遍的迷惘和不安。团体应该继续走向职业化的方向，还是寻找手段来使普通成员重新活跃起来？团体应该参加越来越多的谈判、专家委员会、常规游说战略，还是应该相反，致力于提高破坏性行动的水平？到底是将焦点集中在地方活动上明智，还是应更多地在欧洲或者甚至更高层次上进行参与？

很明显，这些问题并没有简单的答案。此外，其他议题诸如持续的高失业率、国家预算赤字、征税以及移民整合，已经进入人们的脑海和公众关注的前沿，这使得环境团体维持下去都很困难，更不用说提高它们的活动水平了。甚至在局外人看来特别成功的诸如绿色和平组织等团体也开始质疑它们是否能够维持其在过去所从事的活动。也许不仅在环境主义者中间，而且在更广泛的平民中间，有必要有一种更深刻的危机感，这样才能带来环境运动的复兴。

［注释］

［1］尽管德国环境运动被广泛争论和已开展了对其不同方面的大量研究，我们依然缺乏一个综合性的和详细的经验研究。只有作为广义环境运动的一部分，反核能运动得到了较为详尽的分析。英文著述参见 D. 内尔金和 M. 波拉克《被围攻的核能：法国和德国的反核能运动》，剑桥 MIT 出版社 1981 年版；P. 瓦格纳《1970 年前后的西欧社会与政体》，载 H. 弗拉姆主编《国家和反核能抗议运动》，爱丁堡大学出版社 1994 年版。

［2］笔者等早期的一个分类包括如下三个阶段：60 年代末、70 年代初围绕地方议题的冲突是第一阶段；1973 年到 1978 年建立与连结组织和扩展与联系议题是第二阶段；此后的以运动的制度化与多样化为特征是第三阶段。另一种分类法是 H. 亨斯巴赫等提出的：1969～1974 年自上而下的环境政策为第一阶段；1974～1992 年环境极化为第二阶段；1993 年以后生态学进入主流政治为第三阶段。K. W. 布兰德最近提出的分法是：1969～1974 年，环境政策作为一种改革政策的时期；1975～1982 年，生态关切与经济关切被认为是互不干涉的时期；1983～1990 年，为生态学被制度化的时期；1991～1995 年，为一个全球化经济占主导地位并掩盖了环境议题的时期；1996 年以后，为生态冲突依据可持续发展思想被框架化的时期。

［3］对于环境运动，我们指的是致力于阻止通过政治与社会干预手段造成自然资源开发与破坏的、非政府团体和组织的网络，包括集体性抗议。依据其战略性干预行

动，环境运动可以与传统的、直到60年代末占主导地位的主要是非政治的保护主义区别开来。与保护主义主要集中于地方性和部门性议题而没有聚合成一种广泛的方法不同，环境主义往往具有一种更引人注目的和更连贯性的难题观念（“拯救地球”）。甚至在地方水平上动员的时候，环境角色也依据“地方行动、全球思考”的口号，把它们的动员视为一种世界范围内运动的一部分。

[4] 在最近由埃姆尼德组织的调查中，向被调查者提出的问题是：“绿党这些年来是否变成了像其他政党一样的既存党，或者，它依然是一个选择性政党？”73%的绿党支持者把它视为一种既存党，而占人口的51%持这种观点。对于绿党的发展，可参见E. 弗兰克兰德《德国：绿党的兴起、衰弱和复兴》，载D. 理查森和C. 卢茨《绿色挑战：欧洲绿党的发展》，伦敦罗特里奇出版社1995年版。

[5] 绿党有着远超出环境议题的全面纲领。不仅如此，很多活动分子和支持者主要关心的并不是生态议题。最后，既然该党的某些成员已经加入了不同的政府，它作为一个非政府团体的地位是成问题的。

[6] 联邦议会文件，BT-Drs. 13/5674。

[7] 表3.1的数字应该谨慎对待。我们不得不依赖基于地方性手册的非正式的估计或计算，而它们往往过低估计实际存在的团体数量。比如，一个对柏林应对轿车与公共交通难题的公民创议团体的研究表明，它在1973～1993年有256个团体。在这些研究者看来，这些团体的数量不断增加，而它们的政策影响却在下降。

[8] 从1989年到1993年，环境与反核能团体的数量在德累斯顿从8个增加到24个，在莱比锡从6个增加到16个，在哈勒从6个增加到15个。参见迪特·鲁赫特等《走向制度化的社会运动？德国东西部结构性变化中的“选择性团体”》，法兰克福校园出版社1997年版。

[9] 这些数据来自两个更大规模调查。第一次对东西柏林“选择性团体”的调查在1991年，共计473个案例。第二次调查针对柏林和莱比锡的类似团体，共计415个案例，其中210个西柏林团体曾在1991年被调查过。详情参见迪特·鲁赫特等《走向制度化的社会运动？德国东西部结构性变化中的“选择性团体”》。

[10] 制度化是由一个基于八个两极化变量的指标体系来测量的：付薪职员、具有特殊角色培训的成员、自有办公场所、法律地位、税收豁免、正式等级制、正式亚团体和团体成员间的劳动分工。

[11] 即《法兰克福汇报》和《南德意志报》。参见D. 鲁赫特和T. 奥勒马赫《抗议事件数据：搜集、使用和观点》，载R. 埃尔曼和M. 迪亚尼《当代社会运动研究中的问题》，贝弗利山萨奇出版社1992年版；D. 鲁赫特和F. 奈德哈特《获取抗议事件数据中的方法论问题：分析单位、来源和选样、编码难题》，载D. 鲁赫特等《抗议

行动：抗议研究的新进展》，柏林西格玛出版社 1998 年版。

[12] 我们倾向于将反核能运动与其他环境运动区分开来，因为它们各自显示了十分不同的特征。

[13] 很少抗议活动是直接反对环境保护的(8 个，占 0.1%)，或者支持核能的(5 个，占 0.1%)。

[14] 当我们将第一和第二种观点混合，并且在支持环境抗议中加上反对大规模项目比如传统电站、建设和机场扩大等活动时，支持环境抗议事件的比重为 6.1%(参与者比重 7.7%)，而反核能抗议事件的比重为 6.9%(参与者比重 5.3%)。

[15] 不同于第一个数据系统，第二个也包括对柏林的地方性报道。

[16] 当涉及时间系列时，我们只使用周末抗议，因为仍然缺乏 1970～1974 年工作日抗议的数据。

[17] 参见 F. 亨斯巴赫等《环境团体在社会的民主和环境学习过程中的作用》，斯图加特麦兹勒—波歇尔出版社 1996 年版。

[18] 可以认为，这一发现是由于使用不同的报纸及其不同的覆盖范围的结果，1995～1997 年这段时间也包括了报纸的地方性部分。然而，当只考虑全国性部分时，非正式团体的比例几乎保持稳定。

[19] 最初 21 种行动形式的名单被缩减为 4 种，即呼吁和程序性抗议(比如分发宣传材料、收集签名与诉讼)、示威抗议(比如游行与集会)、对抗行动(比如静坐与阻断)和暴力行动(比如损坏财产与伤害)。

[20] 依据一个针对少数团体的更加选择性的数据，考虑到人口规模因素后，德国环境组织在一个四国比较中名列第三，位于荷兰和瑞士之后。参见 H. A. 范德海登等《西欧环境运动》，载《社会运动、冲突和变化研究》1992 年增刊 2。

[21] 依据核工业和电力公司的数据，大约 150 亿德国马克的投资被浪费，另外还有 113 亿的投资被阻断或因即将到来的诉讼而处于危险状态。参见 W. 埃姆克《生态运动的转型》，载《新社会运动研究学报》1998 年第 1 期，第 147 页。

[22] R. 库普曼斯：《自下而上的民主：西德的新社会运动和政治体制》，鲍尔德西方观察出版社 1995 年版；H. 克雷希等：《西欧新社会运动：比较分析》，明尼苏达大学出版社 1995 年版。

[23] 报道的环境运动中非传统事件的参与数量在瑞士为16 000人，在西德为11 000人，在荷兰为5 000人和在法国为2 000人。而反核能运动的相应数字为德国26 000人、瑞士24 000人、荷兰15 000人和法国9 000人。参见 H. 克雷希等《西欧新社会运动：比较分析》，第 22 页。

[24] D. 鲁赫特：《环境运动对西方社会的影响》，载 M. 吉尤格尼等主编《运动重要

吗?》,明尼苏达大学出版社 1999 年版。

[25] 参见 1997 年 4 月 28 日《每日新闻报》。

[26] 参见 1997 年 6 月 24 日《每日新闻报》。

[27] 约尔格·伯格斯泰特:《瘫痪的环境团体》,载 1998 年 3 月 14 日和 15 日《每日新闻报》。

[28] 迈克尔·鲍赫米勒:《更多的工作、更少的帮助》,载《德国环境与自然保护联盟杂志》1997 年第 4 期。

[29] 参见我们有关下降的被动成员的发现和皮特·比勒《生态的觉醒》,载 1998 年 5 月 28 日《时报》。

[30] 尼尔斯·伯音:《失去绿色幻想的大众》,载 1998 年 7 月 4 日和 5 日《每日新闻报》。

(迪特·鲁赫特、约琛·卢斯)

第四章　英国"地球第一"运动

90年代的英国环境政治是以"地球第一"的动员和以反道路建设为目的直接行动的增加为特征的。"地球第一"最初是由对现存的环境社会运动组织诸如希拉俱乐部(Sierra Club)的方法不满的绿色活动分子于1980年在美国成立的。"地球第一"由于对直接行动(包括破坏活动)的承诺和一些筹建活动分子的马尔萨斯主义观点而引起了争议。反过来,英国"地球第一"的动员被视为提供了"英国例外主义"终结的证据;与欧洲大陆不同,英国此前明显地缺乏强大的社会运动。[1]在实践和促进环境直接行动中,英国"地球第一"以及更广泛的反道路建设运动,被概括为成功地增强了绿色政治要求的可见性并且使绿色运动激进化。虽然英国"地球第一"被理解为一种受到文化认同因素影响的"新社会运动",但本章的研究强调,政治和经济因素与历史连续性一起影响了它的出现。大量的阐述将活动分子置于运动动员解释的中心,主张无论什么结构条件,如果没有那些少数"生产和宣传意识形态"并且动员其他资源的革新者的最初努力的话,运动就不可能产生。英国"地球第一"的出现表明,侧重于对活动分子的分析和把对运动的阐释置于历史与结构背景下是有效的。

1. 经验研究

1991和1992年的个人网络参与给予了笔者接近主要活动分子的特权,他们包括"地球第一"共同创办人贾森·托兰(Jason Torrance)和戴维·加兰(Davy Garland)、英国第二个"地球第一"团体的创建者以及支持非法行动技巧的战斗性分子。虽然参与观察在社会运动或绿色政治研究者

中并非鲜见，但这样一个对形成中动员的早期经历也许提供了一个独特的研究机会。

研究集中于对英国“地球第一”19 个主要活动分子的定性采访的深入分析，他们作为政治创业者，有意识地动员资源以建立一个直接行动网络。活动分子的解释可以视为那些把个人动机和更广泛的社会与政治过程联系起来的影响因素的路标或线索，尽管也可能导致具有一定影响的主观或临时因素的介入。这样的活动分子阐述可以在解释他们个人参与经历的同时不自觉地提供丰富的资料。第一组的 14 个被采访者包括了从 1991 年 4 月到 1992 年 4 月的第一年动员期间创建“地球第一”的人员。第二组的 15 个被采访者为了比较的目的考察了 1992 年 4 月之后加入运动的其他主要活动分子。

通过参与观察和对活动分子讨论主题的分析，笔者实现了一种三角测量。对争议性的财产破坏议题的讨论是对这一方法重要性的有力说明。对英国“地球第一”三次失败动员和更广泛的英国绿色运动历史的深入研究，产生了有用的对照数据。经验性研究中贯穿着一种由迈尔斯(M. Miles)和休伯曼(A. Huberman)使之变得可操作的批判现实主义方法[2]，从而提高了资料收集和相应分析的质量。

2. 发起“地球第一”运动

1991 年春，两个来自东苏塞克斯哈斯汀(Hastings)的接受继续教育的学生詹克·伯布里奇(Jake Burbridge)和贾森·托兰创立了持久性的英国“地球第一”。由于从前曾经活跃于大量的绿色运动组织比如地球之友、绿党、绿色和平与和平团体，他们已经变得对现存的绿色团体和网络持批评态度，并且试图寻求环境行动主义的一种新方法。“从夏天到 1990 年前的某一时间……詹克……得到一本《深生态学》……并写信将其寄到‘地球第一’的地址，并且……成为英国联络人。”(对托兰的采访)

两个共同创立者都对他们所认为的美国“地球第一”对深生态学的信仰和它的行动技巧显示了热情。一个朋友记录到：

> 我记得与詹克和贾森一起坐在餐厅，他们正在浏览一份从美国获得的“地球第一”报纸。“这真伟大……你看见行动了吗？”那些狂

热的人们站在三脚架上试图阻止热带雨林被破坏和一般的森林被破坏。他们从事的真正强有力的行动就是出现在那里并直接用身体去阻止它的发生，唔，然后警示人们觉醒。（对玛丽的采访）

英国“地球第一”的第一次行动是封锁位于邓根内斯(Dungeness)的核电站，重复使用了现存的和平运动和反核能运动的技巧。托兰写到：“我们作为直接行动者而出名，并且，我们从和平运动那里借取了技巧。”这一行动被一种深生态学观点所框架化。一媒体评论说，邓根内斯地区包含了“世界上一个最好的尖海角样板……是600种动植物的家园，其中一些很珍贵”[3]。

伯布里奇和托兰努力地为建立与现存英国绿色网络的联系而工作，发信询问“是否有人对发起一个‘地球第一’团体感兴趣……其中包括老和平运动中的人们、他们在绿色学生网络和核裁军运动学生网络中认识的人们和绿党中的人们”（对玛丽的采访）。较早的联系是与最初活跃在澳大利亚的乔治·马歇尔(George Marshall)建立的，他向英国“地球第一”提供了一个议题焦点（热带雨林）和一种动员财源的强大能力。在80年代和90年代初，燃烧中雨林的形象成为了全球环境破坏的一个强有力象征，并且，热带雨林行动将会给英国“地球第一”提供可用来动员现存绿色活动分子的行动。当英国“地球第一”在泰晤士河口的蒂尔伯里(Tilbury)试图阻止载着一船来自沙劳越的雨林木材靠近码头时，第一个“大众”行动于1991年12月4日发生。这种基于澳大利亚的“轮船行动”模式的干预，以绿色运动联系人的大量网络和邮件联系为先导。海洋守卫者(Sea Shepherd)——来自绿色和平组织的战斗性分裂团体，在这个事件中提供了汽艇。虽然这次行动未能阻止船舶靠岸，但它对于建立一个非暴力直接行动(NVDA)的活动分子基地和建立下列形象是有帮助的：

> 阻塞一个国际港口怎么不会是一个特大新闻呢？于是，地球之友带着巨大的可膨胀橡皮链锯来到港口并吸引了众多媒体的关注。你知道，真的很伟大，在一大群手牵手的人群中坐下来堵住大门，这里的人来自世界自然基金、生存国际(SI)、地球之友地方团体、“地球第一”地方团体、RAG地方团体、绿党，凡是你能想得到的。那里大约有150～200个人……蒂尔伯里真的是我们在这个国家所开展的

第一个野心勃勃的行动。(对托兰的采访)

另一个轮船行动于1992年3月发生在利物浦，400个活动分子占领了码头。1992年5月，超过200个活动分子在牛津外部的蒂姆梅特(Timbmet)占领了一个木材场，并强迫它当天关闭。1992年6月，一个类似的英国“地球第一”木材场行动在罗查戴尔(Rochdale)发生。

反道路建设运动变得日益更加重要。1991年8月，托兰组织了一个筹划反轿车行动的会议：

> 主要是与在当时还很弱小的反道路/交通/汽车运动的关键人物进行的，还有一些来自全伦敦反对道路威胁组织(ALARM)和“地球第一”团体的成员，我想包括来自南道恩斯的某个人，戴维来了，一个从新成立的小汉普顿(Littlehampton)“地球第一”的女士来了……卡伦·诺布尔(Karen Noble)来了，而且，她对机动车辆的极端憎恨令我印象十分深刻——安吉(Angie)来了，并且，我们举行了一个真正令人惊奇的关于发起一个新反道路建设活动的集体研讨。(对托兰的采访)

这个会议集中于发展“一种草根抵制汽车文化”的需要并且导致了1992年4月英国“地球第一”收回街道运动(RTS)的创立。它旨在“从事想象的和非暴力的直接行动，从汽车交通那里收回伦敦的街道并把它归还给人民”。南道恩斯的“地球第一”在布赖顿的“卡马吉顿(Carmageddon)行动中采取了第一个道路封锁行动”，其中有一人被逮捕。夏恩·柯林斯(Shane Collins)——一个绿党活动分子和布里克斯顿(Brixton)“地球第一”的创立者——如此描述了1992年5月15日的第一次伦敦封锁：

> 我们发明了这个卡马吉顿日，并且印制了很多各种各样的传单，上面写着“你对汽车感到厌烦吗？它们让你发火吗？”等标语。我估计，70或80个人出现在了维多利亚筑堤上，而且，我们上了滑铁卢桥并坐在道路上好几次。(对柯林斯的采访)

“批判的大众”这种骑自行车者堵塞交通的道路占领技巧是由收回街道运动所促成的，但以前曾被布里斯托的活动分子用来阻止那里的M32汽车高速公路的建设。“街道聚会”的概念——行人在那里占领和享受道路空间——来自这些早期的卡马吉顿行动，但最初被70年代的“信奉者”——一个由青年自由主义者(YL)建立的激进绿色团体——用来堵塞伦敦的牛津街和皮卡迪利广场(对安德森的采访)。参与者被“乐趣”的允诺动员起来。大众参与通过使警察难以行动而降低了行动参与的成本。每个行动都导致了更加野心勃勃的干预。在1996年7月的一次最大干预中,7000名抗议者占领和关闭了伦敦高速公路M41。

英国“地球第一”对汽车的谴责与地方性的、通常是单一议题的反道路建设运动的高涨相互重合。这些运动先于英国“地球第一”的动员。在70年代中期,一种干扰公共政策研究的技巧成功地中止了大量的项目,但在这一阶段,运动一般拒绝非暴力直接行动而支持合法的运动。相反,英国“地球第一”明确地呼吁采取直接行动来阻止道路建筑和寻求建立道路建设与全球环境难题间的联系。英国“地球第一”的《行动信息》选择了三个道路项目,结果,欧共体环境委员对交通部的计划提出了异议。它呼吁人们采取行动去“对抗推土机”,如果作为M3在特威福德道(Twyford Down)、M11在东伦敦的延长线在东伦敦河交叉口的建设继续进行的话。

通过直接行动以身体来阻止道路建设的尝试,1992年春在特威福德道开始。托兰声称,特威福德道协会(TDA)这一长期以来反对建设M3延长线计划的地方运动团体曾经请求进行非暴力直接行动的培训。

> “地球第一”正在因为它作为这个国家中的一个直接行动团体而获得名声,你知道,老实说并没有多少可供选择。在有了“地球第一”直接行动方式或者“地球第一”这样的行动者后,当其他团体考虑直接行动时……如果它们知道我们的伦敦联系地址,就会与我们或地方团体联系……于是,我们就在1991年末收到了来自特威福德道协会的电话。(对托兰的采访)

伯布里奇拜访了戴维·克罗克(David Croker)——前保守党议员和特威福德道协会最主要的活动分子,托兰还努力发展与地球之友的联系网络。2月18日,“地球第一”成员与特威福德道协会的支持者一起在特威福德道举行了第一个直接行动。“来自激进绿色团体‘地球第一’的6个抗议者在一次反对延长M3高速公路项目的周末抗议中被逮捕……环境主义者和地方公众占领了两座在滑铁卢和威茅斯(Weymouth)路线上的维多利亚大桥”。和平运动者——其中最著名的是格林汉妇女和澳大

利亚雨林运动——使用的永久性抗议营被扩散到特威福德的反道路建设运动。克罗克曾是70年代反对道路建设非暴力直接行动的一个参加者，因而也许就特别能够接纳英国“地球第一”。

> 我们与戴维·克罗克讨论了建立一个营地，这又是从其他地方获得的灵感，比如澳大利亚和美国的树丛以及英国的和平营地。那时我就想，只要想象有一天，我们能够使所有这些营地集中到这里来反对道路建设(大笑)。它后来确实发生了……因此，我对罗杰·希格曼(Roger Higman)——地球之友交通运动的负责人——提到了一个营地的想法。他说：“不，不要这种愚蠢的点子。你知道，我们最不想做的一件事就是，许多人在具有特殊科学价值的地点(SSSI)上踩踏”。自此，不管他怎样在某种程度上赢过了我，但我仍然——尽管不像我应该做得那样严肃地——寻找其他地方的营地。(对托兰的采访)

在这个策略被首先在特威福德用于反对道路建设后，营地被地球之友、英国“地球第一”和一群认同取向的新时代(New Age)旅行者、多加斯部落(Dongas Trible)以不同方式延续。尽管希格曼的有关评论，第一个反道路营地由地球之友建立。

> 地球之友决定象征性地占领被威胁的河边草地……由地球之友的梅里克(Merrick)、乔纳森·波里特(Jonathon Porritt)和安德鲁·李斯(Andrew Lees)发起，并将整个地点串联起来。天气迅速地变得湿冷，而地方公众形成了来这里喝热咖啡和吃早餐的习惯。[4]

地球之友收到了一个来自交通部的要求他们放弃抗议的指令。违背这个命令和维持一个非法营地所潜在的惩罚，使社会运动组织比如地球之友对选用这种策略产生了疑问。[对弗里曼(Freeman)的采访] 相反地，这一技巧对一个松散、分散而且几乎没有什么财产可被查封的“网络”诸如英国“地球第一”或者多加斯部落来说，却是很理想的。在1992年夏天的特威福德：

> 在那时，这个营地在很大程度上由那些以那儿为目的地的旅行者团体组成……我第一次去那里的时候，只有很少人在，其中包括一对同时从事其他活动并且看起来比任何其他人都老得多的旅行夫

> 妇，来自从事社会服务工作的一个妇女和一群孩子，一个从前的军队服役者，还有一些来自布赖顿“地球第一”的成员。（对匿名者1的采访）

因此，营地在吸引了很多工具性取向的活动分子的同时，构成了包括新时代旅行者、其他亚文化主义者和那些寻求逃避政府和家庭责任者或城市失业者的聚集地。英国“地球第一”与其他激进绿色活动分子、地方行动者、环境压力团体和永久性认同取向的露营者之间，有时候冲突有时候合作，成为了反道路建设运动的显著特点。

> “地球第一”被多加斯部落告知应该离开，还有一些人是因为他们对这个地方的气氛不适应。这是在“黄色星期三”的几天之前。
>
> （因而，多加斯不同于“地球第一”？）
>
> 不！这是因为多加斯占主导地位成员的立场而造成的分裂。那些同情者是处在后台的……“地球第一”把人们带到了特威福德，那就是它真正所做的，那就是“地球第一”所促进的东西，这个网络就是由它形成的。其他网络不会触及它，地球之友不会触及它，其他人不会触及它，那仍然是“地球第一”的发动性能力。它能够带动那些愿意做一些事情的人们。（对匿名者1的采访）

这个营地在临近旅行者和英国“地球第一”活动分子在特威福德道的峰会时仍在持续，直到1992年12月人们在“黄色星期三”被驱逐。在转移到英格兰西部之前，多加斯在余下的冬季里搬到了离温切斯特15英里的一个林地。[对卢什(Lush)的采访]虽然一些多加斯成员认同自己是英国“地球第一”的活动分子，两个组织之间还是有摩擦。一些多加斯分子是拥有一个复杂的、对土地神话般信奉的新部落主义者。某些人相信，特威福德道是亚瑟王的卡默洛特王宫所在地，少数人采取一种经常是排他的自然主义生活方式，并且有时候敌视其他活动分子(采访记录)。[5]最后，一个新营地于1993年2月由“地球第一”的成员创建。[对卢什、匿名者和“爵士”(Jazz)的采访]

英国“地球第一”活动分子在超过十几个地点上建立永久性反道路营地和长期行动中发挥了关键性作用。一个“地球第一”团体“绿色人”在东伦敦的M11帮助发起了直接行动。巴斯(Bath)“地球第一”的五个成员在

巴斯伊斯顿(Batheaston)支线的一个地方创建了一个营地。[对克莱尔(Clare)采访]托兰提到,"‘地球第一’经常在东英格兰的威蒙德汉姆(Wymondlham)围绕一个行动或议题而集合,而且,‘地球第一’团体确实在这一地区得到了发展和繁荣”。

从1993年到1995年秋,英国“地球第一”日益投入到一个更加广泛的反道路建设运动。非常典型的是,英国“地球第一”的地方团体发起或支持一个反道路营地而排除其他议题。“绿色人”、巴斯“地球第一”、卡默洛特“地球第一”等,分别参与到了“对M11说不”、“拯救我们的索尔斯伯里”(SOS)和“特威福德道之友”等反道路建设运动。

外部环境恶化因为受到1994年提出的司法公正法案(CJB)威胁的青年人舞蹈文化的政治化而加剧。反道路建设运动也开始多样化。在格拉斯哥,“地球第一”在运动中引人瞩目,并强调它的自我身份,这部分是由于英国“地球第一”共同创始人伯布里奇在1994到1995年间的参与。工人阶级社区在格拉斯哥比其他抗议地点更活跃,一个社会主义政治团体“斗士”(Militant)帮助动员了地方支持。格拉斯哥运动者借鉴利用了直接行动的长期传统,比如在80年后期和90年代初的反人头税运动和70年代初的占领生产地点运动。

在索尔斯伯里山和其他南部英格兰道路抗议地点,身份运动者和地方单一议题活动分子也坚定地加入了。塔尼亚·德斯特克罗伊克斯(Tania de ste Croix)——一个绿党和英国“地球第一”的活动分子——在协调这场运动中发挥了关键性作用,但最终还是看着她的家园被破坏。在普雷斯顿(Preston)附近的M65,工人阶级社区再次加入了抗议,而身份运动者也十分积极。

在东伦敦的M11,抗议的文化层面被一些人(但不是所有参加者)所强调,并且建立了与即将被破坏家园的居住者之间的密切联系。静坐由于家园被破坏的威胁而被用作一种重要的战略得到了加强。他们努力创建电话号码簿和吸引新的活动分子参与到非暴力直接行动中来。“对M11说不”运动在1995年重新组建了收回街道运动,并发起了一系列更加雄心勃勃的街头聚会。同样的街道聚会和批判性民众在90年代中期,也在超过十几个城市的中心发动。

到1996年，大众非暴力直接行动日益与破坏活动的技巧结合起来。1996年7月，在一项由收回街道运动发起并得到其他英国“地球第一”团体支持的行动中，7 000多人占领了伦敦的一段高速公路（对匿名者2的采访）。一个被成千上万的活动分子包围的巨大狂欢节场面，为一些运动分子在道路表面用风钻挖洞提供了掩护。对建筑机器的纵火袭击发生在一个为纪念纽伯里（Newbury）支线工作一周年而举行的集会上。那种故意将活动分子置于危险境地的挖掘隧道的戏剧化策略，引起了媒体的强烈兴趣。

1996年以后，英国“地球第一”和更广泛的直接行动运动已经较少地集中于道路建设。但是，对曼彻斯特机场一条新飞机跑道的反对导致了1997年的抗议活动，尽管遗传学和绿色原野地点的住房已经成为日益重要的动员主题。

3. 网络和资源

英国“地球第一”的出现和发展过程证实了预先存在的促进动员网络的重要性。英国“地球第一”创立者作为与其他活动分子联络的政治创业者，利用其他资源促进并创造了一个新型动员的扩散形式。英国“地球第一”使用了现存的运动网络，来克服对于正在形成中的运动而言往往存在的资源动员困境。没有资源，动员被证明是不可能的，但接受精英资助的代价可能是运动的“正常化”。早期直接行动形式中使用的办公空间、办公设备和轮船以及其他物质资源，是通过和平运动和绿色学生网络（GSN）动员起来的。

那些有着自由时间的活动分子来自不同的绿色网络。包括绿色无政府主义者（Green Anarchist）、绿色阵线（Green Line）、绿色学生网络邮件和美国“地球第一”杂志等通讯网络，被充分地利用。英国“地球第一”发起了抗议行动并从现存的组织中招募支持者，而不是寻求建立它自己的成员结构。这种创立一种抗议者实体网络模式的努力，当英国“地球第一”从东苏塞克斯和肯特的地方性环境抗议转移到全国性（和国际性）的反对道路建设活动的雨林运动时，是很明显的。到1992年时，这个活动分子基地已足够大，可以满足制作英国“地球第一”的新闻信件、支持直接

行动和偶尔举办全国集会的相对温和的资源需求。学生联盟和地方环境中心帮助维持了1992年以来的地方性和全国的活动。[对杜尔汉姆(Durham)的采访]

网络化带来了现存绿色网络意识形态的影响、议题焦点、行动技巧、战略和联系方式。例如,大众非暴力直接行动技巧源自于和平运动和澳大利亚雨林运动。反之,破坏活动技巧则源自于动物解放斗士以及较少程度上美国“地球第一”。至少在动员的最初几年里,英国“地球第一”内部围绕技巧和战略的冲突可以概括为源自这些预先存在网络所发生的冲突。蒂利(Tilly)——来自于牛津“地球第一”并曾活跃在格林汉营地——提到了和平运动和格林汉非暴力观念的重要性:

> 我想把这些观念引入“地球第一”……我们必须指出,“地球第一”将不会有生态破坏演示,它是一个负责任的非暴力运动……但直接行动和不合作主义等等观念,往往只是处在最前面和公众视野中的东西……我切实感到了在它们背后的因素,因此,当我们组织蒂姆梅特时,我们形成了这个非暴力和不破坏财产的基本原则。[6]

但是,另一个牛津活动分子却评论道:“贯穿80年代的一个主要模式是动物解放前线(ALA),这当然是就它们以秘密的方式直接地解决事情而言。”(混合的采访)

在回答“针对人类的暴力是你不愿意在‘地球第一’之内看到的现象”的时候,一个女性被采访者认为,“这当然还包括针对动物的暴力,但对机器的暴力是完全受到欢迎和赞扬的”。[7]

非暴力直接行动最初规模很小并且明显具有象征意义,后来规模变大而且更具有破坏性,加速了早期的成员征募。这些行动导致了它在大众和绿色媒体中的突出性,鼓励了潜在活动分子的参与。

> “地球第一”自出现以来,做了很多事情。它使我们从学生团体中分离了出来,它给予了我们一个强大的新策略——直接行动,它将我们与一个国际网络联系起来并且提供了一个使网络更加有效的新关注点。绿色学生网络历来不十分有效,因为它不十分清楚自己代表什么。通过“地球第一”,直接行动为网络提供了一个关注点,直到今天绿色学生网络和“地球第一”网络之间还有很大程度上的重合。

[对贝格(Begg)的采访]

采访叙述表明，1992 年后来自现存绿色网络之外的活动分子越来越多地加入到反道路建设运动中来。

4. 政治机会

资源动员和网络方法并没有提供对英国“地球第一”动员的完整解释。研究者注意到，许多获得充足资源的动员行动在过去都失败了。单单资源并不能创造运动，而对资金和物质资源的拥有可能会妨碍直接行动技巧的使用，因为可能的法律制裁会威胁到现有资源。还有必要解释的是，为什么现存的绿色活动分子被英国“地球第一”吸引和为什么现存的网络愿意捐献资源。同样，有必要解释，为什么在 1992 年之后在绿色运动之外有更加广阔的网络联系被利用。

一些理论家认为，这样的问题可以通过政治机会结构(POS)概念得到回答。这一概念被定义为“持续的”——但不一定是正式的、永久的或者全国性的——鼓励抑或阻碍人们使用直接行动的政治环境向度。卢茨挑战了对政治机会结构不加选择的使用，他的立论基础是：除了真正的结构参数，这一模式还包括了相对偶然的因素。[8]批评者也挑战了在如此背景下更持久的结构条件或者变化能够自动地转化为行动的假设。由此可以认为，政治机会结构作为一个概念工具缺乏一个明确的在经验上可理解的中介联系，并且未能说明：

> 政治制度的结构特点如何进入了运动组织者和参与者的脑海中……社会科学的哲学家次复强调，社会行为理论应该具体阐明把社会结构转化成个人和团体行动的机制……由于将行动直接与结构相联系，当前政治机会结构的应用往往未能认识到复杂有时甚至是矛盾的、政治结构影响发起运动的方式。由此产生的解释是不完整的并且有时明显是错误的。[9]

因此，定性分析也许在考察政治因素对活动分子参与和动员/战略的具体影响时是必须的，无论是真正结构性的或更加偶然性的。事实上，克雷希等——虽然使用了量化分析方法——注意到，政治机会结构理论家经常从抽象的分类诸如“国家的力量”或者“开放的输入机构”中概括战

略，而这些对于普通运动活动分子明显没有什么意义。

从对活动分子访谈的分析中确定的政治因素是清晰但多样化的。环境议题在80年代后期的日益显著性，提高了对激进环境行动的支持（对玛丽的采访）。现存的绿色运动组织，为了回应环境领域决策过程的变化，提供了政治机会结构和英国“地球第一”之间的重要组织协调形式。80年代后期政治机会结构对环境要求的明显开放性，鼓励了现存绿色运动家庭成员采纳同化性的战略。与这种同化战略相联系的是一种对来自活动分子的要求更对抗性立场压力的抵抗。政治机会结构的明显开放性有助于促进政治“现实主义的”战略，但当政治机会结构趋于封闭时，这样的战略就变得不太有效了。这种持续的封闭最终强化了对绿色运动内部分化的支持，并有利于英国“地球第一”的形成。

1987～1992年间，地球之友明显地向着更加同化性的战略发展。它在1984年到1990年间的领导人波里特提到，这个组织如何自1987年起从组织**反抗**工业转变到更多地与工业界**一道**工作。他评论到：“地球之友在敲门上花费了很多时间，因为人们不想让我们进去。我们不得不努力工作来引起部长们的注意……现在，我们只需轻推一下门，门就全部打开了，但是，我们感到沮丧，因为当我们到那里时并不知道我们做什么。”[10] 地球之友1989～1990年度报告认为，该组织已经从“反抗性转变到建设性”并且伴随发生了“运动工具”的转变。

也有证据表明，一个更同化性的战略与一个较少自由主义的组织形式相关联。马歇尔代表伦敦雨林行动团体向地球之友描述他的方法时评论道：

> 我记得，我去地球之友时说，我能否看一下你们的文件，他们完全是逃避性的……如果他们积极地联系其地方团体、自治地方团体但告诉它们不要卷入其事务，这是令人沮丧的并且实际上是一种宣战。……这是在1991年6月。（对马歇尔的采访）

希拉·弗里曼原先是一个地球之友雇员，在1993年又成为了英国“地球第一”的一个活动分子。他评论到：“我继续从事环境运动，有了地球之友根本没有介入的M11运动。正是这一同样的事情（像特威福德一样），使人们认为它过于无政府主义了……它有太多的直接行动，而其背

后的公众同情却不充分。”(对弗里曼的采访)

这种模式也在其他压力团体和绿党中产生了。一个评论家说道：

> 绿党中的骚动仅仅是一个更广泛危机的症状之一。另外还有对市场环境主义的严厉斥责……以及对来自上层领导强加限制感到的沮丧和受无政府主义团体更对抗性直接方法所吸引的地球之友地方成员的流失。[11]

最终，尽管1988～1989年撒切尔夫人作出了“绿化”的承诺，但所提出的政策甚至对温和环境要求也未能满足，这导致了公众对直接行动增加的支持。

政治封闭也帮助了创立环境直接行动的新联盟。虽然绿色运动家庭和青年人亚文化之间的互动一个世纪以来明显地以零散的方式进行，但反对极端“时尚”的立法在90年代明显地加速了这种联系。自由网络(Freedom Network)的汤姆·福克斯(Tom Fox)说：“我们想要更多的政党，更多的道路抗议活动和更大规模的蹲坐行动。”他们用司法正义法案攻击更多的人，就会有更多的人进入我们的圈子。因此，一个主要是享乐主义的青年人亚文化为反道路抗议活动提供了新参加者和新的抗议技术。地方计划控制中的变化也吸引了更多保守性团体和个人介入直接行动。虽然有些人继续怀疑“地球第一”，但很多人则表示出了高度的支持。胡克(W. Hook)评论道：“注意到许多特威福德道协会成员加入‘地球第一’抗议活动是很有趣的，或者是亲自行动或者是带来食物。当被问及他的孩子在哪里时，一个穿巴伯衫和绿色高统靴的当地人回答说，他们‘去破坏一些机械，不用担心’。”[12]

5. 选择性运动活动

绿色运动家族内部以及绿色和其他运动之间变化着的优先地位，也帮助了英国“地球第一”的出现：

> 在70年代后期和80年代初，和平运动(至少在英国)在很大程度上遮掩了绿色运动。在那个时候，本可以从事反对核能(和其他环境议题)的自由主义者和激进自由分子正在从事反对核武器的运动。自从和平运动陷于衰落以来，环境运动已相应增加了。[13]

其中许多曾在和平运动中十分积极的创立分子普遍接受这个看法(对托兰和玛丽的采访)。随着海湾战争的结束和冷战的缓和,和平明显让位于绿色议程;星球生存问题取代了它的位置。其他人已经将主要精力转向了动物解放运动或者参与绿色运动的其他方面。(对加兰、莫兰德和混合的采访)

那些来自第二群体被采访者即在1992年后加入英国“地球第一”的活动分子,更多地参加过其他运动。那些在80年代后期或许曾通过加入工党、极左翼政党或者工会来支持劳工运动的人,看起来不太可能这样做。一个活动分子认为:

> 工人阶级在80年代丧失了几乎所有的影响力,因此,人们没有参与马克思主义和无政府主义工人团体……为什么要加入一个没有影响力的团体呢,如果你打算移动某个东西,你需要一个杠杆。权力是关键性的,它导致年轻斗士重新评估和寻求新的做事方式。(对匿名者1的采访)

因为正在兴起的对环境不满的关切以及一种认为绿色运动能够作为更广泛激进政治工具的观念,一些来自第二群体被采访者并且以前与绿色运动没有联系的活动分子从劳工运动中转移了过来。在这个意义上,就像巴罗(R. Bahro)的书名所说的一样,活动分子已经从红转向了绿。自从“早期绿色政治”在1905年左右衰弱以来,绿色和劳工运动之间的联系就一直相对有限,而在70年代和80年代初出现的运动参与似乎又在80年代后期出现了下降。卢茨注意到80年代工党领导人和核裁军运动(CND)之间的联系,认为工党是包容各种流派的“一个大教堂”……以德国社民党过去不曾有的方式对年轻激进分子具有渗透性。[14]虽然同意工党在全国层次上基本拒绝了绿色关切的观点,卢茨也认为,比如像肯·利文斯通(Ken Livingstone)的大伦敦议会等左翼工党议会的地方社会主义的大众主义风格推动了“环境主义的创议团体”。工党在80年代后期停止了对核裁军运动的支持,地方社会主义被地方政府改革边缘化,而工党总体而言变得较少同情社会运动的要求。政治现实主义随着1994年托尼·布莱尔当选为工党新领导人而得到强化。在1996年工党大会前夕,被解雇的利物浦码头工人与收回街道运动和其他的英国“地球第一”团体举行了一个街道聚会和直接行动抗议(对匿名者 2 的采访)。在收回街道运动试图占领伦敦交通办公室以支持罢工的管道工人后,码头工人和收回街道运动彼此接近了,相互成为可能的盟友和一种新行动技巧的来源。码头工人和收回街道运动举行的包括一个选举前的社会正义游行在内的一系列联合行动,也许更多的是工人运动虚弱性而不是收回街道运动内部生态社会主义和无政府主义思潮力量的结果。

6. 经济机会和挑战

其他具体经济因素也支持了环境运动动员。

首先,加速进行的道路建设和其他形式的大规模建设,促成了可以将不同要求动员起来的不满情绪。在诸如东伦敦的特威福德和克莱里蒙特(Claremont)等地点,道路建设同时充作一个全球环境破坏的有力象征和对一个富有文化与自然价值地点的一种具体威胁。正如吕蒂希(W. Rüdig)和罗(P. Lowe)所说:"没有环境难题的存在……就不会有环境运动……明显可见的和具有破坏性的资本项目'比如水电大坝和新机场一直对于环境抗议运动有中心意义'。"[15] 虽然绿色分子可能不仅仅寻求减少具体的抱怨而是主张更加根本性的转型,但没有这样具体的抱怨或"动员目标"的话,一个绿色政治批判可能显得过于散乱和抽象而不能支持运动。这样的"目标"充作了象征或标志,依此,具体关切能够集中起来并达到抗议可以发生的门槛。

其次,增加的失业青年人数和大众高等教育的普及通过提高人员的可获得性而对反道路动员提供了资源。尤其是,青年人失业促进了将"地球第一"和时尚文化联系起来的 DIY 运动。

安德森(Anderson)在 1971 年 12 月参加了直接行动抗议汽车对伦敦牛津街环境造成的影响,他注意到了就业水平产生的影响。在谈及为什么他的团体信奉未能导致创立一个大众环境直接行动的运动时,他评论道:

> 那时对环境议题的意识还较少。我也认为,失业发挥了很大作用。现在有更多的人没有太多的东西可以失去。在那时,当人们在牛津街被捕时,他们主要的恐惧不是会被罚款……而是担心失去他

们的工作，而现在，很多人根本没有工作，他们也就准备进一步向前走。（对安德森的采访）

再次，同时来自英国外部和英国其他运动的扩展被哈维(D. Harvey)所称的“时空压缩”推进了。[16]资本积累的长期趋势既加速了技术发展也促进了全球化趋势，推动了英国“地球第一”和其他活动分子采纳诸如移动电话和摄影机等新抗议技术。一个在纽伯里的反道路运动者梅里克评论道：“移动电话和民用波段真伟大。上帝，所有这些在十年或二十年之前还是如此困难。”[17]全球范围内通信技术的改善，提高了英国“地球第一”创立者从他们的美国同名组织和澳大利亚活动分子那里借鉴行动技巧和象征性资源的能力。

7. 文化和建设

没有全球环境变化的宏观结构因素、政治封闭性和经济变化，英国“地球第一”不可能以一个重要的动员组织形式出现。然而，这样的结构因素不能被用来以决定主义的方式解释英国“地球第一”的动员。第一，结构因素明显地具有相互矛盾的影响。例如，正如我们所注意到的，直接行动首先需要一批可获得的可以在任意时间加入的活动分子。同样地，充分就业产生了一种纪律性的影响，阻碍参与占用时间和产生受伤风险或法律制裁的行动（对安德森的采访）。然而，可以想象的是，失业的增加会削弱社会中环境议题的显著性并促进对积累的需求。第二，不同的结构因素相互作用。例如，绿色抗议活动不能从诸如全球转暖等环境抱怨中“自动出现”，因为对环境难题的政治回应可以采取包括压力团体游说、选举政治或生活方式变化在内的多样形式。第三，结构影响远不是立即可见的，经常受到另外的制度过程和文化因素的制约。例如，80 年代后期和 90 年代初，政治机会环境对环境要求明显的开放性和随后的走向封闭，正如已指出的，通过具有一个更强烈的常规政治过程取向的更正式团体——诸如地球之友或者绿党的行为，对英国“地球第一”创立者产生了重大的调节。

这些看法强化了如果运动动员要发生的话，由结构因素提供的机会需要被**有意识地**加以利用的论点。在这一背景下，我认为，英国“地球第一”是一个敏感的政治创业者通过利用结构机会来建立一个运动动员的典型例子。[18]虽然对正式社会运动内部的职业化政治创业者的敌视，最初的英国“地球第一”活动分子明确地将目标定于：在存在抱怨并被证明不足以创立可持续的集体行动的地方发动直接行动。托兰引用马歇尔的事例评论道：“他来自澳大利亚并且曾经以头撞砖墙来尝试发起地方草根直接行动，就像我和詹克一样……他真的是推进了这个国家中事务的进展。”（对托兰的采访）

马歇尔带着创立一个反对雨林破坏直接行动的明确意图回到了英国。托兰有意识地将目标定位在创立一个反对汽车文化的草根运动。在对环境压力团体内正式和带薪的政治创业者更具有保守性假设提出挑战的同时，最初的英国“地球第一”活动分子使用了充满强烈感情的象征、混合、借用等技巧和先前存在的网络。简言之，虽然没有报酬，他们却承担了政治创业者同样的职责。

美国“地球第一”与新马尔萨斯主义的过度论、国家压制和争议性的破坏活动技巧一起，提供了一个基要主义的强有力形象。依此，共同创立者伯布里奇和托兰吸引了不满的绿色激进分子。贝格提道：“我从哈斯汀‘地球第一’得到了一张传单……我听说美国‘地球第一’后就知道了‘地球第一’这个名字，并马上产生了兴趣。”不是充作不同政治假设或者新颖实践的一种来源，“地球第一”是一个知名的“品牌名称”，提供了活动分子能够凝聚在一起的一套象征性符号。在招募了最初一批绿色活动分子后，更广泛的网络化便成为可能。由此，政治结构带来的机会造就了包括认同取向的新部落主义者、沮丧的社会主义者、与道路建设作斗争的地方社区以及被新立法定义为刑事犯罪的极端“时尚者”在内的潜在联盟。基于现存的绿色网络、技巧和符号，英国“地球第一”创业者充当了加速动员的催化剂，造就了新一代发明新网络、技巧和象征性符号的环境活动分子。因此，英国“地球第一”既可以被视为支持性的**绿色运动的再生产**（reproduction）——一个被某些评论家称为的自19世纪80年代以来的持续性过程，也可以被看作是进入了新行动和议程领域的绿色运动突变（mutation）。

［注释］

［1］如果将大陆欧洲和英国在和平与动物解放议题上的动员做比较的话，这种例外主义也许更多的是表面意义上的。英国绿党的选举失败和一个小得多的反核运动看起来是更例外性的。参见 D. 沃尔《英国“地球第一”政治》，博士论文（未发表）第 2 章，1998 年。

［2］M. 迈尔斯和 A. 休伯曼：《量化数据分析》，伦敦萨奇出版社 1994 年版。

［3］参见《绿色无政府主义者》1991 年总第 28 期，第 24 页。

［4］B. 布赖恩特：《特威福德道》，伦敦查普曼和豪出版社 1996 年版，第 189 页。

［5］个人参与表明，事情并非完全如此，笔者在蒂姆梅特观察到了大量的局部破坏行动。

［6］结合了异教主义与英格兰民族主义神话的异质性和争议性的信仰，明显地来自一个更宽泛的旅行共同体和一种强烈的礼仪习俗感。参见 R. 洛和 M. 肖《旅行者：新时代游牧者的声音》，伦敦福斯财产出版社 1993 年版，第 112～124 页。

［7］这种技巧的偏离不能以一种过分简化的方式应用，被采访者中在过去的动物自由与和平运动活动分子之间有些重合。同样，很多动物自由运动利用传统的压力团体技巧，而不是秘密的破坏。

［8］我在叙述中保留了政治机会结构概念，考虑到它在新社会运动著述中的既存化特征，但对结构的构成因素的深入考虑是必要的。一个有用的起点或许是考察巴克萨（Bhaksar）的社会结构的批判现实主义方法论，它往往是隐藏的、相对持久的而不是永久性的、多元化的和随着集体行动而最终改变的。参见 R. 巴克萨《恢复现实》，伦敦反面出版社 1989 年版。

［9］H. 克雷希等：《西欧新社会运动》，伦敦 UCL 出版社 1995 年版，第 37 页。

［10］参见 J. 麦考密克《英国政治和环境》，伦敦地球观察出版社 1991 年版，第 117 页。

［11］B. 迪克森：《多样性的危机》，载《绿色阵线》1992 年总第 101 期，第 10～11 页。

［12］在参与 1992 年反对在布里斯托一绿地上建立超级市场的金山直接行动运动中，我发现，英国“地球第一”活动分子和前西布里斯托保守党的关系是极为友好的。

［13］匿名者：《汽车斗争：发动反对道路怪物的战争》，载《Aufheben》1994 年第 3 期，第 13 页。

［14］C. 卢茨：《新政治和新社会运动：解释英国例外主义》，载《欧洲政治研究学报》1992 年第 22 期，第 184 页。

[15] W. 吕蒂希和 P. 洛：《英国政治消退的‘绿化’》，载《政治研究》1986 年总第 34 期，第 279 页。

[16] D. 哈维：《后现代性的前提》，纽津巴西尔布莱克威尔出版社 1990 年版。

[17] 这里对民用波段的提及缺乏年代顺序的严格准确性。

[18] 这并不是说，这些参与者甚至后来的关键性分子都是如此明确地受到创建或维持直接行动的价值，或者那种身份可以清楚地与战略区分开来——尤其是在生活风格是政治承诺一部分的绿色动员中——的战略分析的激励。

（德里克·沃尔）

第五章　志愿社团、专业组织和美国环境运动

政策周期经常被描述为以确定难题开始并结束于政策制定和执行的一系列事件。虽然从地方社区社团到正式游说组织在内的团体都活跃于这一过程，但大多数研究关注的是专业组织。结果是，参与这一政策领域的很多类型团体的作用和战略没有得到充分的阐述。本章研究考察了由地方志愿社团和全国专业环境组织采取的行动技巧，这些团体在公共政策过程中发挥的不同作用，以及这些类型的个体组织影响环境运动总体特征的方式。

1. 专业和志愿运动组织的特征

专业组织和政治行动的关系可以由资源动员理论(RMT)加以精确阐释。被美国学者用来解释与社会运动组织相联系活动的主要框架之一的资源动员理论认为，集体行动是具备诸如资金、装备和劳工等条件时产生的一种有目的的政治表达形式；组织结构对动员和运动的成熟来说都是一项关键的资源。资源动员理论认为，运动组织方式已经历了一个转型。传统的运动社团由“受益的”支持者运作，即直接受议题影响并且愿意自愿付出他们时间和劳动的个人。近来，运动组织已经发展了大量由那些主要捐献金钱而不是时间和精力的“良心”群体组成的成员。观察到社会运动组织中全职领导人、常规化任务、成文化成员资格标准和等级化决策过程的增加，麦卡锡(J. McCarthy)和萨尔德(M. Zald)认为[1]，从传统的志愿性到专业化组织的转型正在发生，并且这一变化可以归因于可自由

支配的资源、庇护关系和运动家。

美国环境运动中有大量的专业组织。很有可能是，这些团体的活动一直受到非直接的控制或“制度渠道”的影响。依据麦卡锡、布里特(D. Britt)和沃尔夫森(M. Wolfson)的看法[2]，非营利组织立法是一种吸纳与冲突缓和的法律手段，因为它提供了导致激进角色成为正式组织的诱因。参与教育活动的运动组织在1959年美国国内税法501c(3)条款下面得到豁免。虽然这样一个地位限制了它的政治活动，但得到了偏爱，因为捐献者能够从整个可征税收入中扣除任何捐献的价值。根据法规获得501c(4)地位的运动组织被授权进行政治活动，但活动的类型和数量受到限制；组织捐献是不能够被减免课税的，但可以免于缴纳收入和资产税。

注册的非营利组织获得了不向私人公司、未登记社团或者个人提供的税收优惠。作为报答，这些组织必须达到和维持限制它们所能使用的结构和战略选择的标准。为了获得非营利地位，专业组织必须保存税收文件并向其成员提供报告。对许多专业组织来讲，成员指每年从事捐献的个人而不是在管理组织或参与组织活动上花费时间的人们。从根本上说，成员雇用运动专业人员来代表他们的声音。因为非营利组织的政治活动也受到控制，大多数专业性非营利运动组织发动教育和研究为导向的活动。虽然一些组织参加了表达性和非常规的活动，但这些行动在501c(3)组织中是很少见的，在501c(4)组织中也不经常。诉讼、游说和专家陈述是专业组织的政治行动的主要形式。

资源动员理论主要考察了具有运动利益团体特征的组织。这些正式组织由主要通过游说或者与被选举的代表直接联系来促成变化的付薪专业人员组成。专业运动组织发挥了许多重要作用，比如向运动提供可见性和稳定性，尽管它们维持了一种独特的政治存在，但不是运动活动的唯一来源。包括非正式网络、独立草根社团和社区团体的多样化动员结构，促进和凸显了社会运动的形成、有关特征和进行中的活动。

早期的社会运动理论认为，抗议活动是一种被边缘化和疏离的个人用来表达他们不满的行动形式。专业组织不断增加的内在含义是，在缺乏关键事件的情况下潜在的感情能够动员起来和形成运动。然而，地方动员的详尽研究表明，关键事件在促成以社区为基础的集体行动方面发

挥了显著作用:当在三里岛(Three Miles Island)的核反应堆被污染时,居民动员起来作为回应。同样,当垃圾掩埋、焚化炉和其他有害的土地使用形式在社区中被提出时,人们经常组织起来表达关注。当存在某种形式的与环境相关的不满时,这些“不要在我后院”(NIMBY)的回应活动是较常见的。

当对一个地方性议题的反对开始时,它很少来自于专业化团体。关注迫近议题的居民们发起创议并形成专门的委员会、非正式的组织和松散的联盟。对许多社区活动分子来说,这可能是他们第一次参与政治。通常,这些人通过合法的手段诸如与被选举的代表对话或者参加公众听证来参与这个系统。在合法行动不能起作用的情况下,更多具有表达性和非常规特征的行动可能会随之发生。许多回应突然性不满而采取行动的地方团体,并不试图成为正式非营利组织;大量的是短命的、单一关注点的社团,而其他的则是更加正式化和长久的社区团体,后者成立的意图就是长期致力于地方性议题。

同时,源自短期和更长久性志愿社团的、以社区为基础的行动主义,在社会运动和公共政策过程中发挥着重要作用。相比,社区成员和地方社团参与大量与专业组织活动相比具有不同关注点和路径的活动。与专业人员相反,社区成员通常贡献的是他们的时间和精力。这些志愿活动分子并不将政治介入视为一种职业选择,而是作为对某一难题的一种必要回应或参与他们社区发展的手段。

社会运动采纳的行动技巧与政治制度和政治文化相关。在美国,各种正式和非正式结构为社会运动活动提供了基础。虽然专业和志愿社团都促进了运动活动,这两种类型组织间的相互关系只得到了人们很有限的注意。在环境领域,专业和传统运动组织看来都保持活跃状态,并且每一种组织都在政策过程中发挥了独特的作用。这项研究还将考察地方志愿性和全国专业环境运动组织的历史和当代活动,以及它们在美国公众政策过程中的现实影响。

2. 运动组织与美国环境运动

虽然环境运动被视为一个新近的现象,关于人与自然环境关系的不

同哲学和伦理学观点以及关于资源利用和技术发展的适当形式的争论，已经存在于整个美国历史的许多时期。致力于荒地和野生动物保护或恢复，大量的环境组织在19世纪后期和20世纪初形成了：1876年的阿巴拉契亚山脉俱乐部(AMC)，1885年的布恩和克罗基特俱乐部(BCC)，1892年的希拉俱乐部，1905年的奥多邦协会(AS)，1922年的伊扎克沃尔顿联盟(IWL)，1935年的荒野协会(WS)等。

然而，资源管理和自然保护并不是影响当代运动的唯一议题和行动类型。二次大战前对工业化和城市化的重视，给自然环境和人类健康增加了新压力。随着城市人口的膨胀，环境灾难也在增加。由于工业废物被倾倒进排水沟和露天坑，没有下水道或者缺乏经常的垃圾收集工作，来自居室和工厂的废气直接排放到空中，水质、公共卫生、废物和空气污染等健康议题成为紧迫的公众关切。由于没有有效的车间工作规定，工人被暴露于一系列化学品和重金属的环境中。虽然抗议行动大多是分散和零碎的，但随着污染和职业关切的增加，许多个人和团体的参与推动了保证人类健康和安全的立法。

第二次大战后，生活的富足提高了公众对消费性商品的需求，也增加了对景观和休闲地方保护的压力。对于生活质量和技术对人类健康影响的关切上升了。同时，生态科学的出现和增加的科学普及出版物(比如卡尔逊的《寂静的春天》)改善了交流系统，而环境破坏事件(比如圣塔巴巴拉的石油泄漏等)推动了公众对环境议题的意识和关切。到60年代，环境抗议活动开始在大学校园、地方社区和全国大城市中兴起。60年代后期和70年代初期出现的对环境保护的关注，促进了新一代专业环境组织的形成。环境保护基金(EDF)、全国资源保护委员会(NRDC)和地球之友是第一批形成的。这些比先前娱乐取向更加政治化的组织，关注诸如空气和水污染、核能和固体废物。这轮专业组织的增加发生在由尼克松1970年签署《全国环境保护法》而引发的加强立法活动以及随后的一系列环境政策形成的时期。

米切尔(R. Mitchell)认为[3]，专业环境组织的成员数量经历了三次发展浪潮。在1960年和1969年间，随着美国人意识到环境难题以及这些组织在保护和污染方面变得更具有战斗性，既存组织的成员人数增加

了。在1970年第一个地球日之前的几年里公众兴趣就有了增加，第二次活动浪潮接踵而来。到70年代中期，成员人数出现下降，环境主义被认为是一时流行的狂热。一些完善的环境团体诸如希拉俱乐部和奥多邦协会，以及一些改革后的组织诸如环境保护基金和全国资源保护委员会，遭遇了成员数量的下降，而大量较小的组织则消失了。里根政府的反环境政策促成了80年代的第三波，酝酿了公众对环境兴趣的复兴，并有助于环境组织招募新成员和再次使之成为一种强大的存在。

随着环境运动的成长，环境组织感受到了日益增强的正式化和专业化的压力。立法的复杂性、日益增加的组织成员数量和来自资助者与政府的压力，迫使许多组织雇用全职的职员。为了使支持者能够接近组织、遵守行政要求以及维持一个足够显著的形象以便接近政客和政治过程，维持办公机构对于这些组织成为一种必要。这些因素结合在一起，使许多环境组织维持着一批拥有明确职责并且遵从正式管理程序的专业化职员队伍。由律师、科学家和专业环境主义者组成的这些团体参加选举活动，并进行游说和诉讼。长期以来，一小批全国性环境组织逐渐主导着整个游说舞台。虽然几个组织有地方分支，但大多数组织集中在华盛顿特区围绕政策改革和实施而工作。

除了全国组织之外，为了应对区域、州和地方性的环境问题，大量的联盟和委员会在不同时期形成。抗议活动经常由地方社区居民发起。与专业环境主义者相反，地方团体成员大都是受到他们所关注议题的直接影响，并且往往集中于采取立即的措施来克服问题。许多地方团体为了处理具体难题的目的而形成，而不是为了影响全国政策或者把一个议题推向全国政策议程。

与专业环境活动相似，地方性抗议或"不要在我后院"行动有着历史根基。在19世纪，围绕诸如铁路、屠宰场、医院和酒吧的位置等议题产生了争论和冲突。现在跟那时一样，一种威胁的临近引起人们作出反应。虽然社区长久以来一直关注阻止对地方有害的土地使用并保持人类和生态系统的健康，但是具体的议题随着时间而发生着变化。废物堆放地、工厂排放物、军事基地污染是一些现在被关注的问题。许多年来，地方抗议与拥有时间和资源花费在处理社区难题上的富裕个人关系密切，但地方抗议并不只是一个上层阶级的现象。基于在穷人和少数民族定居的地方更可能成为建筑工地的假定，环境正义和环境平等运动组织起来。这些社区成员日益变得积极地抵抗不受欢迎的土地使用方式，并阻止被选择为建筑工地。

授权公民参与环境决策过程的立法和对民主过程有效性的普遍信仰往往确立如下观点：个人能够直接地采取行动或者通过他们选举的代表来影响所期待的政策变化。考虑到在很多情况下制度不对公众开放和大量为促进一项事业而工作的地方居民不可能通过被选举的官员来代表他们，这可能会导致一条最终通向行动主义的道路，而这条道路与隶属于专业化组织的职业环境主义者所倡导的道路是不同的。对个人健康、财产和生活质量的威胁以及政治过程参与受到的限制，为志愿社团的创建提供了持续的动力。与主要依赖制度授权的行动形式的专业组织相反，地方团体普遍愿意和能够采纳更广泛的策略。为了吸引媒体和公共官员注意力，一些抗议和对抗行动被经常采用。结果，引起大众注意的非常规行动经常与对后果产生直接影响的活动，诸如诉讼、公众听证会上演讲以及游说官员等结合在一起。地方团体通常比专业组织更不愿意妥协，因为它们面对的是直接影响个人健康和社区福利的难题。

草根组织的活动取得了大量有益的成果。地方行动在清理受污染地点、阻止污染设施建设、迫使公司改进生产过程、对受影响的个人提供社会支持、影响对环境和公众健康的全国态度、增强对立法和公民参与权力的了解等方面都作出了贡献。一旦建立以后，以社区为基础的组织就遵循着许多不同的道路。地方团体通常依赖那些对难题解决和社区稳定而不是对非营利地位或组织生存更感兴趣的志愿者。由此，当所面临的难题得以解决或被充分关注之后，许多地方组织便停止了活动。由于担心难题会重新出现，其他一些团体决定应该继续存在，以监督它们所为之形成的议题的进展。在目标部分实现后，一些团体把它们的注意力转向更广泛的社区议题，而其他的则通过参与全国政治来继续它们已经开始的事业。

3. 研究方法

在考察了环境动员和环境组织的总体趋势后发现，专业组织和志愿社团似乎关注不同类型的环境议题和依赖不同类型的战术。在现实中，这些团体的议题和行动可以是相互联系的，而专业人士和志愿者的联合行动有助于通过保证相关议题在政策过程中得到关注来维持运动。大多数关于环境动员的研究，将重点放在了专业组织和作为一个同质整体的运动上面。结果，在志愿和专业运动组织之间的相互影响只得到了很有限的关注。通过对这方面的分析，这项研究考察了环境动员的发展趋势，并且研究了 1975 年到 1990 年 16 年间地方志愿和专业运动组织之间的相互依存关系。

麦克亚当(D. McAdam)为了分析报纸上关于公民权利运动的文章而专门创制的一套编码系统[4]，被修改后应用于环境运动的分析。社会运动可以多种方式进行定义，但互动、冲突和身份却是大多数定义的共同特点。虽然集体行动可能作为一个孤立的事件发生，但社会运动参与持续的集体行动并且追求在一些社会、政治或者经济结构中因素的长久变化。在这项研究中，环境运动被定义为挑战现存的或被提议的不利于环境的做法或政策，或者支持会降低污染、促进更好的环境质量并且提高可持续性的活动和政策。1975 年到 1990 年间的《纽约时报索引》中，所有有关环境和保护的摘要都被阅读过。[5]每个与环境运动相联系的条目中，有关角色或者发起单位的信息、关注的难题和运动活动的类型，都被记录下来。[6]

环境**角色**指对执行或组织一项环境取向活动负责的机构。那些努力改善环境质量、阻止环境退化、促进新的或更严格的环境政策和保护未发展地区的非政府角色，被归为环境运动角色。那些反运动活动和组织、支持现存制度安排的政策研究机构以及政府机构，不被认为是环境运动角色。对每一个被包括在这项研究中的角色来讲，有必要进一步弄清楚它们是什么性质的团体。在考察公民权利运动时，詹金斯(J. Jenkins)和艾克特(M. Eckert)对不同类型团体进行了分类。[7]它们包括下列七种类型：1)不隶属于一个正式运动团体的个人；2)人群；3)教会和学生团体等地方社区团体；4)全国团体的地方分支；5)特别形成的团体；6)集中于一项议题的志愿组织(传统的社会运动组织)；7)专业社会运动组织。本这项研究中，这七个具体分类被整合为专业性和志愿性角色两大类。**专业性角色**由与环境运动目标一致的全国性社会运动、全国组织的分支和全国组织之间的联盟组成。**志愿性角色**由没有隶属关系的个人、专门委员会、人群和志愿性社区社团组成。总之，专业组织由主要全国环境组织和它们的附属机构组成，而志愿社团则是独立的地方或草根团体。

环境**行动**指一个角色在运动中采用的战略或策略。行动被划分为常规的或者非常规的。基于加纳（R. Garner）的定义和基茨凯尔特（H. Kitschelt）对战术的分类[8]，当环境行动利用现存的法律机制来促成变化时被视为是**常规的**。这些行动的战术包括研讨会和其他类型的信息密集的教育活动（关于怎样卷入非制度化行动的信息传播除外）、信息性演讲或文章、诉讼和游说。**非常规的**行动是那些对普通人来说比制度化活动更激烈和具有可见性的活动。因此，非常规行动包括暴动、示威、封锁、街道集聚和破坏财产等。

使用报纸和报纸索引来分析社会运动一直受到批评。尤其是，报纸分析存在两个与本项研究相关的主要难题。第一个是内容偏见。新闻报道经常表达作者的私人感情和政治立场。由于只有片断信息从每篇文章中记录下来，源自报道风格的偏见有可能影响资料或者资料分析的质量。另一个担心是否代表了在任何时段的社会运动活动。由于新奇感或者公众对一个议题兴趣的程度等因素，报章很可能出现对某些事件报道不充分或者过度的现象。虽然在社会运动研究中，新闻报道已经成为一项被广泛接受的资料收集手段，但由于常规行动与非常规行动相比新闻价值较低，因而它们可能得不到充分的报道。另外，地方行动的报道将会更多体现读者的区域性兴趣。由于新闻报道会随时间变化而保持相对连贯性，为了更好反映正在被报道的议题，这一分析集中于那些表达性的行动并且使用了百分比而不是绝对数字。

4. 环境运动角色和行动的趋势

在被考察的 15 年内，由专业和志愿角色发起的环境行动持续存在。正如图 5.1 所显示的那样，当所有类型的行动被综合起来时，虽然在环境行动中存在明显的高潮和低潮，两种类型的团体都维持了其存在。相对

于专业组织，志愿团体看起来其活动有更大的波动性。地方志愿团体的行动在1976和1980年间出现了普遍的增长。接着，行动逐渐停止，但在1985年、1987年和1989年又出现了明显的活动高峰。也有证据表明，专业组织活动的涨落遵从了志愿团体的活动模式，正如表5.1中所表明的滞后相关性分析一样。二者整个行动的相关性表明，存在着一种从0～2年的否定关系。随着志愿行动的下降，专业行动在这个下降后的1～2年里却上升了。而在第四年，二者存在一个明显的正向关系。虽然这可以解释为当志愿行动上升时专业行动出现下降，但四年的时间跨度已足够长，以至于相关性反映的可能是新一轮的行动并且由此是不确定的。

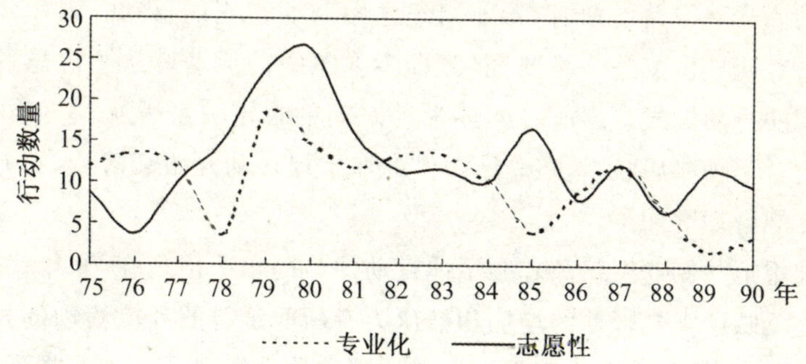

图5.1　环境行动和环境政策

表5.1　　专业和志愿性环境行动主义的滞后相关性

	年数	全部行动	非传统行动
	4	－0.004	－0.237
	3	0.400	－0.046
	2	0.473	－0.200
专业先于志愿	1	0.077	－0.240
	0	－0.121	0.880**
	1	－0.200	－0.999*
专业后于志愿	2	－0.149	－0.112
	3	0.247	－0.398
	4	0.590*	－0.180

* 重要等级0.05　** 重要等级0.001

当单独考察非常规行动时，志愿和专业团体从事环境活动的涨落被更加清楚地描绘出来。如图 5.2 所表明的那样，相对于整个环境行动而言，地方志愿团体的活动保持了更大稳定性，而被报道的专业组织的活动下降了。这一行动模式的变化，反映了被每一种组织所采用的活动类型的不同。平均来说，关于专业组织的新闻报道表明，它们比志愿团体更高水平地参与了常规行动(60%)。志愿团体从事了更高数量的非常规行动，但专业组织持续地参与了抗议和其他类型的非制度化行为。

表 5.1 中的滞后联系表明，由志愿团体采取的非常规和表达性活动与专业组织的活动之间有明显的关系。第 0 年的积极关系表明，当志愿团体的非常规行动增加时，专业组织也参与非常规的行动。第一年的显著关系对此提供了进一步的证实，即专业组织的活动遵从了由志愿团体所展现的行动模式。这两种团体活动之间的否定关系表明，它们在时间选择上有一种滞后联系，在志愿团体的非常规行动开始衰落后，专业组织的非常规行动增加了。

被报道的专业组织和志愿团体行动的最高水平出现在 70 年代后期。这可能反映了常规行动的增加和被认为有新闻价值的环境活动的相应下降。虽然在考察的 15 年期间被报道的活动数量出现了总体下降，但很明显的是，两种类型团体都维持了存在并继续采纳多种战术。虽然专业组织也采用非常规行为，这种行动的较低比例与它们所运作的社会和法律环境相一致。志愿团体的非常规行动模式以及志愿和专业行动之间的关系提供了一些暗示，环境运动活动可以由传统的运动组织诸如社区团体和草根联盟所刺激和发动。

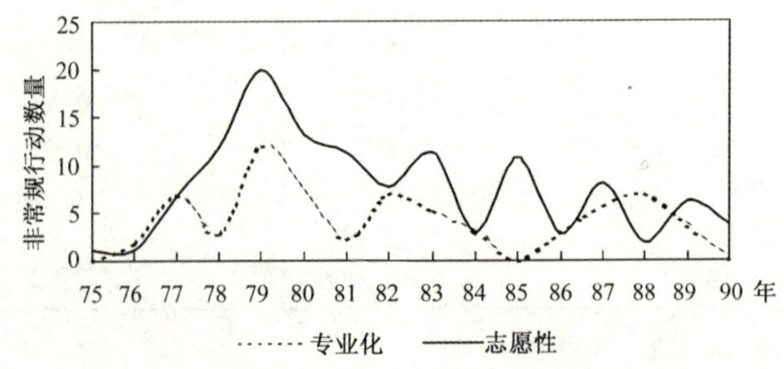

图 5.2 专业组织和志愿团体的非常规行动

表 5.2　　依据环境议题类型的角色和行动(%)

议题	总计%	角色		行动	
		专业	志愿	常规	非常规
空气污染	11	9	3	10	1
能源	3	3	0.4	3	0.1
核能与武器	43	10	33	12	30
污染	8	5	2	7	0.5
废物处置	17	8	9	10	6
水污染	12	8	4	10	2
野生保护	6	6	0.4	6	0.1
总计*	100	49	52	58	39

* 总计的差异是由于四舍五入。

环境行动周期的集合资料给人留下了在地方志愿和全国专业组织之间存在某些协调的印象。当把行动与议题结合起来时，一个更加不同的环境运动景象出现了，展示了两种类型组织的自主性和整体性。正如表5.2所表明的，反核活动是最经常被报道的环境活动并具有最大相对数量的非常规行动。紧随其后的是固体废物的安全处理以及保护空气和水质。专业组织看起来比志愿团体在削减空气和水污染方面付出更多的精力。废物处理得到了同等程度的关注，然而，志愿团体比专业组织更加将注意力集中在核能尤其是核电站的选址上。议题定位上的一个重要差异是野生生物保护领域。在这个领域，几乎所有被报道的行动都由专业组织发起。图5.2中描述的所有专业和志愿非常规行动的高峰，包括了被强化的反对核电站或核武器的抗议活动。除了反核情绪的表达，1982年专业行动的上升反映了对水污染的严重关切，而1987年活动的增加则表明了对水、空气和废物不断强化的关切。志愿活动的高潮1983年与反对空气与水污染、1985年与1987年反废物、1989年与反对水和废物的行动相关联。

专业组织和志愿团体所关注的主要议题也许表明了，每种组织都在

寻求实现的变化和每种组织与政策过程的不同关系。总体上说，专业组织关注全国范围内的议题(75%)，志愿团体关注地方层次上的议题(67%)。图5.1将志愿和专业组织的整个行动表示在一格之内，代表了政策被制定的年份以及在这些时期内每一种组织关注的主要议题。正如图5.1所表明的，被专业组织关注的议题大致地与未决的政策相对应。例如，专业组织关注那个时期的空气和水议题，为《清洁空气和清洁水法案》(CACWA)的通过作了准备。同样地，1982年关注废物处置的全国活动上升了。这与《资源保护和恢复法修正案》(ARCRA)和《额外基金修正案》(AS)相对应。这些时期内强化的行动也许反映了专业组织为影响公共政策决策而付出的努力。虽然这些组织参与了常规行动诸如旨在推动这些变化的游说，但非常规行动对专业组织影响更广泛人群和争取大众对政策创议的支持也有重要意义。

与专业组织相反，许多志愿团体似乎在对突发性抱怨或地方具体的关切作出回应。例如，对废物处置地点的回应在1980年增加并在随后几年里成为社区关注的主要议题之一。仅在1981年，居民对废物储存进行了抗议，为清理污染而斗争，为反对有害废物处理厂的选址而请愿，并且与大学一起调查，以找出一个未知的疾病来源。这些行动表明，当全国专业组织集中于影响全国政策的变化时，地方志愿团体正在寻求立即行动和对未决问题的关注。

志愿和专业组织有着不同的关注焦点和范围，但它们关注的议题并非完全不同。大量的例子表明，不断增加对重要地方议题回应的地方团体吸引了专业组织的注意。认识到议题具有全国重要性和由一个或更多专业组织开始的制度化努力，也许导致将这一议题置于全国议程和政策周期。比如，1980年存在一个与废物处置在社区中影响上升相一致的地方活动高峰。在1982年，专业组织开始关注废物处置。在1984年，《资源保护和恢复法修正案》被签署为法律，而《额外基金修正案》在1986年获准通过。同样地，在1985年，地方社区开始回应冲积到大西洋沿岸的废物问题。到1987年，废物处置又回到了专业组织的议程。这种活动不断强化，并以《海洋倾泻法案》(ODA)在1988年的获准通过为顶点。尽管并非所有的议题都遵循这一互相依赖模式，但有足够的证据表明，志愿社

团和专业组织的整体活动导致了政策领域相协调的行动。

5. 志愿社团和专业组织的影响

资料显示，在所考察的 15 年里，环境运动持续地被志愿社团和专业组织的联合活动所促进。由于接近和熟悉社区关切，志愿社团经常能够意识到显著的地方议题。作为这些团体关注和努力的结果，志愿社团找到地方社区中重要的议题并且使更广泛公众注意到正在出现的难题。专业组织提供了环境主义的一种正在进行状态。这些组织不仅有可持续的资源和能力，而且通过政策周期来提出全国关注的议题。借助将它们的目标指向影响政策议程和政策结果，专业组织培育了运动的合法性并促进了长期变化。

资料表明，每个不同类型团体采取的行动方式是与它最初参与时的政治环境相适应的。由于许多地方志愿团体没有接近地方政客的机会或者将议题置于地方议程的合法性，它们往往采用大量的对抗策略和非常规行动方式来吸引对议题的关注。虽然专业组织采用一些非常规策略，但它们用的次数通常相对要比志愿团体少。如果要改变国家政策的话，就需要与选举出来的代表互动并参与制度化程序。因为许多专业组织已经拥有环境议题的合法地位，它们能够进入政治过程。为了维系非营利地位和合法性，这些组织喜欢采取制度上更容易接受的行为方式。

本项研究中由志愿团体发起的许多行动是对地方性不满的一种回应。正如前文所述，资源动员理论主张关键事件对发起动员是不必要的。本项研究所揭示的行动模式表明，突发的不满和关键事故经常成为社区行动的催化剂，尤其是当表达性和非常规策略被采用的时候。对不满的地方性回应的一个重要结果，是普通公众和被选举与任命的官员变得对社区关切敏感。一个相关联的影响是，专业运动组织和基金也意识到正在出现的议题和努力解决这些环境难题的重要性。

在美国，主要专业环境运动组织因为脱离了其支持群体关心的环境议题而被批评。本章数据揭示的模式为这一看法提供了部分支持。看来专业组织集中于悬而未决的政策议题，而地方团体集中于它们社区内部的迫切关切。然而，不同类型的团体之间看起来存在着一种功能关系。

虽然社区团体往往侧重于地方议题，但它们的行动并不孤立于全国政治而发生。正如本项研究揭示的模式所表明的，地方团体可能推动对正在出现议题的意识。随着公众日益意识到这些议题以及全国团体的参与，分散的地方关切最终可能导致全国政策的制定。

本项研究所揭示的行动模式对于环境运动和环境难题的本质特点来说可能是独特的，而不表明其他运动部门的趋势。与其他运动相同，大量环境议题普遍存在于自然界并且跨越地方、州和国家边界。然而，许多议题发生在特定的地点并且造成了环境运动的独特性质。垃圾掩埋和焚化装置的位置、化学废物的存在或者濒危物种的栖息地与具体的土地相联系。环境议题与具体场所的联系培育了地方社区内的活动。同时，这种地方政治参与的持续存在可能缓和了运动走向集中化和专业化的趋势。

资源动员学派认为，专业运动组织是美国大众动员的基石。与该论点相一致，专业环境组织看起来为环境运动提供了基础和稳定性。虽然这些组织对环境主义是关键性的，但它们看起来并未能确立运动的基调。地方团体的自主性使它们能够确认正在出现的议题并且利用许多策略来作出回应。对地方志愿社团来说，组织保持与促进动员的议题解决相比一般而言不重要。随着新议题的产生，这些草根团体充作运动催化剂来采取行动以作出回应。专业组织拥有持续工作的能力来推动培育政策结果。正是更具表达性的地方志愿团体和更常规的全国专业组织之间的互动，使确认正在出现的环境议题和推动政治领域中的环境政策成为可能。

［注释］

[1] J. 麦卡锡和 M. 萨尔德：《资源动员和社会运动：初步探讨》，载《美国社会学报》1997 年第 6 期。

[2] J. 麦卡锡等：《现代国家中社会运动的制度渠道》，载《社会运动、冲突和变化研究》1991 年第 13 期。

[3] R. 米切尔：《从保护到环境运动：现代环境游说团体的发展》，载 M. 拉塞主编《政府和环境政治：论二次大战以来的历史发展》，华盛顿威尔逊中心出版社 1989 年版。

[4] 参见 D. 麦克亚当《政治进程和黑人暴乱的发展：1930～1970》，芝加哥大学出版社

1982年版。

[5] 条目包括：空气污染、动物、原子能和武器、鸟、化学及其产品、沿海侵蚀、脱叶剂、能源、环境、鱼、森林、灭草剂、自然、海洋、公园、杀虫剂、污染、美国环境难题、废弃物、水污染、湿地、鲸鱼与捕鲸、荒野、野生生物和野生鸟兽保护区。尽管编码包括了保护和环境主义，但本章报告的发现仅限于环境主义。

[6] 为了检验编码工具的可靠性和内容分类的有效性，进行了一个向导研究。4个评估人编码了最初研究者指定的1970年《索引》的5～7页部分。对初始单位的一致性即事件的性质、议题和活动范围分别为89%、82%和86%。尽管有着如此高水平的一致性，由评估者提出的差异性被加以讨论以便进一步改进编码程序。这种差异性可能是由于对环境运动的不熟悉、编码术语中的不清晰性或存在没有被界定分类的情况。这一工具依据试调查结果作了调整。

[7] J. 詹金斯和M. 艾克特：《走向黑人暴乱：精英庇护和黑人运动发展中的专业社会运动组织》，载《美国社会学评论》，1986年第6期。

[8] R. 加纳：《美国社会运动》，霍姆伍德多西出版社1977年版；H. 基茨凯尔特：《政治机会结构和政治抗议：四个民主制中的反核运动》，载《英国政治科学学报》1986年第1期。

（乔安·卡明）

第六章　美国环境正义运动的组织革新

在过去十年左右的美国，许多草根环境团体日益脱离了主要环境团体和主流环境游说团体。[1]对主要环境团体很多方面的批评增加了，包括它们的日常行动和组织形式。对呆板而且低效的主流运动的愤怒，对缺乏对多样化草根组织关注的失望，对组织专业化氛围的不信任，对组织主要由财政资助而不是成员控制的沮丧，以及对那些不对成员或地方社区负责的集权化、等级化和专业化组织的批判，都一直存在。[2]

更具体一点说，环境正义社区团体一直对较大的环境组织提出批评，因为这些组织的主张无视有色人种面临的各种环境灾难，对低收入和少数种族社区以及草根团体采取了家长制态度，以及缺乏对成员、职员和"十大团体"(Big Ten)理事会多样性的关注。[3]

草根环境运动日益发展了一套完全不同的组织形式。例如，环境正义社区团体通过组织一种与"十大团体"很不相同的运动——在它的模式、结构和策略方面——来作出回应。这项运动并不希望建立以华盛顿为基地的大型组织。它一直在努力实现网络化和建立联系，创造一种基于理解的团结和对共性与差异的尊重，并且在许多地方以多样化的策略展开工作。

在社会运动特别是环境正义运动中谈论网络正在变得流行。的确，迪亚尼认为[4]，近年来将社会运动说成网络已经成为惯例而不是特例。人们可以认为，这一观点开始于 20 世纪 60 年代格拉赫(L. Gerlach)和希尼斯(V. Hines)关于松散的社会运动网络的创新性著作。[5]更新近的是，布尔拉德(R. Bullard)将环境正义运动描述为一个公民权利、社会正义和

环境团体的网络。

我在这里的目标是两方面的。第一，我考察了组成环境正义运动网络的**过程**，结构化为一个网络的社会运动是什么意思，又是什么样的。第二，我考察了这些结构作为被更大和更主要的美国环境团体使用模式的一种**替代**，这些网络在结构上更类似于传统多元主义思维和设计的利益团体。这里的论点是，环境正义运动已经认识到过去组织模式的限制并且避开了那种传统的组织形式和战略。

由于新发展的网络结构和过程的基础存在于对多元性、不同经历和对环境难题多样化理解的承认，我从探讨运动中的不同价值开始讨论。然后，我考察了一些预先存在的社会和政治网络中环境正义运动的基础。接着，我转向了网络如何构建议题和建立在多样化团体之间的联盟以及如何形成网络以应对变化着向度的环境议题。我还考察了为什么这种组织形式是一种策略力量的一些理由，因为它映射了资本和政治的结构和实践的不断变化本质。最后，作为评估网络形式的初步努力，我考察了将网络化作为一项社会运动战略时所面临的一些困难和批评。

1. 多元性的价值

从威廉·詹姆士(William James)对激进经验主义的理解到唐纳·哈拉维(Donna Haraway)的因时而异的知识[6]，不同的理论家都认为，多样化理解是由各不相同的经验所导致的。然而，这样一种理解在从理论转化到政治行动的过程中遇到了麻烦；过去对社会运动和民主过程的大量研究已经指出了这一点。[7]但是，环境正义运动严肃地对待差异的存在，并且对多样化的认可在运动中居于核心地位。

尽管卡培克(S. Capek)列出了一个单一的环境正义“框架”，但她也承认，许多环境正义团体和网络包含了她所定义的框架之外的观念和主题。[8]这种将运动完全纳入一个框架的困难是关键性的。在组成环境正义运动的各种组织和网络中，它们并不持有一个单一的观点、能够解决所有难题的单一政策或在所有斗争中都能适用的单一战术。不存在一个关于环境的“环境正义”、“少数派”或“草根”的观点。一项对于社会和环境正义运动组织的研究发现了不同的组织动机和对运动不同本质的基本信念。虽然整个运动中有着明显重复的主题——例如健康、平等、压制以及政府机构与代表的傲慢等——但对这些议题的特殊体验及其理解和回应却依地方而不同。不是形成一个统一的框架，而是关于目标、形势和环境正义议题解决方案的多样化信念共存。这个运动从诸如这些差异中得以建构，并且执著于这个事实。

环境正义运动有着一种基于个人及其社区经历的对观念和文化的理解。知识被看成是因地而异的，由此产生的观点的多样化被理解为严格地取决于一个具体地点的立场。运动的挑战是为了将个体带入网络并增强其力量而证实这种多样性。正如芭芭拉·林奇(Barbara Lynch)评论的：

> 如果环境议程是基于文化的，它们遵循阶级和种族冲突路线而在内容上却不同。在社会中权力不平等分配的地方，并不是所有的环境议程将会被平均地得到关注。因此，环境正义问题必须不仅包括具体土地使用方式的影响或者社会中多样化团体的环境政策，还应包括重视选择性环境议程的可能性。[9]

环境正义运动主张一种对多重观点、多样性及其重要性的理解。构成运动基础的文化多元主义一旦被承认，就给共同行动的合作和革新开创了机会。

1991年10月举行的第一次全国有色人种环境领导者峰会，可以作为展示多元性重要性的一个范例。为了消除一个在许多人看来构成使有色人种分裂基础的政治过程，参与者强调，所有参加这个会议的人们将会得到尊重，不同种族、民族、性别和地区之间将会实现平等。许多参与者注意到了会议所表达并得到证实的对差异的开放、倾听别人意见、相互尊重、团结和信任。组织者致力于分享所有的不同经验。

参与者证实了差异和多元性以及通过相互尊重而铸造的团结精神，并增强了运动的力量。参与者在种族、性别、年龄、文化和城乡差别方面存在着差异。[10]戴纳·阿尔斯顿(Dana Alston)认为，峰会带来了团结的精神，而最重要的是超越差异的亲密联系。李(C. Lee)评论到，这一过程的开放和包容性显示："差异可以是合作而不是竞争性的，多样性可以导致更高的和谐而不是更深的敌意。"[11]通过对许多不同经历、观点和文化

的尊重，结果所达到的是一些共同的主题。差异被铸成统一，但是一个保持多样性而不是单调的一致。参与者进入会场的时候十分多样化；而他们离开时则是既多样性又团结一致的。

这里要强调的是，多样性并不只是环境正义运动的一个口号。人们从各自环境中所获得的大量不同经验、贯穿着这些经验的文化以及从中得到的各种评价和反应，都得到了注意。认识和确认这些差异处于环境正义的中心地位。

2. 网络的社会基础

构成环境正义运动的网络与“十大团体”的组织在根本上是不同的，其重大差异是参与者实际上来自何处。“十大团体”在80年代迅猛增长并且日益依赖从邮件名单来招募人员——那些以前与团体无联系但却分享基本利益的人们。相反，地方环境正义和反有毒物质团体最经常开始于那些作为社区网络真正成员的人们。

团结起源于社区关系——即先前存在的人们围绕生活、工作、游戏和崇拜形成的社会网络。许多社会学家已经指出了社会和公民网络在创造社区中的重要件，并且社会运动理论家已经开始讨论这些网络和社会行动之间的关系。正如塔罗(S. Tarrow)所主张的，很多集体行动的规模和持续时间，“取决于通过社会网络和围绕从意义的文化框架中借取的可确认的符号来动员人们”[12]。组织的出现基于共同的经验和现存的围绕家庭、街区、学校、工作、宗教和种族与民族认同形成的社会网络。[13]

预先存在的关系和社会网络在环境正义运动中发挥了关键作用。教会发挥了一个主要作用：统一基督教(UCC)的种族正义委员会做了一项有毒废物和种族之间相互关系的研究，并且成为第一次全国有色人种环境领导者峰会的组织者。统一循道公会教会(UMC)的环境正义与生存部和教会全国理事会(NCC)的生态正义工作组，也帮助了将宗教网络带入运动的发展。其他先前存在的社会网络诸如社会正义组织、社区组织中心和历史上的黑人学院也加入了运动。

这里的两个例子应该足以说明问题。在西南部，西南环境和经济正义网络(SNEEJ)的建立，起源于一场以十年前组织的团体为基础的会议和对话。这些团体围绕诸如警察镇压、移民、食品和营养、卫生保健、校园事项、土地和水权利以及工厂选址等工人或社区议题展开工作。西南环境和经济正义网络的一个成员团体——“东洛杉矶母亲”(MELA)是一个墨西哥裔美国妇女紧密结合在一起的团体，她们组织起来反对一个监狱、输油管道和有毒废物焚烧炉选址于她们的街区。母亲们通过她们传统的角色诸如孩子的健康看管和教育而与其他人建立了联系，并且通过这些网络传播了许多对这个街区而言会导致不幸的项目信息。她们也使用了教会的共同经验：通过星期天的联系来组织每周星期一的游行。[14]

这里环境正义运动与美国主要团体之间的主要差异是，人们不是通过邮件名单而是通过多种预先存在的支持系统来加入。

> 人们开始与他们已经认识的人建立支持、友谊、同志情谊、良好意愿和伙伴关系。如果他们必须与其他人建立联盟，那就不是一个人突然与一群不熟的人打交道，而是已经与其他具有相同兴趣的人建立某种关系的一群人与另一个团体相协调。[15]

处在网络根部的不仅仅是共有的兴趣，而更多的是广泛共享的经验。这些网络的产生展示了一种关系政治而不是一种孤立利益实体的政治。

3. 联系议题，创建网络

环境正义运动通过将环境定义为不只是外部自然或者“空洞的外部”，而是人们生活工作和游玩的地方扩展了环境的概念。当人的活动与包括就业、教育、住房、卫生保健、工作场所以及其他的社会、种族和经济正义等更广泛议题相联系时，环境正义运动开始关注“环境的”问题。正如普里多(L. Pulido)指出的[16]，环境正义斗争并不是严格意义上的“环境”，相反，环境正义运动挑战了多重主导性规范，因而“要发现斗争的环境部分在哪里开始和终结是很困难的”。这种议题的关联性在调查中以及在运动自身的文献中都是明显的。西南环境和经济正义网络的理查德·摩尔(Richard Moore)认为，“我们发现了环境议题和经济正义议题之间的相互联系”，而公民危险废弃物情报交换所(CCHW)的洛伊丝·吉布斯(Lois Gibbs)指出，“环境正义比只保护环境含义更广泛。当我们为环境正义而斗争时，我们为我们的家园和家庭而战，为了终结强大和贪婪势力

的经济、社会和政治统治而斗争”[17]。

这种对有着多样化议题的环境主义的理解以及相互联系的观点要求一个更广泛的运动——一种必定在大量团体和运动之间塑造团结的运动。这种跨越议题和团体的网络化是环境正义运动一个主要特征和不断增加中的组织战略。与这些议题相联系和伴随的网络化的例子是很多的。西南环境和经济正义网络的个体成员组织经常面对种族、阶级和性别议题的相互关系。与计算机芯片工厂作斗争的活动分子经常不但要应对污染议题，而且要应对私人公司的公共津贴政治。为加利福尼亚草莓采摘者的健康问题而工作的组织者不可避免地卷入了具有争议性的移民法领域。

虽然单个团体以致力于具体议题开始，其成员经常逐渐地不仅看到多样化难题之间的理论性联系，而且通常逐步接纳一些对他们有影响的其他议题。正如公民危险废弃物情报交换所过去的一个实地组织者——佩吉·纽曼(Peggy Newman)解释的：超越为环境正义和无家可归者、健康支持、工人权利、移民权利、社区经济发展、男女同性恋者权利等领域工作的差异，我们必须寻求议题之间的共同基础并且乐意相互支持和协调我们的工作。[18]一些人将运动中的议题联系视为一个统一的现象。

但是，这里重要的是要注意到这种统一并不等于强调一致性。环境正义运动中的网络和联盟对它们的差异和自主性的依赖像它们对一致性的依赖一样多。在团结网络的形成中，一个重要的观念是，并不一定存在一个单一的共有属性或一种单一的黏合剂。相反，一个网络沿着存在相似和团结的其各部分的共同边缘使自己保持在一起。作为结果的组合体本身——运动——成为了主要的共性。多样性和共性在一个网络之内得到了共存。

一些网络或联盟清楚地意识到了这个问题。具有共同环境关切的团体可能仍然具有重大的差别。但环境经验的共性充当了一种黏合剂，甚至是当存在文化、风格、意识形态或战术方面差异时。对差异的尊重与一个联盟的建设同时发生。[19]例如，西南环境和经济正义网络持续地为保持亚洲和非洲裔美国人、拉丁和本地美国人、城市和农村以及存在其他差异的人成为运动网络的一部分而努力。当南部洛杉矶妇女提议为城市增加一个焚化装置而斗争时，她们得到了来自城市中两个缓慢增长团体的白人和中产阶级妇女的支持。汉密尔顿(C. Hamilton)提到："这两个妇女团体一起创造了以前对洛杉矶市来说不曾有过的东西——跨越街区和种族界限的统一目标。"[20] 建设网络的部分关键任务是发展跨越大量差距——地理、文化、性别、社会、意识形态——的合作，而且许多组织逐渐意识到，它们的部分任务是在多样化社区和组织之间建立桥梁。由此产生的联盟和网络超越了多样化的议题、个人和团体，在继续承认那些桥梁借以产生的共同基础的同时将它们自己连接起来。

4. 网络的根基、位置和宽度

网络已经超越了上述事例中仅仅在地方层次上工作的界线。环境难题并不把自己限制于街区、城市、州或者国家所强加的边界内。自然本身和我们通过与之互动而产生的环境问题，都不将它们局限于一个单一层次上。网络沿着环境难题扩展的多样化线路而发展。

根茎的比喻这里很有用。根茎是一种不只是长出一棵嫩芽或茎的根部体系；相反，它们在地下扩展并在许多位置出现。根茎以一种看不见的方式连接起来——它们穿越界限并在远处重新出现而不一定显示彼此之间的中间地带。[21] 根茎的比喻对讨论虽然是地方化的但仍然被不同地方人们分享的网络运动情形很有益处。根茎组织以创造联系——承认跨越距离和差异的模式——为基础。无论具体位置如何，在炼油厂、市镇焚化炉或者硅片制造厂，外部的条件将会是相似的，因此，那些社区将会面临一些共同的环境难题。那么，不但当不同的人们和组织围绕一个具体的地方和地区难题联合起来时，而且当距离遥远的人们对相似的环境难题——有毒废弃物地点、制造类型、特殊的毒素以及共同的健康难题作出回应时，网络就有可能建立起来。

不断发展的反毒物和环境正义运动中的地方团体很少保持孤立和互不联系。真正使环境正义成为一种**运动**的是超越地方形成的联系。大多数团体最初在它们自己的地方与其他团体发展联系，但也日益与能够提供资源、信息和团结的外部组织和现存的网络发展关系。正如迪奇罗所说的[22]，这种"跨地方性"将那些否则不可能认同和发展一种共识感的团

体和社区带到了一起。

形成的第一个大规模网络直接产生于“爱情运河”和“爱情运河”私房主协会(LCHA)。随着“爱情运河”的故事和它们与地方、国家和联邦政府的斗争在公众中传播开来，洛伊丝·吉布斯和“爱情运河”私房主协会被各种信息索求所淹没。吉布斯和其他志愿者为了帮助其他社区基于环境正义而组织起来的意愿，创立了公民危险废弃物情报交换所。到1993年，据报道，他们已经帮助了超过8000个团体。

公民危险废弃物情报交换所的网络化以多种方式进行。作为一个信息资源中心，公民危险废弃物情报交换所将关于主要毒物、难题、有关工业和公司的信息汇集到面临这些具体环境问题的社区。这些社区与公民危险废弃物情报交换所分享了它们的经验，丰富了其他社区的资源基础。公民危险废弃物情报交换所也传播关于组织方面的具体难题和议题的信息，诸如筹款、研究、领导、组织会议、法律议题和当妇女日益介入一项政治斗争时所面临的难题。这一组织也派遣组织者与关于环境和组织议题的公民团体一起工作。这个组织还发起了区域性的“领导发展会议”。在那里，来自不同社区的地方领导走到一起分享知识、经验和战术。而且，公民危险废弃物情报交换所每年组织一次全国性聚会。这除了激活网络外，还使人们产生一种他们的地方斗争是更广泛多样化运动一部分的感觉。

此外，公民危险废弃物情报交换所还有助于以许多方式将个人和社区聚集到一起。关注一个具体议题的个人或社区经常直接与具有类似经验的邻近团体接触。公民危险废弃物情报交换所的一个不成文规定是：如果你得到了帮助，你也被期待去帮助别人。如果一个地方团体曾经成功地将一项设施排斥在其成员的社区之外的话，它将被鼓励继续努力并观察这个公司可能在什么地方再次尝试。然后，这个团体与那里社区中的草根团体相联系，提醒其注意迫近的议题并且提供组织上的援助。

公民危险废弃物情报交换所也关注地方和全国之间的空间，并强调“比地方大的”地域。随着地方草根团体的持续涌现，它们需要向个人或团体求助。虽然全国性团体存在，但它们不可能出现在任何地方而且也并不是全知全能的。结果，比地方稍大的团体占领了中间地带。这些团体经常是了解特定州法律和相关斗争的州范围内的组织，并且乐意提供日常帮助。比地方稍大的团体可以发展和保持关注具体议题、向应对这些议题的地方团体提供网络化和资助。或者，这些地方团体可以扩展其应对的议题或所采用的战术。

组织最好的环境正义组织之一是西南环境和经济正义网络。在它始于与来自俄克拉荷马、得克萨斯、新墨西哥、科罗拉多、亚利桑那、犹他、内华达和加利福尼亚的超过 30 个社区组织的拉丁裔美国人、亚裔美国人、非洲裔美国人和本地美国人活动分子的对话之后，该网络介入了围绕环境保护局中的环境正义，高技术工业对社区的影响，美墨边界上的正义、主权和将有毒物倾倒在土著土地上，农夫暴露于农药等议题的运动。西南环境和经济正义网络关注联系的重要性，并且使用了网络来创造许多联系。

西南环境和经济正义网络的成员团体包括那些在城市和农村社区参与斗争的人们，比如那些为反对来自加利福尼亚里奇蒙(Richmond)炼油厂污染而斗争的人们，以及那些居住在加利福尼亚肯特曼(Kettleman)炼油厂倾倒有毒原料的废弃物地点附近的人们。西南环境和经济正义网络也发展了一个具体应对由特殊工业地理位置所引起议题的社区网络，诸如微电子工业。西南环境和经济正义网络还扩展这一工作并发动了负责技术运动(CRT)和电子工业好邻居运动(EIGNC)。在最初，这一网络将阿尔伯克基(Albuquerque)、奥斯汀、凤凰城和圣约瑟(San Jose)的社区联系到了一起；它还继续扩大将俄勒冈的波特兰和尤金(Eugene)的团体以及跨越墨西哥边界的团体包括在内。

对网络化与联盟关切的增强和根茎运动的发展，批驳了“不要在我后院”的错误名称和反抗环境难题与不受欢迎的土地使用的地方抗议来自于一种“飞地意识”(enclave consciousness)的声称。普劳特金(S. Plotkin)主张：“街区的地理边界构成了社区土地使用抗议的相对性‘环境’……很明显，当社区团体通常寻求出口或排斥被视为‘坏的’城市生活而将好的东西封闭起来时，飞地意识的结局是一种‘使你的邻居成为乞丐的’政策。”[23]他认为，这些团体的唯一目标是防止独占和被孤立。但是，网络和联盟的发展扩展了我们对社区和地方性的理解。大量的街区需要

保护，而得到保护的方式不是被孤立而是要与街区中面临相同危险的其他人团结起来。活动分子庆祝他们与其他社区建立的草根联系。因为他们认为，环境正义的实质不是“不要在我后院”，而是借助新形式联盟政治的批判性创造。

反毒素运动也许始于与公司和地方政府进行孤立斗争的社区。但在“爱情运河”之后，成百上千的公民团体开始形成并且给其他团体提供援助。环境保护局自己对公众反对有毒废物设施选址的研究表明：1978 年前对选址的反抗几乎完全由团体独立完成，然而 1978 年之后，半数团体开始以某种方式建立网络。正如“爱情运河”在 1978 年成为一个焦点，1982 年在北卡拉罗纳主要以非洲裔美国人为主的沃伦（Warren）郡对倾倒 PCB 的抵制，成了环境网络进一步围绕环境种族主义和环境正义组织起来的焦点。社区团体不再是孤立的；远不是狭隘的“不要在我后院”和飞地意识，而是一种环境关切与“每个人的后院”密切相关的认识正在确立。[24]

5. 作为组织结构的网络

网络的概念和实践不但适用于演化成政治组织的预先结构，或者围绕不同地方相关议题而形成的团体，而且适用于很多这类团体的组织结构。比如那些对东洛杉矶母亲的发展提供了帮助的预先存在的邻里联系或者后来与其他组织一起创建西南环境和经济正义网络的社会正义网络成为更加正式组织的基础。但是，这些网络化组织十分不同于一个集权化、等级化和正式的社会运动组织，即萨尔德和麦卡锡所称的一个“SMO”。[25]

实际上，正是对社会运动组织或主要环境组织的批判推动了环境正义运动发展成更加分散化的结构。主要团体自上而下的、集权化的管理风格和结构被指责为未经授权的、家长制作风的和排他性的。环境正义运动的组织者已经意识到了使日常参与者而不是集权化组织来掌握运动管理权的必要。[26]对组织者来说，关键是创立一种组织模式，它对于网络化目的是充分的并足够强大来应对议题，同时又足够灵活和多样化来对地方层次上变化着的环境作出回应。

运动文件和讨论一再地强调分散化、多样化和民主化的重要性，反对具有单一领导的集权化组织。当活动分子为发展西南环境和经济正义网络聚集到一起进行区域性对话的时候，其中有一些人想要建立一个全国组织——但大多数人坚持在草根和地区层次上发展网络的重要性。公民危险废弃物情报交换所也回避了集权化，主张“被强化的社区和地方团体的自主性使我们最强大”。那些聚集在第一次全国有色人种领导层峰会的人们，也婉拒了发展集权化组织的诱惑，并且强调组织网络的重要性。许多活动分子提到，峰会最令人鼓舞的一项成就是它对强调多样化和非等级制组织模式的承诺，而不是主流环境团体的专家管理风格。西南环境和经济正义网络的理查德·摩尔认为，峰会不是为了建立一个组织而是“建立一项运动。当一项运动得以建立时，它从下往上开始。我们曾经见过的那些自上而下发展的运动不再存在。因此，这里我们所从事的是建立一个网络或者建立一个发挥作用的网络”。[27]

通过认识、利用和形成在活动分子中间的松散联系和其他邻里的、家族的和职业的团结联系，近来的网络发展了在它们的中心和基础之间的一种特殊关系。正如塔罗指出的，“利用现存团结结构的战略可能削弱中心和基础之间的关系，但当它成功时，由此产生的异质性和相互依赖可能会比致力于旧的社会民主主义模式的同质性和纪律产生了更大的运动动力”[28]。布雷切尔(J. Brecher)和科斯特洛(T. Costello)提到了在区别新网络和旧组织形式中多样性组织和协调层次的重要性。[29]塔罗所讨论的异质性和相互依赖以及布雷切尔和科斯特洛提到的多样性和协调，在整个环境正义运动过程中都是很明显的。不同于一个单一的、集权的和正式化的组织，这个运动强调了一个网络结构——从下往上的、非正式的、自发的和多样化的。所有被认为是破坏组织的特征实际上有助于建设和维系一种运动。

西南环境和经济正义网络与公民危险废弃物情报交换所，都创建了严肃对待这些教训和原则的组织和决策结构。[30]在西南环境和经济正义网络中，指导方针规定了成员组织拥有观点被重视、被尊重和介入网络所有方面的权利，包括参加委员会和协调理事会、决策过程和年度集会的决定。公民危险废弃物情报交换所的指导方针还主张，作为网络部分的个

人和组织也有权利自我管理、自主和自决。网络的理念以分散化和团结的结合为基础。[31]

公民危险废弃物情报交换所近来调整了其组织模式，进一步重视社区网络。“新政”用一个“公民组织者联盟”取代了室外办公室。公民危险废弃物情报交换所培养了志愿帮助这一领域中其他团体及其领导人的地方团体。但是，个体团体联盟负责所在地区团体的组织工作和提供具体技术援助。联盟成员也作为公民危险废弃物情报交换所的战略家而参与关于特定议题比如二恶英、矿泥和经济发展的圆桌会议。这些新模式将活动的重点放在了团体之间的直接网络化上。这进一步加强了网络而不是公民危险废弃物情报交换所的中心办公室或者职员。[32]

所以，一个网络不只是议题和团体之间的连结，而且也是那种连结的一种特殊方式及其实践。在这种情况下，功能服从形式。

6. 多样化的战术和资源

网络化的另外一个主要力量是大量但相互联系的战略和战术的使用。网络化使得在战术领域中存在两种类型的战术多样性。首先是从地方层次向上到全国乃至国际层次的运动应对一项议题的多点介入。地方团体一直在参与工厂地点和废物堆存处的前线斗争。这些团体在地区和州范围内联合起来，把大量团体带入集中的斗争。结果，运动对全国性议题表示了关注，包括政府和工业政策以及全国环境团体的实践和政策。

此外，在每个层次上运动使用了多种合法的和超出法律之外的战术和战略。人们组织请愿并与邻居谈话，参加地方政府会议并组织面向地方官员、候选人、机构和公司的说明性会议。不断发生的是数不清的合法示威、集会和游行，以及一些精心组织的股东会议与创造性的街头戏剧行动和一系列有组织的非法室内静坐和封锁。[33]同时进行的还有许多行政抱怨、公民诉讼和侵权行动。最后，环境正义团体和网络再次从地方向上到国际层次推动了公共政策的变化。

所有这些战术被认为是有益于运动的发展，并且没有哪一个本身被视为目标。甚至那些集中于改变环境政策和法律的团体也看到了关注单一战略的局限。[34]网络战略成功的关键，是大量战术的同时使用。作为一

个网络组织的运动具有内在的组织灵活性，可以使用适合于它们自己地方情况的战术类型，并同时与其他团体协调行动。当斗争继续时，单个团体自己可以尝试许多战术。在公民危险废弃物情报交换所中，这被部分理解为“灵活性”。

但是，公民危险废弃物情报交换所网络中对文化和意识形态多样性的尊重，也导致了对多样化战术方法的尊重：

> 不应试图以同样的方式行动、谈话和观察，而应庆幸通过不同的文化、行动方式和与问题作斗争的方法，已将更多的人们融入到了我们的斗争中并带来了变化……一些社区团体在街道上抗议并接管了公共会议，而其他的则在公共建筑之外举行祈祷者守夜以及由他们的宗教领袖指挥着行动。正是允许人们以他们感到舒适的方式行动并且保持他们的文化方式和价值，才保证了我们不断前进。这种人民和文化的多样性，也能防止那些掌权者预测我们的行动并控制我们。我们应该接受我们的多样性，因为它是我们最有力的工具之一。[35]

通过欢迎社区团体在运动中的多种类型参与，公民危险废弃物情报交换所再次展示了包容能够产生力量。

网络化也允许一个彻底和有效的资源聚集和动员。地方团体参与一个项目、运动或者行动需要多种资源。比如，地方团体需要技术信息、对具体议题的建议和分析，对确定议题、组织结构、领导层和参与的援助也是需要的。大多数团体会需要获得资金来源的建议或者直接的货币支持。团体很可能最终需要法律建议或服务，并且，它们总是有如何接近、利用和处理媒体关系的问题。网络化创造了资源动员的可能性——从内部讲通过分享现存网络的资源，从外部讲通过与能够提供多样化资源的其他团体或网络联系起来。

资源的内部分享是组建网络的一个基本理由。例如，公民危险废弃物情报交换所被视为一个资助了全国范围的成千上万草根团体的“支持机制”。西南环境和经济正义网络提出，它的部分任务是为地方、州和区域工作提供广泛支持。这两个组织都提供教育、技术援助、领导资格培训、协助从多种来源获得资金，并且帮助出席和参与从地方到国际层次的

行动与事件。但是，资源不仅是从网络的中心向外流动，例如，从公民危险废弃物情报交换所和西南环境和经济正义网络的主要办公室向外流动，而且也可以是在网络内部的团体之间。一个活动分子认为，网络化的要旨是“我们能够相互教授。那就是如何开始积聚资金、智力和战略资源”。团体使用网络来发展一个具体议题的地方知识，并把那个信息传播给其他团体。网络也有助于通过帮助地方团体接触其他可能在某个具体议题领域很专业的网络或团体（法律专家、政府过程或环境研究的特殊领域）来交流观念和积聚资源。草根团体也可以联系更大更成熟的环境团体诸如绿色和平组织和国家资源保护理事会。许多活动分子认为，他们的运动如果没有全国性组织资源的话是不可能的。对任何有可能孤立运作的团体来说，这种网络化极大地增加了它可得到的资源。

甚至在草根团体对主要环境组织提出批评的情况下，许多地方环境正义团体与那些组织还是建立了网络并利用它们的资源。注意到这一现象是重要而有趣的。这种类型的协同和合作至今已有很长的历史，可以回溯到60年代后期环境保护基金与联合农场工人（UFW）和加利福尼亚农村法律援助（CRLA）围绕DDT议题开展的工作。近些年来，许多全国团体已资助了全国环境正义网络的发展，即使这些团体一直因为政策原因而受到批评或者它们在地方社区的存在已经导致了难题。例如，环境保护基金因为它著名的劫持麦当劳泡沫聚苯乙烯的运动而遭到严厉的批评，并被指控在支持美国污染贸易权利中的环境种族主义（批评家说，这允许了在贫困街区和有色人种社区的较老设施，否则这些设施会超出法律的限制而形成污染）。但近年来，环境保护基金援助了全国炼油厂行动网络（NORAN），后者提出了一项针对加利福尼亚空气资源委员会的洛杉矶空气排放交易计划的环境种族主义的控诉。绿色和平组织也因为过去是预占议题和运动的局外人而被地方团体批评，但这个组织在关键性的环境正义斗争中一直是十分积极的，其中包括从这一运动在北卡拉罗纳沃伦郡的创始性抗议到在加利福尼亚的肯特勒曼市和洛杉矶的主要胜利。[36]

诸如此类关系的核心问题是团体**为什么能**一起工作。再次指出，**过程**对草根团体来说是具有关键意义的，而且不足为怪的是，过程对于草根团体对主要组织的批判具有核心性。环境正义网络中的草根团体已经愿意与主要团体一起工作(尤其考虑到资源)，但重点是在“**一起**”。运动对战术联盟和有意义的伙伴关系表示了欢迎，但坚持保持地方对议题和运动的控制。只要它们是在**援助**一项议题而不是试图**指挥**地方团体，全国组织就是一个网络中被尊重的部分。笔者将在评价网络形式的过程时回到这个问题。

7. 对抗资本和政治的变化

许多人认为，美国环境运动必须继续它们的自由组织战略——为了呈现为一个推动可行性立法的利益团体的联合阵线，运动中的差异必须消除。而且，主张使用一种单一的意识形态或其他的东西从而向某一个方向推动运动的环境评论者并不少见。但这里的论点是，网络化的政治战略利用一种多样性的动员强化了运动。网络化给一个运动提供了很多攻击点、争论的立场和可以使用的战略，同时有助于有效地积聚资源。网络化也是一项制衡对权力理解的变化、政治监督变化和最重要的生产与政治经济变化的对策。

首先，许多理论家讨论了多种权力或控制形式之间的关系以及一个多样化和相互关联回应的价值。福柯(M. Foucault)认为，权力本身是一个需要以它的极端形式加以考察的网络。拉克劳(E. Laclau)和莫夫(C. Mouffe)也断言，社会领域中有许多种权力和对抗形式，并且网络能够作为回应发展起来。哈拉维主张，对网络权力结构的理解可能导致新的连结和联盟。[37]因而，网络发展不只是出于先前存在的社会关系和对环境难题的回应而发展，而且是出于对权力如何连结和联盟问题的理解。这能由以下事实得以最佳说明：很多地方环境正义组织也许始于某一单一议题，但往往从联系不同议题和多样化的主导形式开始。

其次，也许最明显的是，资本自身呈现出一个向从前的利益团体战略提出难题的更加难以对付的形式。资本的扩展战略包括生产制度的灵活性、劳工的地理分工、生产的地理分散以及使公司能够利用它们认为最有利的资本和就业条件的流动性伦理。作为回应，许多关于草根环境主义的近期著作集中于面临政治经济跨国化的环境运动采取政治战略的修改

和革新的需要。一方面，单个地方和国家对这样的流动资本控制较少（就环境和劳动法而言）——现行趋势是为了吸引工业而日益减少这样的控制。另一方面，全国和地方组织单独工作都不能产生实施这种控制所必需的压力。全国环境组织根本不具有把限制强加在资本上的政治能力，而孤立行动的地方团体则面对着公司对经济发展（和政治贡献）的承诺。正如古尔德（K. Gould）等描述的，环境保护面临着“永久性的生产劳动”而牺牲。[38]不断增加的“自由贸易”体制将会继续这一转变。

然而，对这种生产劳动的积极回应是网络。网络化组织使在许多领域同时作出回应成为可能，是一个对这种结构和战略来说更加强大的反对者。对跨国资本（以及资本的跨地区流动）的回应，一定必须是相互协调的网络和联合。[39]

最后，网络适应的第三种类型变化是政治领域的演进特征，特别是就环境监督而言。政治决定不再仅仅在全国层次上作出。在州、郡和地方层次上，关于增长、环境规范和公司激励建议的决定，对工业和公民来说都是关键性的。然而，资本的全球化也使民族国家的决策领域因为市场寻求取代它的位置而被最小化。如果主要环境团体继续专注于全国政府，那么，它们会错过许多相关政治决策。公民在区域和地方层次上的行动是必须的，因为那是很多控制仍然维持存在的地方；在全球层次上也是必须的，因为在那里的治理制度是如此有限（和不民主的）。并且，由于政治权力同时贯穿它们，所以很必要跨越这些层次来建立网络。在他们各自对草根环境组织的分析中，萨兹（A. Szasz）和古尔德、施奈伯格（A. Schnaiberg）和威恩伯格（A. Weinberg），都强调了在当前政治经济条件下联合的重要性和力量。[40]对后者来说，这种抵制形式对反对“跨国的生产劳动”是必须的。

布雷切尔和科斯特洛使用了乔纳森·斯维福特（Jonathan Swift）的“小人国”居民的类比来描述网络战略。[41]小人们使用了成千上万的网状细丝来抓住格利佛。同样，许多地方行动结合在一起可以创立足够强大的网络，来解决比那些任何地方团体自己能够对付的更大难题。构成一个强大网络的许多线来自于大量的位置；网络组织的基础是认同、确证和打造与这些多样化立场的团结一致性。每一根线的力量和许多股的力量都是重要的。

这里的观点是，环境正义运动代表的正是这样一个"小人国"的、跨国的、跨地方的"根茎化"运动。这是一个"大规模"运动，但它之所以大，是因为随着地方对毒素、环境不公和环境种族主义关注的增长而出现的相互交织和互动的数量巨大的地方和小规模团体。运动及其政治成功都与这个联系相关联。

环境正义运动被认为是一个威胁，因为它将团体组织和议题结合了起来。这一运动将环境、经济和民主议题带上了会议桌，并且拒绝依据政府当局的立场来软化议题——有毒物质议题与环境保护局、生产地点议题与 OSHA、参与议题与州立法者。如同"小人国"一样，这一运动一起工作来联合各种力量，创造了一个显示许多成功迹象的网络。网络的活动不但加强了地方团体和社区抵抗、吸引了新草根组织，而且在确认和应对被多样化社区以许多方式分享的更大难题中发挥了关键作用。在这一过程中，网络活动也影响了地方和全国层次上的环境政策。如彭妮·纽曼(Penny Newman)所认为的，"当有色妇女网络和美国的贫困社区以及来自世界的网络合并成一个合作型网络时，那种反响将会在世界范围内的每一个公司董事会办公室和政府机关感受到"[42]。也许是有野心的，但网络迄今为止的行动及其回应显示了它的合理性。

8. 评估网络战略

到现在为止，我已经陈述了环境正义运动中网络化组织结构的动机、设计和运作，并且表明了它可能的前途和有效性。但此时提出一个网络组织的简单问题是合适的：它是一个可完美运作的形式吗？我们可以列出美国运动的许多胜利——关闭废物堆存处和焚化炉并阻止建设其他类似的设施，环境保护局中环境正义办公室的设立，克林顿总统关于环境正义的行政命令。[43]但是，我想通过考察可能是这个形式中最大弱点的三个议题来评估网络战略：持续时间难题，距离和差异上的关系，以及一种总体选择性观点的缺乏。

首先，网络从其定义来讲是一种流动的安排。当有关关切结束时，地方团体往往会消失——在胜利或失败之后。项目和运动开始又结束，个

人和团体随之消失。持续的抵抗是很少见的。当“小人国”居民放下他们手中的线时会发生什么？这种缺乏持久力的难题是，政府机构和公司都更多受持续性活动的影响；虽然它们经常可以等到零星抗议结束，但它们如果忽视了已确立和协作的社区组织与网络，将会有一段更困难的时期。

但是，网络形式的一种力量是联系依然存在，即使是非正式的。衰退甚至消失的团体常常准备发起新的动员。比如，美国西南部的一个地方团体在可负责技术运动中十分积极，直到它为了追求该地区本地人的更具体议题而脱离网络。可负责技术运动的一个组织者提到了该团体这次脱离引起的失落感，以及失去在更大网络中联系产生的影响。但是，当可负责技术运动发展一个关于高技术工业中的水利用项目时，这个曾经脱离的团体却提供了具体意义上的支持。

除了(和与之相关的)持续性难题，网络必须连续地维持跨越地区和差异的关系。这种困难以许多形式出现。当差异很大的社区及其内部团体来到一起时，一些可能视它们自己正在成为更大运动的一部分，而其他团体则依然与其最紧迫的具体议题密切相连。在网络内部，不同团体对团结有着不同的理解。因此，一个致力于本地议题的团体可能不认为把它自己与一个应对高技术工业的团体完全结盟，即使它们各自的关注点在很多方面有重合之处。

在一个多样化的网络诸如西南环境和经济正义网络中，其他困难产生了。活动分子抱怨说，网络的资源进入了“哭得最响”的那些团体或社区，而且经常是那些手头早就有资源供支配的团体或社区。当然，在具体地理领域内比如一个大城市内形成的网络和联合体，面临着种族和性别问题。一个西部城市中活跃团体的白人成员告诉我，所有的媒体、政府和基金会都把关注投向了主要是有色人种的团体。他认为，这些团体都不像他自己的团体那样分布广泛或者高效。在其他地方，一些少数民族活动分子迫使白人活动分子和学者把对环境正义议题的表达权留给有色人种。明显的是，这些态度——很难确定它们是很少的还是广泛存在的——阻碍了环境正义网络的发展和持续性。

然而，在发展超越距离和差异的网络关系上的另一个紧张关系，是草根和主流环境组织之间的关系。正如前文指出的，虽然草根团体经常批判主流团体，但它们常常为了在具体运动和行动上的联盟而转向这些团体并求助于其资源。差异当然在地方团体、主流组织以及所有位于两者间的组织之间依然存在。主要团体经常继续忽视地方性议题，并且甚至在地方提出要求时也避免参与其中。但大多数主流团体已经认识到，虽然草根团体和网络对主流组织表示怀疑，但前者**确实**感激后者的援助，只要这种帮助在一个令人尊重的过程中提供。一般来说，如古尔德等所讨论的[44]，当联盟在草根和较大区域或全国组织之间形成时，最成功的努力才会实现。相反，如果全国团体发起反对草根团体的“反动员”的话，地方动员经常会很短暂和不成功。

最后，有人认为，任何一个采取网络化根茎组织和分散化职能的政治斗争或运动将会变成许多分散斗争的一种聚合，对应付权力和政治经济的“更大范围”或许多环境议题的全球化无能为力。但是，这里的观点是：多重的、地方化的反抗是一种战术力量。关键是多样化的批判、方法和风格在多种行动领域中的应用。[45]环境退化不是可以在一个地方或者只用单一的实践就能去除的一个孤立的“庞大机器”的产物。环境运动的目标是各种各样的，因而运动本身一定是分散的和多样化的。构成政治行动动机的议题和弊端，需要定位在地方层次上以及问题出现于其中的多元框架之中。在环境正义运动中发展的经验、议题和抗议的多元性，要求和证明了不同变化道路上的多样性方法。环境运动的基础是这种复合的性质和进攻层面的多元性。

当然，对所有这些的批评是，运动的焦点是在举行抗议而不是推进大规模的全球选择性观点。但是，这里的论点是，超越以地方为基础的团体之间的团结，创造了超出并连结地方和特殊议题的运动。很明显的是，在不同的社区和经历之间有相似性。资本权力的控制、政策的市场困境、政策制定排斥的受影响人群、参与和民主化的渴求，以及政治过程作为应对缺乏平等和认可的方式等，在运动中不时地一再出现。环境正义网络甚至当它们以抗议为基础时，已经显示出能够在相当大范围内甚至全球水平上产生影响。近来围绕北美自由贸易区和关贸总协定、世界银行在亚马逊的政策、臭氧层政策和土著知识所有权的跨国界运动，可以作为范例。

此外，认识到环境正义运动和过程作为一种预示性的政治形式是重要的。运动形式本身及其出于对过去社会运动组织批判的网络形式的发展，是对一种选择性形式的生动表达。网络化仅仅是一种达到目的的手段——而且还有一种防护性目的。网络是向着一种选择性政治结构而发起努力的例证。就此而言，运动驳斥了许多社会运动理论家和左翼活动分子所提出的观点：只有一个围绕单一议程组织起来的统一运动可以实现重大的社会变化。

9. 小　结

网络化和联盟建设已经成为美国环境组织的一项主要战术，特别是在草根活动分子和团体中。这一变化是对过去组织模式的局限以及资本与政治结构和实践变化着的特征作出的回应。

网络化开始于社区层次，以在家庭、教堂、工作和休闲中的日常关系为基础。网络组织严肃对待这些地方现实，并且认可和确认多样化经验，甚至将人们和议题的多元性引入进了联盟。尽管这些联盟可能将自己局限于一个围绕本地议题的地方性联盟，但也可以采取更大规模并且经常更加根茎化的形式。网络扩展了环境地方的观念，因为它们揭示了在不同地方社区共有的相似性。

网络化也超越了一种组织形式，成为组织职能的模式。分散化、多样化和民主化驱动着网络，从而与过去运动和目前的主流组织的集权化和等级化的实践相区别。最后，这些网络展现了一种人们难以从这样一种分散化组织中期待的力量和适应力。一项运动的多元性、多样化战术和大量资源，被理解为组织方面的战略优势。

正如在环境正义运动中表明的，网络发展所显示的是一种基于多样化力量的运动组织形式，而那些视差异为障碍的传统组织模式则被抛弃了。相应地，这些网络和联盟已经认识到并证明了多样化经验的现实和重要性，并创造了一种促成美国生动有效的环境运动的团结。

[注释]

[1] 这一研究的较早版本曾经在 1995 年 3 月在波特兰举行的西部政治学会(WPSA)

年会、1997 年 6 月由华盛顿州立大学美国研究系主办的“环境文化研究”网络会议和 1997 年 10 月由墨尔本大学主办的“环境正义：21 世纪的全球伦理”会议上宣读。本文扩大后的一个版本，发表于《环境正义和新多元主义：差异对环境主义的挑战》，牛津大学出版社 1999 年版。

[2] 对于这些抱怨的讨论，参见 M. 多维《美国环境主义：一个趋于无关紧要的运动》（载《世界政策学报》1991 年第 9 期）和《走向溃败：20 世纪末的美国环境主义》（剑桥 MIT 出版社 1995 年版）。对于运动内的批评，参见：R. 布尔拉德主编《不平等的抗议：环境正义和有色人种社区》，圣弗兰西斯科希拉俱乐部图书 1994 年版；P. 蒙塔古《组织中的巨大图画》第五部分“一个混乱的运动”，载《雷切尔环境与健康周刊》1995 年第 425 期；A. 科克伯恩和 J. 克莱尔《阿马格顿之后：美国绿色运动的生与死》，载《民族》1994 年第 21 期。对于财政资助性组织给予运动限制的出色阐释，参见 V. 罗泽克《军阀的聚集》，载《野生林业评论》1994 年 3 月号。

[3] “十大组织”包括自然资源保护委员会、环境政策研究所、全国野生生物联盟、环境保护基金、伊扎克沃尔顿同盟、希拉俱乐部、全国奥多邦协会、全国公园和保护协会、荒野协会和地球之友。对于基于环境正义观点的批评，参见：B. 布赖恩特《环境正义的议题、潜在政策和解决方案：综论》，载 B. 布赖恩特主编《环境正义的议题、潜在政策和解决方案》，考文洛岛屿出版社 1994 年版；R. 布尔拉德主编《反对环境种族主义：来自基层团体的声音》，波士顿南端出版社 1993 年版；R. 霍夫里希特主编《有毒的斗争：环境正义运动理论与实践》，费城新社会出版社 1993 年版。

[4] 迪亚尼的著作尤其是他关于社会运动为网络的定义肯定有助于社会学著述中的这一趋势。参见 M. 迪亚尼《社会运动的概念》，载《社会学评论》1992 年第 40 期。

[5] 参见 L. 格拉赫和 V. 希尼斯《人民、权利和变化：社会转型运动》，印第安那波利斯鲍伯—梅里尔出版社 1970 年版。

[6] 参见：W. 詹姆斯《激进经验主义》，剑桥哈佛大学出版社 1976 年版；D. 哈拉威《因时而异的知识：作为公正观点特权的话语来源的女权主义中的科学问题》，载《女权主义研究》1988 年第 3 期。

[7] 对于新左翼的研究，参见：W. 布雷尼斯《新左翼社区和组织——1962～1968：大抵抗》，卢特格斯大学出版社 1989 年版；J. 米勒《街道上的民主：从赫伦港和芝加哥暴乱》，纽约西蒙和舒斯特出版社 1987 年版。对于女权运动的研究，参见 C. 西里亚尼《学习多元主义：女权组织中的民主与多样性》，载 J. 查普曼和 I. 夏皮罗主编《民主社区：NOMOS XXXV》，纽约大学出版社 1993 年版。

[8] 参见 S. 卡培克《“环境正义”框架：概念讨论及其应用》，载《社会问题》1993 年第

1 期。

[9] B. 林奇:《花园与海洋:美国拉丁环境议程和主流环境主义》,载《社会问题》1993 年第 1 期。

[10] 拉芬对峰会的阐释包括一个对把土著印第安人和夏威夷活动分子与更加以城市为中心的非洲美国人聚到一起的讨论。拉芬在经历了很多年对于白人的环境关注侧重于荒野和动物而不是城市环境的痛苦感受后,土著活动分子帮助他第一次体会到保护动物、树木和土地的"道德律令"。参见 P. 拉芬《界定一个运动和社区》,载《十字路口/前进动力》1992 年第 2 期 。

[11] 参见:G. 迪奇罗《界定环境正义:妇女的声音和基层政治》,载《社会主义评论》,1992 年第 4 期;C. 李主编《会议录:第一次全国有色人种环境领导峰会》,纽约统一基督教种族正义委员会,1992 年。

[12] S. 塔罗:《运动的力量:社会运动、集体行动和政治》,剑桥大学出版社 1994 年版,第 6 页。

[13] 有大量这方面的例子。大多是讨论扩大的家庭与社区网络在工人阶级和非洲裔美国妇女行动主义中的重要性。比如:T. 海伍德:《工人阶级女权主义:创造一个社区、连结和关切政治》,纽约市立大学博士论文(1990 年);C. 克劳斯《处在前沿的有色人种妇女》,载 R. 布尔拉德主编《不平等的抗议:环境正义和有色人种社区》;N. 纳不勒斯《活动分子的母亲化:低收入城市邻里中妇女社区工作的跨代连续性》,载《性别与社会》1992 年第 3 期。个体在社会网络中的出现也在市民权利运动的坚决参与中发挥了关键性作用。参见 D. 麦克亚当《自由之夏》,牛津大学出版社 1988 年版。教会也是非洲裔美国人和拉丁社区中涉及市民权利议题的行动主义的一个来源。

[14] 我所偏爱的环境正义组织中预先社会网络使用的一个例子是佐治亚州根斯维尔的牛顿花商俱乐部(NFC)的转型,从一个为生病居民集资购买花的团体演变为一个组织学习和与社区中有毒废弃物排放作斗争的团体。参见 M. 基尔和 C. 李《从征服者到联盟》,载《南部曝光》1993 年第 4 期。

[15] D. 泰勒:《环境运动可以吸引和维持少数种族的支持吗?》,载 B. 布赖恩特和 P. 莫海《种族和环境灾难的发生:值得关注的议题》,鲍尔德西方观察出版社 1992 年版,第 43 页。

[16] L. 普里多:《环境主义和社会正义:西南部的两次墨西哥裔美国人斗争》,亚里桑那大学出版社 1996 年版,第 192～193 页。

[17] 参见 P. 阿尔梅达《西南部的环境与经济网络:采访理查德・摩尔》,载《资本主义、自然、社会主义》1994 年第 1 期。公民危险废弃物情报交换所最近已更名为

健康、环境和正义中心(CHEJ)。

[18] P. 纽曼:《超越邻里——致力于多种族、多议题联盟的妇女》,载《工作手册》1994年第2期,第94页。

[19] 这方面联盟的一个最显著的例子是纽约布鲁克林区中威廉姆斯伯格地区的拉丁裔人和哈西德教派之间建立的联盟。普恩特(El Puente)和统一犹太教组织(UJO)一起反对城市为其计划的一个低水平辐射废弃物储藏设施和一个大规模的垃圾焚烧装置。参见K. 格雷德《反对所有不平等》,载《城市限制》1993年第7期。

[20] C. 汉密尔顿:《妇女、家庭和社区:城市环境中的斗争》,载《种族、贫穷和环境》1990年第1期,第11页。

[21] 德洛兹和古阿塔里开启了根茎比喻的使用。他们概括的一个根茎的三个主要特征包括:联系、异质性和多重性原则。参见G. 德洛兹和F. 古阿塔里《1000个高原:资本主义和精神分裂》,明尼苏达大学出版社1987年版,第7～8页。

[22] G. 迪奇罗:《地方行动、全球专业知识:重新形成环境专业知识》,华盛顿州立大学"文化与环境"网络会议宣读,1997年6月。

[23] S. 普劳特金:《飞地意识和邻里行动主义》,参见J. 克灵和P. 波斯纳《行动主义的困境:阶级、社区和地方动员政治》,坦普尔大学出版社1990年版,第226页、229页。

[24] 相对应地,这是公民危险废弃物情报交换所的新闻信息杂志名称。

[25] M. 萨尔德和J. 麦卡锡:《组织社会中的社会运动》,新布伦斯威克交易图书出版社1987年版,第20页。

[26] 比如阿尔梅达关于西南环境和经济正义网络共同协调人理查德·摩尔的讨论,参见P. 阿尔梅达《西南部的环境与经济网络:采访理查德·摩尔》。

[27] C. 李主编:《会议录:第一次全国有色人种环境领导峰会》,第19页。

[28] S. 塔罗:《运动的力量:社会运动、集体行动和政治》,第146页。

[29] J. 布雷切尔和T. 科斯特洛:《小人国战略:对付跨国公司》,载《民族》1994年第21期,第333页。

[30] 环境正义运动在美国环境主义中并不占据对这种组织形式的垄断地位。布龙·泰勒详细讨论了"地球第一"和"雨林行动网络"两个组织中的"团结行动主义"。参见B. 泰勒《生态抵抗运动:激进和大众环境主义的全球兴起》,纽约州立大学出版社1995年版。

[31] 这并不是说,网络中的关系现实中总是以这种方式存在。这里强调的是,要注意一个基层网络建立中的原则。笔者将会继续讨论网络形式的某些局限。

[32] 这种模式也并非偶然地保持稀缺资源。

[33] 对于具体的事例,可以参阅这一运动的新闻信息中的各种议题,比如《每一个人

的后院》、《种族、贫穷和环境》、《十字路口》、《新解决方案》和 *Voces Unidas* 等。

[34] 米利拉尼·特拉斯克——在夏威夷环境正义与主权议题中十分活跃的律师——认为法律领域是有效的，但警告了只相信法律正义形象的危险。“不要将你的鸡蛋放在一个篮子里。我们必须尝试其他的方法”。参见 C. 李主编《会议录：第一次全国有色人种环境领导峰会》，第 38 页。

[35] 公民危险废弃物情报交换所：《十年的成就》，1993 年，第 3 页。

[36] 绿色和平在美国的活动最近剧减，关闭分支场所，解雇游说者和停止它的活跃项目包括环境正义。

[37] M. 福柯：《性别史：第一卷导论》，纽约兰多姆出版社 1978 年版；《纪律与惩罚：监狱的产生》，纽约兰多姆出版社 1979 年版；《权力和知识》，纽约潘西奥出版社 1980 年版。E. 拉克劳和 C. 莫夫：《垄断和社会战略：走向一种激进民主政治》，伦敦反面出版社 1985 年版。D. 哈拉威：《电子人宣言：20 世纪后期的科学、技术和社会主义——女权主义》，载《类人猿、电子人和妇女：自然的重新发现》，伦敦罗特里奇出版社 1991 年版。

[38] K. 古尔德等：《地方环境斗争：生产艰辛中的公民行动主义》，剑桥大学出版社 1996 年版。

[39] 公民危险废弃物情报交换所特别主张网络化作为反对工业策略的方法。寻找一个地点的废弃物公司将选择几个基本合适的社区，然后将观察社区如何反应，最后进入抗拒程度最低的一个。在这种情况下，公民危险废弃物情报交换所建议组织一个来自各个目标社区的会议，达成一个“不侵略协定”并在“不要在任何人的后院”的原则基础上联合起来。

[40] A. 萨兹：《生态大众主义：有毒废弃物和环境正义运动》，明尼苏达大学出版社 1994 年版；K. 古尔德等：《地方环境斗争：生产艰辛中的公民行动主义》，第 196 页。

[41] J. 布雷切尔和 T. 科斯特洛：《全球村或全球掠夺：从下而上的经济重建》，波士顿南端出版社 1994 年版。

[42] 参见公民危险废弃物情报交换所：《十年的成就》，第 21 页。

[43] 对于成功事例的名单，参见 N. 弗洛登伯格和 C. 斯泰因萨佩尔《不要在我们的后院：基层环境正义运动》，载 R. 敦拉普和 A. 梅尔蒂格主编《美国环境主义》，费城泰勒和弗朗希斯出版社 1992 年版。

[44] K. 古尔德等：《地方环境斗争：生产艰辛中的公民行动主义》，第 195～196 页。

[45] 比如，这模仿了福柯。参见 M. 福柯《性别史：第一卷导论》。

（戴维·施劳斯伯格）

第七章　90年代西班牙环境运动的困境

国家的结构特征在对影响社会运动政治技巧和组织框架的限制和机会的研究中得到广泛强调。然而，依据政治机会结构等分析模式所提出的批评，以国家为中心方法在社会运动分析中的运用看起来应该至少记住四个考量：社会运动组织是反思性的角色并且战略性地采取行动——社会运动是政治变化的代理人并因而促成新机会构型；国家的结构特征不是政治机会的唯一组成部分，它们也不能单独解释社会运动的活动和组织框架——制度与社会、经济、文化和自然环境的互动应该被结合到分析中去；社会运动不是同质的角色；国家也不是一个单一的或同质的角色。

本章使用的政治机会方法借鉴了克雷希、塔罗和基茨凯尔特等的论述。[1]然而，我特别注意到了环境部门的制度化以及它们与其他国家部门在为环境运动组织开放政治机会中发生的相互影响。因此，我不只是关注西班牙政治制度体系范围内的特点，还通过采取政策层面的视角分析了其环境政策领域的特点。[2]

环境运动组织参与具体政策领域的机会不完全依赖于它们拥有的资源，而是取决于政策议题的内容。[3]另外，在西班牙尤为重要的是影响到环境运动组织——政府中不同国家机构间的权力分配。

这里强调了不是将国家作为一个单一实体而是“提供公众政策的参照和方向的一系列制度”的观念，其中，政策网络因为不同领域甚至不同议题而发生变化。社会运动研究中的国家中心方法一直集中于国家的自主性来发展它自己的行政和制定规则能力。从这方面看来，被视为国家

力量和政治有效性尺度的国家自主性是与新挑战者渗透性的缺乏相关联的。然而，从这里采用的政策视角看来，国家自主性也依赖于国家内部权力分配以及执行公共政策能力的不平等分配，不但涉及社会团体而且涉及其他国家部门的竞争性利益和目标。这意味着，与政治机会结构方法所表明的相反，在一个特定国家中国家和公民社会之间的关系并不一定是零和游戏，并且国家和公民社会之间的界限也不那么分明。

一个国家机构相对其他机构的权力是它拥有的权力、预算和技术资源的一种功能，但也与它创造政策网络的能力相关联。环境议题的跨部门性质，使在不同国家角色之间的互动甚至更加重要。这种环境议题的横向性质和环境规定对关键政策议题可能产生的深刻影响，也增强了国家机构的政治自主性。

就西班牙环境运动的情况而言，从在整个体系范围内被排斥和抑制的最初状况，环境政策领域的制度化已经为通常位于决策边缘的多样化议题网络创造了进入的机会。通过互动，环境当局和环境运动组织能够交换相互的认可(合法化资源)、信息和对于团体而言的资金。议题网络减少了环境运动组织的组织代价，促成了运动网络的构建，并且促进了与其他社会部门的互动。然而，边缘性地位使环境运动组织的进入严重取决于它们使政策过程冲突化的能力。反过来，这决定了运动走向制度化的压力波动起伏。

从麦卡锡和萨尔德的资源动员观点以及蒂利(C. Tilly)的政体模式来看[4]，对政体更大程度的接近是与当代自由民主社会中社会运动组织的专业化和官僚化过程相关联的。通常，社会运动走向制度化的趋势被认为是一个运动组织基础从大众抗议组织的主导地位到被运动利益团体和专业抗议组织取代的变化。随着运动制度化过程的推进，传统的行动形式和与当局的谈判盛行，而成员的地位却从行动主义转变到仅仅作为支持者。从这个观点看来，制度化是推进组织巩固的主要力量。

在这项研究中，我更愿意将环境运动的组织巩固视为不断增加的社会支持和日益融入政体的混合产物。一个巩固的运动的组织变化(包括制度化程度)，是对上述两个趋势对运动组织提出的组织问题作出回应的结果。一个巩固的运动的组织变化取决于它与那些代表其成员、社区或者整个社会行动的组织和那些旨在改变其政策的权威当局建立的关系类型。尽管制度化可以被认为是社会运动巩固的主要推动力，其他因素在这个过程中的影响也应该考虑：社会支持的趋势，组织借以获得进入政体的条件（正式的和中心的、或边缘的和象征性的），以及环境运动组织的内在特征（意识形态和从过去经验的学习）。

1. 民主政体下变化中的政治机会

1975 年佛朗哥去世之后所设计的新民主制度，反映了政治精英使一个和平与成功转型的机会最大化的欲望。一个前提条件是，基于明确认可现存制度的合法性以及建立一种以有限数目的角色、秘密和温和政党意识形态为特征的谈判模式的“精英和解”。保证成功转型的措施暗含了对新自由民主制的制度限制：强化议会相对于执行部门的权力；一个偏爱大规模议会多数的选举制度；议会选举首相以及一种对政党的公共资助制度。[5]政党制度的多元主义特征来自于在 20 世纪 80 年代和 90 年代实现的较大程度的政治分散化。

在实现转型之后，这些制度性限制因为领导人自主性的幸存以及 1979 年后共识政治的淡化而显得更加突出。实际上，转型后的西班牙公民社会的有限发展背后，存在着两个相互关联和相互加强的动力。

首先，来自独裁时期的行政规则的连续性保持了行政当局和公民间的封闭和不透明特征以及对决策过程的不平等进入机会。制度改革“没有改变经济结构和国家之间的基本关系。西班牙经济中强大的私人利益仍然在公共决策机构中保持了中心地位”。

其次，政党开始通过国家结构而不是在社会中扩展它们的组织基础而成长。起初，政党的组织发展能力不仅受到那些更容易被动员的人们、同时也受意识形态驱动下的精英对政策持续性的承诺和封闭的决策风格所限制，而且，它们不得不去为一个非政治化和温和的选民大多数的选票而竞争。在转型期后，政治精英已经缺乏促进政党结构在社会内发展的意愿，并且政府也忽视了任何促进社团生活的政策。对政党和最大工会组织的公共资助，给予了它们脱离选民的广泛自治地带。

总之，制度改革的特征为公民社会的发展提供了很有限的动力，并减

少了推动诸如与环境相关的新要求的机会。主导性政治议程继续被与独裁最后阶段刺激经济发展的同样的现代化观念所架构，包含了现在看来传统意义上的社会关切。增长和平等作为两个不可分离的目标出现；相比之下，环境关切不是被忽视或推迟，就是呈现为不相融并由此处于从属地位。

环境的次等重要性决定了有限的国家干预或议题的结合，以及给予环境机构较低层次的自主性(分散并且附属于不同部门)。这种情势通常使环境运动组织应对局部性政策领域，其中影响环境的决策是由那些分别被经济利益所主导的封闭政策共同体所作出的。

法律体系几乎没有被调整来从事公共产品的保护或者它们的集体保护。虽然健康环境的权利已经在 1978 年宪法中得到认可，保护公共产品的团体的起诉权在 1985 年得到了法律上的支持，但是，糟糕的环境立法却对环境运动组织把环境案件带上法庭的能力设置了限制。因此，规范程序或者未被创制或者对环境团体封闭。不仅如此，这一渠道的有效性因为检察官和法官缺乏生态和技术上的环境意识而减弱。

在这些情况下，环境团体的参与被限制在把受到当局忽视或者压制的大众运动和动员手段在执行阶段引入。20 世纪 70 年代后期和 80 年代早期的反核能动员，展示了环境组织所面临的政治背景。环境运动组织成为了几乎是唯一对 1975 年(在独裁政权下)制定的第一个全国能源计划(PEN)提出批评的声音。这个计划打算实施一个雄心勃勃的核项目。《蒙克洛阿协定》(1977 年)包括了能源政策的持续性。1979 年，以哈里斯堡(Harrisburg)核事故和左翼政党向反核立场的转变为先导，第二个国家能源计划的议会讨论开始，这也是民主制度下的第一次。尽管这个以及遍布整个西班牙的大量群众动员，反核能抗议仍被右翼政府所忽略。社会主义工人党(PSOE)的反核承诺，看起来更多的是一项安抚党内好战者的战略，并且改善了它的选举前途而不是形成一项真正的政策立场。实际上，在 1983 年，当社会党政府修改国家能源计划的时候，该政府维持了先前国家能源计划的政策方向，包括消除反核对抗。该政府之所以同意一项核延期是因为经济条件而不是政策的重新定位，并且再次忽视了运动的要求。该政府只是在当决定哪个在建的核工厂要被取消的时候才会考虑到反核抗议。能源政策展示了新政权向环境运动组织提供的有限机会，这一政策来自被利益团体主导的封闭性政策共同体，得到了政治领导自主性的支持并孤立于任何议会或行政矫正。

这个时期环境要求的政治背景，不但影响了环境要求借以扩展到政治领域的政治战略，也对环境运动的组织产生了消极影响：对西班牙社会中环境运动组织的建立增加了更多困难，限制了它们驾驭环境抗议或将环境抗议置于一个更广泛的环境不断退化的框架的能力。

西班牙环境运动组织的边缘地位，明显地与一个定位于经济增长的主导性政治与文化话语和明确地偏向金融利益的政治制度相关联。环境运动内部的困难或多或少也应该与转型期和民主政权前几年政治背景的一般状况相联系。正如迪亚尼所提到的[6]，一个角色对在开放或者封闭的政治背景下进行工作的感知影响到通过其组织间联系制度化的模式。在政治排斥的情况下，对团体身份的关切往往占据主导地位，并且，“运动网络可以预期会沿着意识形态、阶级或者其他相关的象征性分界而更加深刻地分散化”。

西班牙环境组织在更大程度上是更广泛的政治转型的产物而不是与之相脱节的。它们的关切与更广泛的政治议题交织在一起。环境组织的这种“政治化”不只是由置于反对权威主义体制下现实的民主价值与实践上的优先性所孕育，正如在它们的内部组织和政治行动中（例如，通过严格遵守内部民主做法或者通过强调保持不同的全国身份）所看到的那样。比已经巩固的民主制更明显的是，环境运动组织像许多其他社会运动一样，在转型时期充当了政治活动分子的平台。左翼反对党成员在它们领导层中的存在加剧了内部在纯粹意识形态方面上的争执，并且促进了组织的不稳定性。这种“政治化”阻碍了不同环境运动组织之间的联系。在环境运动的初始阶段，所有建立一个组织间网络的努力都失败了。

90年代，民主政权对环境要求的正式和非正式的制度封闭性已经有所缓和。再分配冲突的相对减弱和新价值观的扩散，支持了环境议题的政治突显。因此，虽然现代化议程仍然占据优势，环境意识已经在公务员中间传播开来。这是一个得到官僚机构自然更替帮助的过程。这在通过接纳新（年轻的）职员和人员调任实现的环境行政管理扩大中最引人注

目，在许多情况下与来自保护主义的世界环境运动相联系。

环境运动经历了来自转型期高水平的政治化和随之而来的民主化的后果以及公民社会创议被预占的痛苦。在 80 年代初，它的组织基础相当薄弱。在 80 年代后期，这种形势在明显得到改善。环境议题与政治议程的结合对于环境运动的演进具有决定性意义，但环境（以及环境运动组织）的相对重要性应该在转型后公民社会政治温和化的更宽泛背景下来考虑。影响社会运动在其中运作的社会框架的政治变化，已经赋予环境运动在西班牙公民社会（仍然荒凉的）舞台中的一个中心（并且更加好斗的）地位。

“西班牙社会运动部门”运作框架的变化以及环境运动在其中的位置，可以通过比较过去两轮西班牙和平动员的一些组织特点来得到说明：1981～1986 年间的反北约运动和 1990～1991 年的反对海湾战争的运动。

80 年代上半期，和平动员仍然在很大程度上反映了转型时期社会动员的特性。在反北约运动中，抗议的创议和组织基础一般来说由与革命性政党、西班牙社会主义工人党和共产党（PCE）相关联的和平组织掌握，政党增加了它在社会中而不是政治领域中的存在，而运动采取了一个较不激进的立场和更加以选举为导向的机会战术。环境运动组织参加了多种公民讲坛，但因为这些政治组织的领导而相形失色。这个运动体现了在佛朗哥死亡之后的第一个十年里社会动员的两大特征：实行左翼政党的预占战略；拥有一代原先反对极权政权，曾经或者仍然是左翼政党的成员，具有领导长期的劳工运动、政治公开运动或民族主义运动经验的政治活动分子领导层。

到 1990 年，当反对海湾战争的抗议导致了和平运动的复兴时，创议和组织基础已对应于环境运动组织（国家层次上的绿色和平以及地方环境运动组织）以及伴随其后的其他组织（反战主义者、女权主义者和工会）。两个因素可以解释政治舞台上的这种一般性变化。一方面，80 年代中期标志着一代激进左翼活动分子的衰落。依据普雷沃斯特（G. Prevost）的说法[7]，北约全民公决的失败，对这个放弃了政治活动或被吸纳到主要政党中（社会主义工人党和共产党）的政治一代特别具有破坏性。另一方面，超议会激进政党实际上消失了。

环境政治的制度化具有决定性意义。通过中央和区域的专业化政策领域的制度化吸纳环境议题，虽然缓慢并且不完整，但却实质性地改变了环境团体的政治环境。90 年代将环境作为一个巩固的政策领域考虑仍然是困难的，但它在国家机构和政策中的优先性确实得到了提高。宽泛地说，制度化的过程一方面受到了欧盟环境政策的影响，在西班牙不发达的环境政策背景下其革新本质具有特殊的影响，另一方面也受到了 80 年代初发起的持续的非集中化过程的影响，这一过程导致了一个准联邦化的国家结构。

日益将环境议题结合进不同的政府层次，已经扩大了环境要求的机会并且催化了环境团体的政治活动。环境政策领域的特征似乎已经修改了在这个议题上主导性的国家主义方法，而支持合作性的互动。依据冯特(N. Font)的看法，"西班牙政策的欧洲化已经支持对西班牙环境政策运作框架的重新定义"[8]。就环境运动组织而言，环境政策和冲突的政治化特点意味着，这些合作模式已经由于更加冲突性的、非合作的关系而变化。环境政策的欧洲化和分散化都有助于破坏公共行政管理的一致性，并导致在自治社区、国家和布鲁塞尔之间的垂直冲突。一般而言，随着政策过程变成更加多层次的游戏，对先前被排斥的环境要求来说机会增加了。

这两大变化即环境运动组织所处的更广泛的社会政治背景以及环境运动组织运作所处的更加具体的环境政策情势，对环境运动的巩固有着相互关联和相互增强的影响。[9]一方面，环境运动组织已经作为环境代表赢得了社会和政治认可(一种日益宝贵的产品)；另一方面，环境运动组织的潜在资源已经增加了，因为有了使用更广泛的政治战术技巧的机会。总之，环境运动组织在设计其战略时已经拥有了灵活性，或者在政策的最初阶段施加影响或者直接与环境当局谈判。环境组织可以利用不同行政管理层次上的政治冲突，也可以在全国水平上表达要求，使地方冲突全球化，并创立公民讲坛和团体网络。

2. 运动巩固和政治技巧的变化

前文描述的新政治机会已经改变了环境运动组织借以施加政治压力

的一些主要渠道:法院、行政渠道、制度渠道和非常规参与形式。环境运动使用的行动形式的历时性差异,反映了环境政策领域中间层次上政治机会变化而不是整个体制变化的影响。

法院

西班牙环境运动组织只是在非常关键的案例中并且当成功的几率很高时才会诉诸法律行动。对法律行动的求助,依据环境运动组织的性质(生态团体往往采取法律行动)以及它们的(经济)资源而不同。

直到1996年,西班牙刑法极少规定破坏环境的犯罪。环境犯罪的观念在1983年刑法改革中首次得到引入,基本上指那些涉及由废品处理、森林火灾和核电站安全引起污染的犯罪。而且,只是引入了很低程度的惩罚措施。但是,对这类活动造成阻碍的主要因素是高代价的法律行动(因为对专家作证和财政保障的要求)以及检察官和法官环境敏感性与技术培训的缺乏。近些年来,具有环境专长的检察官已经改善了这种情形,但他们的表现是很不稳定的。

通常,环境运动的申诉通过纯行政渠道来表达。被采访的环境运动组织认为,这些没什么效果,因为除非发生很明确的对程序规则的破坏,行政法院不大会采取行动。但是,这些活动具有特殊的价值,因为它们提供了获取政治资本的机会。与法律行动一样,政治压力是根本性的,因为行政申诉通常伴随着新闻报道和某些情况下的象征性直接行动。两个环境因素有利于行政申诉的使用:一方面,在公民卫士(CG)(大多数环境运动组织与它建立了良好的关系)内部一种环境保护服务功能的创立和与不同环境部门之间日益增加的合作;另一方面,1986年以来,环境运动组织在欧盟委员会发现了一个可以表达其不满的场合。

行政渠道

与行政申诉一起,提请公众咨询已成为环境运动组织活动的关键部分。公众咨询程序已经因为80年代后期西班牙接受欧洲关于环境影响评估(EIA)的指令而通过的新环境立法变得可行,并且,环境部门由于获得了新权力其重要性日益增加。环境影响评估至少在理论上赋予了环境运动组织接近关键信息资源的机会，以及在任何公共或私人干预被批准之前发出提请咨询的可能。然而，这些政策工具的理念在被调整适应西班牙行政制度的过程中已被破坏：行政当局不愿意让公民介入行政决策，并且，决策者往往通过立法和其他机制避免使用环境影响评估程序。然而，关于环境影响评估程序的争论，有助于使围绕许多发展项目的环境冲突公开化。

制度渠道：游说

行政当局和环境运动组织之间最直接的制度联系，存在于得到地方、区域和国家环境部门财政资助的广泛教育和保护活动之中。这些活动随着逐渐将环境议题结合进政策议程而得到增加，并且在多数情况下，它们构成了从行政当局到环境运动的最重要资金来源。

但是，当局和环境运动组织之间增加的互动已超越了这些“契约形式”。环境运动组织被公众认可为从公众利益角度代表环境的对话者，并且，它们与政府部门的联系已在质上和量上都增加了。这已经产生了关键性的反响。正如罗和戈德尔所评论的：只有通过与政府部门的紧密联系，团体才能获得高级情报以及提出它们对官方政策进程批评的信息。[10]

环境运动组织已经参加了许多成功程度不一的委员会（大多数是建议性的，但有些具有政策责任）。这些委员会中的互动经常是高度政治化的，但有时导致一个更加技术层次上的具体工作组并形成立法建议。使国家和环境运动组织之间咨询性互动正式化的最重要努力，是通过1994年由公共工作、运输和环境部创建的环境顾问委员会（CAMA）进行的。然而，环境顾问委员会像大多数类似的顾问委员会一样，并没有按照想象的那样发展成为环境运动组织参与的一个制度化空间。尽管一些环境运动组织重视获取信息和交流观点的机会，但大多数却将它们的参与视为一种时间浪费（鉴于很少的政策收益）和资源浪费（考虑到应对议题的高度技术性和委员会可支配经济手段的缺乏），视为仅仅将政府政策合法化的机制。这导致了诸如绿色和平组织和AEDENAT等生态团体在环境顾问委员会成立一年内先后退出，并得到了其他团体的效仿。

环境运动组织的兴趣也许在于维持非正式的联系而不是正规化顾问

委员会里的制度化代表，这基于实用主义或意识形态上的原因。事实上，日益增加的接近具体议题的机会，可能有助于解释这种否定以及在某些情况下放弃顾问委员会的态度。与当局的非正式联系每天都在发生，通常是关于具体议题。大多数被采访的环境运动组织代表都认为，环境部门是最可接近而且善于接纳其要求的部门，而且都报告说，它们在过去几年里接近环境部门的机会得到了逐步的改善。然而，环境运动组织发言人通常将这种接近视为它们与环境当局之间互动的一种不稳定状况。这种关系似乎受到了环境相对于其他部门利益的政治从属关系的制约。双方互动的模式十分经常地涉及到冲突，这减少了稳定联盟的机会并且使环境运动组织维持在决策的边缘。因此，虽然环境部门的创立已为环境运动组织参与环境政策领域作好了准备，合作在相当程度上仍然依议题而定。正如一个环境运动组织领导人所阐述的：

> 行政当局对公民参与的态度是将其理解为对政治家和官僚领域的非法干预，而不是作为那些行政当局没有触及到或到达太晚的议题的补充。

在一段较为热烈的合作期后，一个环境运动组织领导人描述了目前更冲突性的环境：

> 我相信，如下观念已经在这个自治共同体的政府内植根，环境考虑已经妨碍了国家的经济发展。生态主义者对某些项目的反对已成为一个真正的负担……目前，那些协议被解读为当局的失败和生态主义者的胜利。

然而，当行政当局对环境要求关上大门时，由于社会内部可被利用的垂直冲突向度的存在，环境运动使冲突公开化和发现联盟对象的机会增加了。在许多场合下，这些行政争端植根于环境问题以外的议题，并且构成了在被不同政党掌管的不同行政机构之间，或者被同一政党竞争性部门中不同政客主导的行政机构之间的较量。环境部门和其他更加生产取向部门之间也可能发生水平冲突，尽管这些冲突可能不但依赖于环境制度的正式影响，而且依赖于环境当局的政治自主性。[11]

非常规渠道:群众示威和象征性行动

所谓的非常规政治策略,可以通过考察1977～1993年环境动员的演进来观察。

图7.1展示了1977～1993年间年度动员的数量(柱状条)和参与者的平均数量(线条)。在早些时候,由于一个相对不利的政治背景,较低的动员总体频率被群众参与的浪潮所打断。其后,尽管参与者数量平均水平有所下降,但在近几年出现了一个动员数量增加的趋势——也许是一个相对更有利于提出环境要求的背景以及一个更多资源的环境运动的证据。[12]

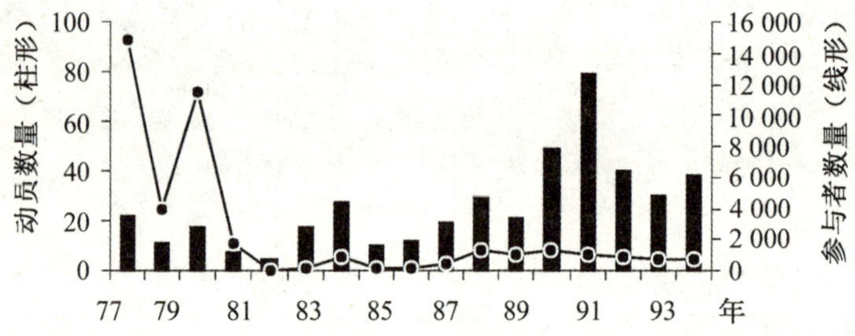

图7.1　1977～1993年西班牙环境动员数量和抗议参与者平均数量的演变

最大数量的参与者出现在70年代末的反核能动员时期,与转型过程中的大众动员时期相吻合。在80年代期间,反核能斗争的下降和社会主义预占的非动员效果清晰可见。自80年代中期以来,非常规活动有了显著增加,在事件的数量和参加者的总数量之间有着相反的对应关系。

后一个趋势的解释应该与前文描述的政治机会变化和90年代环境运动可用的更广泛活动技巧相关联。随着资源的增加,通过行政渠道(申诉和游说)参与的相对增加并没有削减非常规活动的水平。但我们可以认定,非常规活动已经改变了在被环境运动组织采用了的战略中的含义和作用。大众动员不再寻求巩固一般环境要求尤其是环境运动组织的社会和政治合法性。相反,它们寻求的是使权威当局关注一项议题。媒体对大多数环境运动组织的更多报道,使环境团体较容易公开地推动其要

求而不需要动员大规模集体行动。由一些旨在吸引媒体关注而不是动员大众的核心活动分子完成的、带有绿色和平组织风格的不断增加的“象征性”直接行动,可以解释图7.1中参与者平均数量的减少。

另一方面,更广泛的行动技巧、通过常规渠道工作和将资源集中于游说活动可能性的增加,也可能将动员战术的使用限制在那些其他方式被排除且有合理成功预期的场合。[13]在这个背景下,动员的威胁能够被当作接近保持现状的武器。

正如前文所提到的,西班牙环境运动的近来发展展示了其某些欧洲同伴所具有的相似性。在克雷希的比较研究中,他观察到了独立于政治背景的、在运动政治技巧中常规形式行动的相对增加。迪亚尼也指出,近来环境运动的研究发现了整个欧洲范围内环境团体不断增加的相近性。这不仅发生在那些环境政策更加活跃和具有影响力的地方,也发生在这个领域的制度革新还是新近现象的比如爱尔兰(和西班牙)那样的国家。[14]这一结论似乎也与戴尔顿(R. Dalton)所发现的不同西方国家的环境运动组织都十分重视其接近环境机构水平的结论相吻合。[15]然而,西班牙的证据似乎也支持迪亚尼关于更大程度的介入在多大程度上正在明确地推动环境运动走向制度化的疑问。在西班牙,正如戴尔顿研究的其他西方国家一样,环境运动组织和环境当局之间互动的制度化是相当有限的。

因此,将环境融入政治议程迄今为止并没有与运动战略的和平化联系起来。尽管常规形式数量在扩大,但其有效性仍然取决于对非常规压力形式和冲突社会化的使用(或者威胁)。同时,通过环境运动组织要求和缓化以交换局内人地位的趋势也不存在,尽管一些环境运动组织认为这是一个未来的潜在难题。

3. 运动巩固和组织转型

组织转型最终与环境运动组织使用的活动和战略类型联系起来。环境运动的扩展意味着其在传统压力形式、教育和实践保护活动和网络化活动(维持较高水平的内部协调和信息)上的增加。[16]在许多境况下,这些活动暗含着大量的技术和组织技巧。为了评估这样的趋势在多大程度上表明了环境运动的一个制度化过程，应该考察与进入政体机会的增加相关联的三大组织趋势：运动的网络内聚力、环境运动组织的职业化和经济资源的增加。

网络内聚力

与环境当局的联系有助于建立不同环境运动组织之间的互动模式（同时在国家和自治共同体层次上）。一方面，环境运动在制定政策过程中的代表权的提高已经增加了具有相似特性（在目标和身份形象上）的环境运动组织在不同环境网络内的资源（和意义）交换以及地理影响的范围；另一方面，这也有助于不同门类的环境运动凝聚成一个整体。在两种情况下，处理具体议题的需要和采纳共同战略的优势，已经使环境运动组织的活动定位于实用主义，即在运动议程被环境政策议程规定的背景下在某一个特定议题上达成最低程度的一致。制定政策过程中不断增加的活动，使得以前作为环境运动组织互动特征的意识形态空间缩小了。这与一个开放政治背景下所期待的运动角色的互动模式是一致的。其中：

> 特定议题行动的机会将要求更加有限地求助于使用意识形态作为一个动员手段，活动分子之间的主要差别也不会得到强调。还可以预期的是，至少在原则上，运动角色选择它们盟友的标准将会比以前封闭的形式下更加不受拘束和具有包容性。[17]

然而，结合进议题网络不是唯一与环境运动组织（和网络）不断增加的整合相关联的变量，这个过程也不应该被解释为单向的；相反，这两个动力是相互加强的。我已经提到了转型期“政治化”影响的下降以及新一代逐渐对第一批环境领导层的取代，这促进了环境运动组织的非意识形态化。那个最初阶段的社会学习过程，可能也促进了对互动的更加实用主义的方法。正是转型期的分歧经历和被高度重视的非集中化原则，产生了在面对组织间观点差异时一个对地方自主性很敏感和实用的运动文化。在环境运动组织自己看来，这解释了为什么开始于 70 年代的协调过程仍在继续。

其他方面包括保护主义与生态学范式之间的渐进和解（从西班牙最大的保护主义环境运动组织 ADENA-WWF 接受一个环境的全球观点来

看，这是很清楚的）和绿色和平组织与本地环境运动组织的更大规模介入，在很大程度上是由于这一运动在西班牙的成功移植，以及使国际性运动适应于西班牙条件并使之成为一种具体运动的能力的改善。

环境运动组织的专业化和职业化

不断增加的通过游说活动来发挥政治影响、使用诸如环境影响评估等新政策控制工具的机会，以及应对与媒体关系的组织能力，都需要专门技术和组织的有效性。环境运动组织日益使其职员专业化并通过具有相对自主性的工作团体来组织活动。在某些情况下，这导致了环境运动组织围绕有限数量议题的职业化。所有环境运动组织领导都意识到了更加职业化的需要以及这样做的代价：

> 我们在过去十年里获得了很多接近制度的渠道。我不想让你认为我是自我满足的，但这种接近是因为我们作为压力团体的影响力……这种接近是我们必须通过使用我们借助媒体改变公众意见的能力，是我们回应和谴责的能力等来施加压力所赢得的东西。所不幸的是，这些天来，我总是不得不告诉新生态主义者，文件工作是很关键的，即使我们喜欢到乡下去。
>
> 环境已经成为一个技术问题，在70年代中期，我们更多的是被我们的心灵所驱使，但现在，议题更加专业化，并且要求技术技巧。

这个观点似乎表明了西班牙环境运动组织和运动团体内一个增加着的劳动分工和职业分化趋势，这些组织现在有一个中央的基础结构（例如新闻办公室和法律咨询处）并且自主行动；这些组织也有着对运动更大的集权控制，尽管运动依然具有真正的地方特点。正如唐纳提参照意大利的例子所指出的："运动管理者充当着支持性专家、地方团体和运动团体在最后情况下所依赖的一个中央秘书处或相互之间联系的桥梁。"[18]然而，这一趋势在西班牙迄今依然受到许多生态主义者赋予地方分支的重要性以及组织成员依然具有主导性的志愿性质的抗衡。

增加的经济资源

职业化的趋势并没有导致一个从志愿者到付酬职员的普遍转变。例外依然存在。在国家层次上，绿色和平组织和 ADENA-WWF 雇用付薪职员完成其技术工作，而在自治共同体层次上，那些拥有成千上万成员的组织通常依赖付薪职员来处理行政和技术工作。但是，环境组织的付薪成员水平仍然相当低，并且其收入来源（绿色和平除外）主要来自国家的津贴，尤其是在 90 年代。因此，走向以绿色和平为代表的组织模式的总体趋势——正如乔丹(G. Jordan)和马洛尼(W. Maloney)所描述的抗议商团[19]——并不是唯一的趋势，尽管成员增长对于这种类型组织来说几乎是最重要的。[20]环境运动组织以活动分子或者支持者的形式来扩展社会支持的困难，是西班牙环境运动面临的组织困境的核心。

总之，我强调了环境政策领域的制度化过程和环境运动的组织资源强化、运动网络的凝聚力及其政治策略与战略扩展之间的联系。这个过程蕴含着运动制度化的某种趋势（增加的常规活动、职业化和全国层次上增加的协调）。一方面，这一趋势受到了运动获得介入政体条件的影响。环境作为一个决策领域在形式上而不是实质上的制度化，使环境运动组织的介入取决于它们使冲突社会化的能力。因此，对常规行动模式的诉诸不是取代对抗性模式而是变成补充性的。另一方面，环境运动的特点尤其是它们对集权化的敏感削弱了集权化的趋势。

4. 通过制度化实现巩固的未来困境

到目前为止，笔者集中考察了政策介入对于运动巩固的影响而没有将运动和社会互动的演进考虑进去。正如在前言中所指出的那样，组织巩固被看作是增加的社会支持和增加的政体介入的混合产物。西班牙环境运动的特殊性正在于组织转型的第一个动力所发挥的有限作用。从社会中动员资源能力的不足（就金钱/成员或者活动分子而言）及其有限的实际影响水平和它们扩张其社会基础的机会之间的交换，赋予与环境运动巩固过程相关联的组织困境以特殊意义。

政策收益还是成员收益

环境运动不断增加的政治意义并没有与成员数量的增加相关联。[21]许多环境运动组织扩展其社会支持的能力因它们在其中获得政治介入的

环境而定；由此，环境运动获得政策收益和扩大它们成员的目标是矛盾的。环境运动组织举行的大多数活动只带来了很小的社会反响。游说就社会对它们活动的认可而言，几乎没有产生什么好处。环境运动进行的正式抱怨和游说活动给征募运动几乎没有带来任何资源。[22]另外，公共资金向环境运动组织的流动仍然相当有限并以具体项目或活动为取向，因而对它们基础的和社会的巩固只有很少影响。

职业化还是参与

这些活动的高度技术性质限制了环境运动组织活动中的成员介入。组织志愿工作所需要的时间与资源的缺乏意味着参与（无论通过成员还是志愿工作）总是处在短缺状态。一个地方环境运动组织的领导者证实了在职业化和参与之间的交换：

> 我们强调参与的重要性，我们是一个有较高水平行动主义的组织。然而，尽管我们付出了努力（所有信息很容易获得，所有的常规会议都对人们开放），对那些负责这些议题的人们来说很困难的是保持社团其他剩余部分的节奏，即促进参与……我们不能停止，我们没有时间培训成员，参与的欲望受到了我们培训能力的限制。

成员难题已经增加了许多环境运动组织的财政压力，而这些组织已经注意到它们（通常相当有限）的预算日益依赖公共资金。公共资金是我们所咨询的环境运动组织中只有一个除外的主要收入来源。

公共财政资助还是组织自主性

由于接受公共资助，环境运动组织具有成为一种政府机构的风险，承担着某些任务并将其注意力从其他活动转移开来。环境运动组织尤其是生态团体，似乎已通过将公共资助项目结合进其活动框架来缓和这些可能的影响。依赖公共资金的另一个后果是当设计长期战略时它所带来的限制。环境运动组织对其短期预算的不确定性阻碍着制定计划，并增加了在组织基础上（付薪职员和基础设施）投资的风险。另一个与公共资金相关的典型交换是环境运动对行政部门批判的温和化。虽然一些环境运动组织看到了一些走向制度预占的趋势，但只有一个运动组织把公共资助撤出的威胁视为其原因。

冲突的还是合作的

环境运动组织对于环境当局敌对姿态的“温和化”可能不是源自其对公共资金的依赖，而是来自与游说活动相联系的“政治方式”。在许多情况下，与当局的互动可能意味着，作为达成共识的手段将环境要求削减为一系列可以交换的项目。冲突性的互动仍然是主导性的。虽然一些团体倾向于稳定的合作关系，但激进团体的存在限制了这一过程。然而，这种冲突性互动增加了组织间冲突的可能性和环境运动内部凝聚力的弱化。从这个意义上来说，环境运动组织面临的另一个困境，来自于同时保持政治合法性和地方组织与一般公民支持的需要。某些导致高水平暴力的环境冲突的激进化，可能会破坏环境运动组织的政治认可及其作为政治对话者的合法性。

这些困境并不是西班牙环境运动所独有的，但它们的后果却在西班牙最为严重。政治机会结构演进的方式意味着，环境运动已经多少有些矛盾地能够获得政治介入并在政策领域施加影响，尽管在公民社会中的存在仍很虚弱。与北欧国家的环境运动相反，制度化的趋势没有与一段时期的成员增加相联系或者以此为先导。因此，在西班牙背景下，关键性问题在很大程度上不是如何维持草根参与和获得政策收益，而是如何保持(和延伸)政治影响与扩展社会支持。考虑到西班牙环境政策的日益显著性，核心问题是环境运动组织是否能够将它们在政策领域的存在与其社会基础的发展结合起来。换句话说，就是环境运动的巩固是只将拥有制度化作为唯一推动力还是它们也能够将制度化与不断增加的社会基础结合起来。

5. 小　结

西班牙环境运动的演化表明了基于简单化地将国家概念化为一个单一(封闭/强大或开放/虚弱)角色的政治机会分析的不充分性。在那些环境已经在法律或公共机构中被制度化和环境非政府组织对国家的介入被正式准予的地方，详细分析这一介入的条件是重要的。通过考察环境机

构(它们相对于其他国家机构的权力)的自主性,来分析环境运动组织所面临的介入(和影响)政策过程的政治机会构型是有用的。考虑到环境运动组织不但拥有资源和机会,而且以意识形态和对过去经验的评估为基础,将其视为决策的战略角色也很有必要。将这些因素考虑进去有助于我们理解环境当局和环境运动组织之间的互动性质,以及就此而言的"环境团体在政体中局内人和局外人地位相结合"的动力。

分析环境运动的组织转型也需要一种对那些解释环境运动组织介入政体因素的更加精确的理解。在西班牙个例中,制度化与政策模式和资源动员理论所暗示的情况有所不同。制度化不是一个在社会运动巩固中线性的和不可避免的潮流,本章的分析表明了制度化压力的"反复"本质和环境运动组织的某些特点(它们的意识形态、多样性和从过去运动协调经验或与国家精英互动的学习)影响这一进程的方式。运动巩固的模式不但依赖于制度化的程度,也依赖于每个事例各不相同的社会支持的类型。在西班牙,制度化的某些迹象已经在环境运动的近期发展过程中观察到,这种趋势最好通过环境政策的制度化(形式的和实质的)程度而不是决定政体开放性程度的制度特点得到解释;这样一个趋势受到了西班牙环境组织的具体特点(对地方自主性的重视和从过去运动协调经验的学习)及其以行动主义或财政支持形式从社会获取资源能力的有限增加的影响。

［注释］

[1] H. 克雷希等:《新社会运动和欧洲的政治机会》,载《欧洲政治研究学报》1992 年第 2 期;《西欧新社会运动》,明尼苏达大学出版社 1995 年版。H. 克雷希:《荷兰和平运动的政治机会结构》,载《西欧政治》1989 年第 3 期;《新社会运动的政治机会结构:对它们动员的影响》,载 J. 詹金斯和 B. 克兰德曼斯主编《社会抗议政治:国家和社会运动的比较观点》,明尼苏达大学出版社 1995 年版。S. 塔罗:《运动的力量:社会运动、集体行动和政治》,剑桥大学出版社 1994 年版。H. 基茨凯尔特:《政治机会结构和政治抗议:四个民主制中的反核运动》,载《英国政治学学报》1986 年第 1 期。

[2] 这里呈现的经验分析观点来自笔者正在进行的对西班牙环境运动的研究。它包括对全国(包括绿色和平和世界自然基金西班牙分部)和区域环境团体领导人的

采访，和从 *El Pais* 年度索引提供的1977～1983年间在"环境"分类下列出的环境抗议事件中获得的数据。

[3] 对于既存当局对议题评估的重要性及其这对社会运动动员的影响，参见 H. 克雷希等《西欧新社会运动》第4章，明尼苏达大学出版社1995年版。

[4] J. 麦卡锡和 M. 萨尔德：《资源动员和社会运动：一个初步理论》，载《美国社会学学报》1977年第6期；T. 蒂利：《从运动到革命》，雷丁阿迪生和威斯利出版社1977年版。

[5] 议会的自主角色还受到严格的政党纪律的限制。司法领域也没有逃脱政治权力分配的影响。不仅如此，所建立的直接民主机制是十分有限的。

[6] M. 迪亚尼：《绿色网络》，爱丁堡大学出版社1995年版，第15页。

[7] G. 普雷沃斯特：《欧洲背景下的西班牙和平运动》，载《西欧政治》1993年第2期，第158页。

[8] M. 冯特：《西班牙环境运动的欧洲化》，巴塞罗那自治大学博士论文，1996年，第11页。

[9] 尽管笔者集中于西班牙环境运动的总体特征或规律性，国家的非集中化特点和每一个自治共同体的具体的社会政治背景，可以发现西班牙17个自治共同体中环境运动的不同特点。尽管如此，除非将其作为一个全国性运动的一部分，很难理解这每一个运动。在某些情况下，更重大的差异来源于社会政治背景的特殊性，比如在巴斯克国，极端民族主义者遵循一种运动预占的战略。这有助于运动组织基础(导致内部分歧)的弱化和特定环境冲突的激进化(作为一个获得对民族主义议题可见性的方式)，而这又促进了运动的边缘化并限制了它们获得政策利益的能力。当然，也存在着某些对环境运动与民族主义关系的积极解释。但是，通常是涉及环境议题在区域当局中正式和实质性吸纳的差异体现着主要的变化因素。

[10] P. 罗和 J. 戈德尔：《政治中的环境团体》，伦敦乔治阿伦和乌温出版社1983年版，第65页。

[11] 只有少数环境运动组织承认这些水平方向上的冲突。因此，尽管它们也许存在，但环境运动组织很少从中受益。我们也许可以期待，环境作为一个自治政治领域的逐渐巩固将增加这些冲突的可能性和可见性。

[12] 在将动员与政治机会结构联系起来的经验研究中，整体性背景是以较低水平的动员为特征的，而有些时候几乎没有抗议活动，尽管在一个中等程度的包容性背景下所期待的是一个更持续性的活动水平。这一研究时期过于短暂因而不能精确确定动员类型的变化。然而，获得的结果允许一种与政治机会结构相一致的解释。参见 H. 克雷希等《西欧新社会运动》。

[13] 就此而言，环境组织已经扩展了它们的非常规运动技巧，不仅对准国家、也指向市场。绿色和平正在开展的阻止用特殊塑料(PVC)装矿泉水的运动已经得到25个公司停止使用这种塑料的承诺。参见 *El Pais*，1998 年 8 月 22 日。

[14] H. 克雷希：《政治背景下新社会运动的组织结构》，参见 D. 麦克亚当等主编《社会运动的比较观点》，剑桥大学出版社 1996 年版；M. 迪亚尼：《西欧环境组织的组织变化和联络风格》，欧洲政治科学研究协会(ECPR)伯尔尼第 25 届联合会议宣读论文，1997 年。

[15] R. 戴尔顿：《绿色彩虹》，耶鲁大学出版社 1994 年版。

[16] 瓦里拉斯认为，目前有大约 300 个环境运动组织活动(相比于 70 年代的 30 个)。B. 瓦里拉斯：《生态环境团体》，载 *Temas para el Debate*，1997 年第 27 期。

[17] M. 迪亚尼：《绿色网络》，第 15 页。

[18] 参见 M. 迪亚尼：《西欧环境组织的组织变化和联络风格》。

[19] G. 乔丹和 W. 马洛尼：《抗议商业：动员运动团体》，曼彻斯特大学出版社 1997 年版。

[20] 迪亚尼指出，在那些缺乏一个强大的反文化运动的国家比如意大利或法国，运动组织增长主要采取这一形式。参见 M. 迪亚尼《西欧环境组织的组织变化和联络风格》。

[21] 西班牙的环境运动组织成员水平是很低的(相当于成年人口的 1%左右)，尽管 40%的西班牙人支持环境运动组织，并且一个大致同样的比例不拒绝成为其成员。

[22] 绿色和平的招募运动一直是很引人瞩目的。它从 1984 年的1 500名支持者增加到 1996 年的72 000名。尽管它名称的可利用特征是一个明显因素，但也表明了一个作为环境运动同情者的社会阶层的存在。

（曼纽尔·吉门尼兹）

第八章　南欧地方环境团体、行动和主张

1. 地方环境动员的特点

在过去二十年里，环境运动研究已导致了关于运动如何定义、如何使之直观化以及它的未来将会如何的辩论。很多对环境运动的组织制度化以及随之而来的对政策制定过程的介入和它们对生态现代化创议支持等的研究结果认为，我们正在经历着“生态主义的终结”。另一部分人则认为，环境主义正在以对民主和传统政治领域具有直接挑战和影响的大众抗议运动的形式出现。第三种研究团组得出的结论则认为，环境运动的希望存在于草根动员团体和环境社会运动组织之间可能的合作，后者在国家内部乃至跨越边界范围内都十分活跃，目的在于向国家和超国家实体施加压力以保护环境。

一个草根环境运动是由什么组成的？草根动员一直在增加吗？在特殊类型的草根动员团体和较大的组织之间有合作吗？这些问题将通过利用来自希腊、西班牙和葡萄牙的证据予以探讨。

地方环境动员：团体、联系、行动和抗议持续期

地方环境动员很难就其数量作出估计。然而，近来的许多著述提供了与地方层次的环境难题相关联的个案研究或者抗议事件的信息。蒂利将社会运动分为三种类型：职业的、“专门性”以社区为基础的和地方自治的。[1]通过与职业的和地方自治的运动相比较，以社区为基础的运动是更加临时性的但却是长期维持更加兴旺的运动。[2]因此，一个很重要的标准

是持续期。为了把不同类型的草根环境动员区别开来[3]，本章研究开始于对团体、行动和主张的相关研究的综述，同时也考虑到持续时间的影响。

尽管环境运动的发展严重地受到它们自己行动的影响，运动在很大程度上产生于“环境机会”。对于这个领域的许多学者来说，很明显的是生态混乱的严重性并不与环境动员高度相关。尽管如此，某些关键性的环境先决条件是必要的。一些人认为，随着生态“危机”的持续，草根运动将会变得更强大。其他人则指出了强大的私人、国家或超国家利益集团占有地方自然资源以及由此导致的渐进或迅速的生态系统瓦解的过程。这些对于地方环境动员存在必须的关键性的生态先决条件不被认为是“生态危机”，而被视为地方生态边缘化过程的一部分。这个过程源自社会角色以一种改变其功能完整性的方式对生态系统的干预，并且通常导致生物过程的瓦解、地方资源基础的丧失以及广泛的社会经济、政治和公共健康风险的产生。不同于由反对工厂选址和外部环境活动日益突显所确立的公众印象，许多地方环境动员学者指出，它直接与人们关心的生活健康相关联。因此，这个理论认为，生态边缘化越深入，地方环境动员的增加就越可能，尤其是就那些可持续的例子而言。

地方争议政治研究也使对抗议者的组织和网络化形式及其集体行动和主张技巧的考察成为必要。草根环境抗议的研究者将这种动员视为与社区层次密切相连。[4]反对有毒物质的运动对被污染的社区表示了关注。参加对不受欢迎的土地使用大众抗议的团体“不要在我后院”(NIMBY)、“不要在我们的后院”(NIOBY)或“不要在任何人的后院”(NIABY)，求助于候选人社区。最后，公民—工人的环境斗争与社区层次团体相联系。近来的社区社会学也指出了草根环境行动主义和社区间的内在关系。这种关系包括从暴露于有毒物质的消极社会和心理影响到在使环境议题框架化中市镇边界的重要性。

在这些研究中提到的参与性团体类型代表了一个广泛范围的以社区为基础的或大众性团体——居民、邻居、公民、土著人、本地人、工人、地方环境社团、学校或者附属教堂的团体、母亲或者其他妇女团体，以及较低程度上的地方政府、地方专业人员和地方政党代表。这个领域的著述表明，这些志愿团体的环境行动主义的相当一部分难以持续。可以认为，可持续地方环境动员的能力部分是由它们对来自全国和区域环境组织的科学与政治资源的接近而决定的。当地方联系被超越和“全球”与地方间的联系得以建立时，这保证了更有效的环境保护。尽管如此，环境非政府组织与地方环境竞争者间的关系并非一直都是积极的。因此，超越社区层次上草根环境行动主义而扩展的网络看起来是有限的。大多数这种网络是自治性的。

因为动员者的要求依然没有得到回应，持续的地方环境抵抗一直以抗议活动的增加和激化为特征。这通常开始于使公共官员或冒犯者停止制造和(或)清除难题的努力。消极或者中性的反应导致了法律诉讼、媒体的公开化和其他解决这些议题的制度性方式。同时，或者在稍后阶段，取决于被挑战团体作出的回应，运动开始采取更加争议性的行动诸如示威、地点占领、地点阻塞和罢工。因此，环境动员的持续期与介入行动的数量和种类紧密关联。

框架化环境议题的重要性得到了大多数地方环境行动主义学者的重视。[5]在持续抵抗的情况下，运动的主张将会激化并且会作为对对手反应的回应而发生剧烈变化。这与不持续的例子所要求的主张形成了对比。这样的例子通常较不激烈，并且在它们的渗透和影响方面较弱。比如，这些活动可能会以暂时性的解决办法为目标。议题扩展也是持续抵抗案例的特征，因为有时它们支持的改革将会导致经济和社会中的重要变化。

基于上述分析和为了当前目的，一个综合讨论草根环境主义的适当方式，是把有些人所命名的呈现为一种环境行动主义形式的不满和以社区为基础的环境运动区别开来。通过使用持续期作为一个主要标准，**地方环境动员**可以分为短期的**草根环境行动主义**和长期的**以社区为基础的环境运动**。等同于社区为基础的或地方环境运动的持续性动员可能被称为是“专门性的”，这不仅仅是就时间而言，而且因为它们通常作为对一个单一紧迫议题的回应而兴起。与草根环境行动主义不同，以社区为基础的环境运动以网络建设、行动升级和主张框架化的强化为特征。

研究方式

对于草根环境行动的研究方式存在定性和定量之分。采用量化或者**个案研究**方式的研究者，集中于一个或一些地方争议的例子。这些研究者采纳了一个区域的、全国的或者跨国的取向。随着研究数量的增加，研究侧重点从对一个案例议题的深入分析转到对一个议题的很多案例或者一系列选择性议题诸如环境正义、生态民粹主义、有毒物殖民主义或大众抵抗等的分析。因此，考虑到个案研究方式的性质，草根动员团体的类型、环境难题及其所挑战团体的范围仍然是有限的。将环境运动当作一个整体讨论的定性工作，提供了一个更加普遍性的地方环境争议团体的应对方法。

定量方法的研究者通过在区域、全国或者跨国层次上的草根和环境组织而考察了环境行动主义，因此讨论了更广泛的环境难题和活动主义议题。**抗议事件**分析是一项被广为采用的方法，其他人通过采访活动分子和范围广泛的团体与组织成员而收集资料。

2. 范围和研究方法

这一研究集中于持续期对希腊、西班牙和葡萄牙地方环境动员可持续性的影响，利用了来自抗议案例分析的资料——一个替代性的内容分析方法。这项研究的目标是三重意义上的。

首先，它揭示了短期草根环境行动主义和以社区为基础的环境运动之间的相同和不同之处，包括这些运动的社区—团体形象、网络、行动和它们应对环境退化的来源、造成的破坏以及更广泛的社会经济与政治影响（与其关于生态边缘化的观点相关）的主张技巧。在此基础上，本章讨论如下这些问题：按比例而言不持续的环境行动主义案例要比地方环境运动的例子更多吗？可持续案例的参与者是否反映了他们对外部环境比那些只是有限参与抗议的人们具有更深的关切？他们是否暴露于更加具有渗透性的影响？网络延伸和激烈的抗议活动更多的是可持续的地方环境运动的特征吗？排他性的社区团体参与是否更多的是不持续的地方环境活动主义的特点？

其次，这项研究提供了关于地方环境动员的、三个国家间地方环境行动主义和运动比较的数据，讨论了它们对有关南欧环境运动争论的意义。希腊、西班牙和葡萄牙的环境主义关切在社区水平上更可能是以一种争论的方式而不是社团的方式得到表达？就其特点或历时性变化而言，是否存在明显的国家间差别以及哪些是决定这些差异的因素？

最后，这项研究与关于环境运动未来的更广泛的争论相联系，以便精确地表明如何确定持续和不持续的地方环境动员在这场争论中的位置。它也指出了对那些地方环境动员至今没有得到系统研究的其他欧洲和非欧洲国家与区域的含义。

这项研究的基本方法是把对环境抗议的定性和定量分析结合起来。它的分析单位是**抗议案例**。与抗议事件方法不同，抗议案例分析汇集了五个系列资料的信息：地点、事件、团体、时间和议题主张。[6]每一个案例代表了集体事件，其中来自一个具体地理区域的五个或者更多人——不包括全国政府成员——表达了批评、抗议或抵抗，提出了改善他们的健康、自然环境或经济地位的要求，而这些要求一旦得以实现，将会在某一特定时期影响到超过他们自身范围以外的一些人或团体的利益。

蒂利对争议性集会的定义被扩展到包括那些向权威机构提出程序化的不满[7]，但可能不一定继续以其他的大众抗议形式参与的活动。案例包括了争议性的地方创议，其中地方团体要么独立行动，要么与政党代表、非地方环境组织或者地方当局合作。[8]在这一定义下，这些针对具体威胁的地方环境动员通常是一个社区（村庄、镇或城市街区）或一系列社区（村庄、岛屿或者一批街区）、城市或乡村的；它们可以动员一次或多次。这些争议性集会包括正式提出要求、请愿、召开会议、示威、抵制、罢工、威胁、集体暴力和其他形式的行动。这些行动通过一系列虽然随时间发生变化、但都与一个具体的争议对象和竞争对手直接相关的要求而联系起来。

内容分析数据涵盖从各自的独裁期结束到 1994 年间希腊、葡萄牙和西班牙的草根环境行动及其可持续发展过程。相关文献从每一期主要全国性报纸获得，包括 *Eleftherotypia*（希腊）、*El Pais*（西班牙）、*Jornal de Noticias* 和 *Publico*（葡萄牙）以及同期的生态学杂志包括 *Oikologia and*

Perivallon(希腊)、*Integral Quercus*(西班牙)和 *AAVV-Forum Ambiente*(葡萄牙)。[9]大约 80%的文章来自全国性报纸。除了主要发行版面(包括星期天)的所有部分,所有报纸也参考了主要版面的增刊。[10]所有记述被集中起来后,在最终选择标准得到应用之前[11],被整理成地点文档以及由事件组成的案例——这三个国家总计1 813篇文章被排除。大约 4 500 个地方环境动员的案例被从共计 15 032 篇文章中组织出来。[12]1 322 个希腊案例通过使用 2 940 篇文章组织出来,2 447 个西班牙案例用了 10 874 篇文章,而 550 个葡萄牙案例用了 1 992 篇文章。为了当前的目的,2 704 个抗议案例得到了分析,分别代表了希腊和葡萄牙的人口以及西班牙的一个分层样本。[13]

3. 希腊、葡萄牙和西班牙的环境运动

越来越多的证据表明,欧盟非核心国家的公民要比核心国家的公民更加关心环境,特别是就健康议题而言。尤其是在 90 年代,对环境议题的关切在地中海欧洲的公民和环境组织中间不断增加。

自 60 年代以来,地中海国家已经从传统社会转变到消费取向的现代社会。在过去的十年里,研究已经标明了多种形式污染的存在及其严重性和对南欧国家公众健康的影响。然而,虽然环境在南欧也像在北欧一样成为常见的话题和议题,但环境运动发展的道路却很不相同。鉴于地中海欧洲的历史、政治、社会经济和文化背景,与环境相关的运动证实了一系列不同的特点、难题和理论议题。对西班牙、葡萄牙和希腊来说,长期独裁政权的结束伴随着社会主义政党在 70 年代和 80 年代的主宰地位以及民主社会的巩固。

尽管希腊和西班牙以及较少程度上葡萄牙的社会在过去二十年中以强烈的非常规政治参与为特征,对作为其政治文化组成部分的社会运动研究的增加也只是近些年来的事情。妇女和环境运动等特别是在独裁结束后兴起的新社会运动,在 80 年代后期才得到研究。

希腊、西班牙和葡萄牙的环境运动之间迄今还没有作过系统的比较。尽管如此,对过去十年里研究状况的考察确实揭示了在三个国家中存在的一些相同和不同点。特别是对西班牙和希腊以及较低程度上对葡萄牙

而言，环境运动被视为由大规模环境组织和地方环境团体组成。大多数学者强调了前者的软弱特征和较晚出现和后者的激烈但却影响有限的特点，但没有人细致深入地考察不同类型的地方环境动员。

环境组织

在90年代后半期，与环境相关的组织在西班牙达到了1 394个，希腊为195个，葡萄牙为140个。然而，虽然在后独裁时期出现了一个很明显的组织数量的增加，这些运动与它们在其他欧洲国家的同伴相比被认为是弱小的。在一项对四个北欧国家和一个南欧国家新社会运动的系统比较中，西班牙显示出具有最高水平的非常规动员、最低水平的人均加入社团比例和“生态运动”中最低数量的参与者。与军事政权下有限政治机会相关的不发达社团文化以及更广泛的历史背景，被认为是阻碍希腊、西班牙和葡萄牙出现一个更强大运动的原因。另外一个障碍是有些人认为的资金有限导致的虚弱组织基础。

南欧环境运动的弱小也被归因于其他的政治文化的非结构性特征，比如公众的环境意识或关切以及环境信奉。一些观察家强调，虽然更高水平的关切确实存在，但它们并没有伴随高水平的环境信奉。其他人则强调成为后独裁时期特征的总体上低水平的环境意识以及人们的个人主义、物质主义、“国家主义”和庇护主义价值观。

还有一些人强调与经济背景相关的因素，尽管这更多的是针对希腊和葡萄牙而言。低强度的后工业化、城市化以及对经济发展的更大要求，没有给建立一个强大的运动提供必要的物质条件。西班牙核设施的存在导致那里发生了一个更强大的反核运动。

运动发展中的其他重要因素包括在这些社会欧洲化过程中国际政治机会结构发生的明显变化，以及以北方国家为基础的环境组织的强力存在。

地方环境动员

在关于南欧地方环境动员的较少著述中，有些谈到了甚至发生在军事独裁时期的抵抗案例。这些包括70年代初西班牙城市中那些属于街

区运动的一部分，寻求对城市难题诸如水污染、下水道、废物处理、公园保护和树木成行街道保护以及一般环境保护的解决方案。其他人考察了针对政府推动的破坏环境工业项目的地方抗议案例。

在军事政权结束之后，以“单一议题”为特征的地方环境动员被描述为在希腊、西班牙和葡萄牙形成了一个强大但却很分散的存在。因为它们主要以单一个案例形式出现，所以我们不太清楚这些研究的总体框架如何以及这些动员的广泛程度。这给我们留下很多思考的空间。这些动员被一些人视为基于社区的和争议性的，其他人则认为它们是依赖网络和利益取向的。随着各种全国项目由于地方抗议而被取消，具体冲突的严重性和激烈性在90年代早期显现出来。

与其他形式的行动主义相反，环境草根抗议并不直接与政党相关。它借助在这些国家中早已存在的比政党更加非正式（未必一定是社团的）的结构，即通过基于社区的团体得以表达。

希腊、西班牙和葡萄牙地方环境动员行动的潮流

通过对三国各一份全国性报纸的统计，图8.1提供了希腊 *Eleftherotypia*、西班牙 *El Pais* 和葡萄牙 *Jornal de Noticias* 等报刊报道的过去二十年中国家层次上持续和不持续性草根环境动员的标准化数据。[14] 在考虑到每一个国家内的居民数量之后，数据显示了这些动员之间的相同和不同点。对此的合理解释要求预先考虑到政治、经济和方法因素。首先，一个总体性增加在二十年间是清晰可见的。数量增加对葡萄牙和西班牙来说比希腊更为明显，特别是自80年后期和90年代早期以来。另外，环境动员中抗议行动的顶点和数量对三个国家来说是不同的，直到1990年希腊领先，西班牙和葡萄牙随后，此后至1994年，葡萄牙持续超越西班牙。

对于三个国家中环境行动数量的不同顶点，如果我们忽略每一个国家中的第一次选举（以及葡萄牙的第二次），草根环境动员的数量增加——在希腊的例子中是剧烈地——恰恰发生在选举年前。[15] 这对西班牙和希腊（对于二者的所有五个选举年）来说要比葡萄牙（对于它七个之中的五个选举年）发生得更为经常，这显示了每个国家政治机会结构的部分影响。

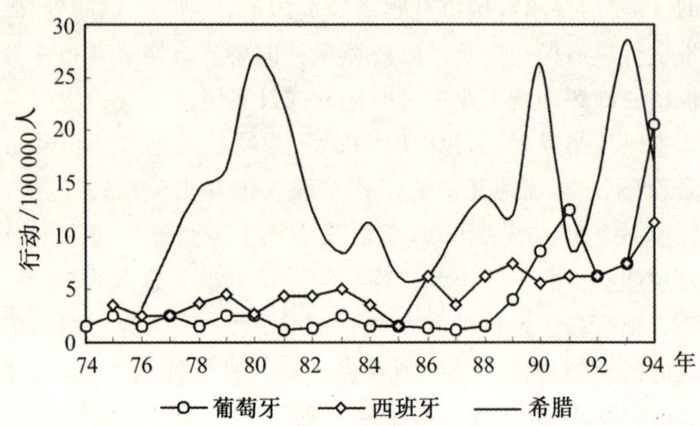

图 8.1　每 10 万人参与行动的数量(1974～1994)

虽然前文可能已经提供了对环境行动盛衰的看法，但它没有对 70 年代到 90 年代行动显著增加提供充分的解释。这可以归因于环境意识的普遍增加和三个国家间环境报道的增加。它也可以归因于外部环境的影响，诸如各种社会角色在二十年中对生态系统干预的增加，导致了在地方层次上能感受到的多种消极影响。考虑到这些干预对健康、生态系统和经济的直接影响，这种生态边缘化效果对地方社区来说尤其重要。

在后独裁时期的第一阶段，三个国家环境抗议案例行动的增加主要是那些反对核设施、军事基地、污水难题和工业污染等活动。然而，尽管其取向大致相同，行动的数量对希腊来说明显要多。这也许在很大程度上应归因于被选择的全国报纸所作的更完善报道。*Eleftherotypia* 在后独裁时期对环境议题报道比任何其他希腊报纸都做得好，虽然它报道的对象是一个与 *El Pais* 报道对象相比要小得多的国家。虽然就被报道的议题而言可以进行比较，但鉴于国家间的规模差异，*El Pais* 在西班牙不能够像 *Eleftherotypia* 在希腊那样充分报道草根环境行动。为了更好地理解这些行动背后的动力机制，必须考察行动参加者的数量。可以预期，那些数字对西班牙来说应该更高，而希腊和葡萄牙随后。

Jornal de Noticias 没有像 *Eleftherotypia* 在希腊那样提供对葡萄牙的充分报道。因而，为了解释对两个国家来说不同的曲线，报纸以外的其

他因素也必须加以分析。虽然人口和规模相似，希腊和葡萄牙就在各自国家采取的相关行动来说显得极为不同。在被涵盖的那段时期内，大众环境意识也存在着差异。一个与此相关的证据是，希腊第一份与环境相关的杂志出现在 1982 年，而且第二份随后出现在 1984 年，但在葡萄牙，第一份这样的杂志出现在 1994 年。自 80 年代后期以来，葡萄牙抗议行动的增长变得接近于希腊的高峰。尽管如此，要解释二十年间两个国家中环境行动的差异，必须重视结构以及文化性因素。

图 8.1 也表明了在 80 年代中期三个国家尤其是希腊中环境行动数量的下降。一个对此的合理解释是，这与这些国家的经济形势相关。正是在这时，希腊经济尤其与其他欧共体国家相比是最成问题的，而此时西班牙正在尝试从前些年的转型困难中恢复过来。直到 80 年代中期，葡萄牙政府的不稳定成为经济改善的一个障碍，而这后来在一个严格的国际货币基金协调计划的帮助和大量投资涌入的情况下得以实现。

4. 持续的和不持续的地方环境动员

根据蒂利的界定，长时间持续的并且以网络建设强化、行动升级和主张框架化为特征的**地方环境动员**，可以认为是一个符合以社区为基础的环境运动。而那些不持续的并且不具有这些特点的动员被认为是**环境行动主义**，它通常不导致持续的抗议。

这里使用的主要标准是个案持续期，以此来决定一个环境抗议个例是否具有以社区为基础运动的特征。那些持续了一年或者更久的草根环境抗议个例在这里被认为是持续性抵抗。[16]这一区分可以认为是最适合的，因为这些个例中的动员者有足够长的时间来继续强化其行动、网络和提出要求。在 2 704 个例中，三分之一达到了这个标准。持续的抵抗也意味着更充分的媒体报道。[17]

图 8.2 描绘了二十年间三个国家持续和不持续的地方环境动员活动。[18]除了 80 年代中期一段下降外，两种形式的抗议直到 1994 年都增加了。那时，长期持续行动急剧增加，意味着正在增加的动员强度。动员行动的数量对两种类型的个例来说是不同的。后独裁时期到 90 年代早期，草根环境行动主义比社区为基础的环境运动显得更为强大。1994 年的行

动表明，这个模式在未来可能难以维持。这一发现可以解释为对南欧环境关切和组织中赞成环境态度和行为增长的观点提供了支持。然而，需要做更多研究来分析这些增长趋势，它们更多地与结构和文化的因素相联系。下文中的表格提供了与这些趋势相联系的团体、行动和主张的总体状况。

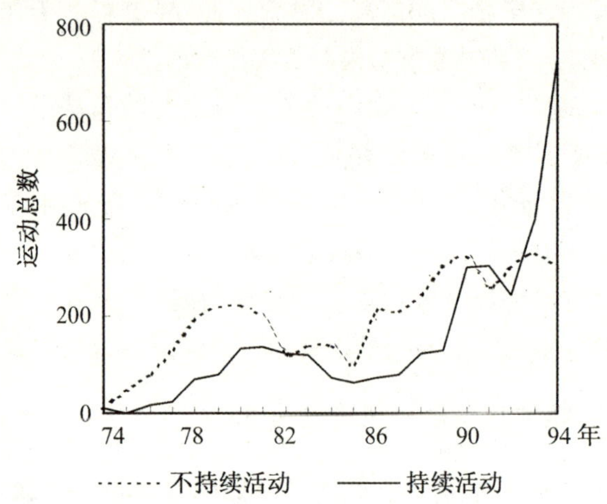

图 8.2　依据个例持续性的行动数量(1974～1994)

动员者的特点、联系和行动

参与者的一组重要特点是与社区相关。差异出现在每个类型抗议个例介入的社区数量。参与一个社区以上的个例出现在 1/3 的持续性抗议个例以及 16%的非持续个例中。社区根据参与者的市镇边界、街区或者相邻市镇的居民小区的结合加以编码[19]，尤其是在城市地区。在持续和不持续的抵抗个例中，城市人口居于带头地位(在这两种类型中约一半)，农村人口随后(在这两者中都少于三分之一)。与其他抗议个例的关联[20]，在前者中(22%)要比后者中(9%)更为明显。这意味着可能的合作，或者相反，那些发生在亚区域、区域或全国层次上的参与团体之间强烈的地方冲突形势下的对抗。

参与或支持地方环境行动主义的最主要团体列在了表 8.1 中。尽管

某一地域的居民在这两种类型个例中都是最经常得到报道的参与者或支持者,但对于持续个例涉及的居民来说,参与地方环境团体和政党的更为经常。其他没有积极介入的地方参与者或支持团体,包括工会、猎人、地方专业人员、地方活动俱乐部、合作社、地方法院、父母或教师协会、学生、妇女、教会附属团体、艺术家等等。这个发现与那些世界其他地区类似研究的结果是一致的。这些研究表明,强大的基于社区的环境表现活跃的志愿者团体中,大多数来自经常与市镇或街区边界紧密相联的非正式网络。以更强大的地方网络扩展为特征的持续个例,从非地方环境运动组织获得了更多的支持(15.2%的个例对 5.8%的非持续个例)。

表 8.1 依据个例持续性的地方和非地方的参与和支持者群体(%)*

团 体	少于 1 年	多于 1 年	总计
地方居民/公民/邻居	67.2	80.2	71.5
地方政党代表	8.4	23.4	13.4
地方环境团体	24.9	32.3	27.2
非地方环境非政府组织	5.8	15.2	8.9
总计	(1 812)	(892)	(2 704)

* 百分比是在被编码为两极化变量(是或否)的每一类型的个例持续期内来计算的,因而百分数相加不等于 100。下同。

表 8.2 提供了关于环境非政府组织支持或被请求支援地方参与者的信息。依据印刷媒体,只有 97 例(在总共 2704 个中)是动员者要求的环境非政府组织的援助。其中大约三分之二是持续性抗议的个例,三分之一是不持续的。全国组织更多是在短期个例中(93.6%对 69.4%的长期个例)介入。国际环境非政府组织在 30.4%的持续个例中被接近。这个模式也体现在地方动员者与这些组织一起完成的行动协调中(比如,有意识的时间安排或者同步)。在超过半数的持续性个例中存在协调行动,但非持续性个例中只有 10%。因此,对少数个例来说,这些发现提供了近来研究中得到重视的以社区为基础和职业化组织之间重要关系的证据。

表 8.2　依据个例持续性的被接近环境非政府组织的特征(%)

特　征	少于1年	多于1年	总计
起源国家			
没有信息	—	1.5	1.5
希腊	12.9	13.6	13.4
西班牙	38.7	42.4	41.2
葡萄牙	41.9	12.1	21.6
北欧、美国和加拿大	6.4	30.3	22.7
总计	(31)	(66)	(97)
行动协调	9.7	51.5	38.1
总计	(31)	(66)	(97)
环境非政府组织回应			
没有具体信息	21.9	13.0	16.3
动员者认可	31.3	35.2	33.7
技术援助	15.6	25.9	22.1
组织援助	25.0	16.7	19.8
公开性援助	3.1	1.9	2.3
总计	(32)	(54)	(86)

对动员者的认可同样地发生在两种类型个例中。然而，可以看到二者在提供援助方面的某些温和差异。更多的技术援助流向持续的团体，而更多的组织帮助流向非持续团体。

这两种个例中使用的不同行动形式在表 8.3 中得到描述，它说明了从最不具有干扰性到最暴力的形式的多样性。如同预期的那样，对持续性个例来说，每种行动形式的出现频率要更高，而在最激烈的抗议活动中存在着明显不同。对这些个例来说最普遍的形式是：对当局的抱怨、示威、新闻发布会、请愿、法律途径和阻塞行动。相比之下，非持续个例的最主要行动较不激烈：通过新闻的一般要求、对权威机构的抱怨、新闻会议、示威和请愿。相应地，持续期与争议行动中的激烈程度有密切的联系，动员者通过这些行动努力公开化他们的要求并且创造压力以实现目标。但应该看到，这个表格中的数据表明，甚至临时性的抵抗与非常规政治动员比如示威和阻塞一起达到顶峰，尽管只是在少量个例中。

虽然表8.3没有表明每个个例所采取的历时性行动，一般来说可以发现的是，持续性个例的参与者最先努力说服公共官员和冒犯者来应对难题。当遭遇冷漠或消极回应时，动员者采取更加激进和直接的行动。尽管如此，暴力的发生在两者之中都很少见，对后者而言明显如此。这些趋势与类似研究中的发现是一致的。

表8.3　依据个例持续性的行动(%)

行动形式	少于1年	多于1年	总计
要求/主张	71.7	78.5	74.0
向当局抱怨	56.8	78.0	63.7
新闻发布会	26.3	37.7	30.0
签名	17.6	33.2	22.7
诉诸法院	7.6	22.9	12.7
公决	0.5	2.2	1.1
游行/大众抗议	20.2	39.2	26.5
占领公共建筑	1.7	7.8	3.8
罢工/关闭商店	1.4	4.6	2.5
活动/资源阻断	8.1	15.9	10.7
道路阻断/静坐	4.7	12.7	7.3
饥饿罢工	0.3	1.8	0.8
威胁使用武力	1.4	3.1	1.9
破坏财产	1.3	5.6	2.7
扔弃东西	1.0	3.1	1.7
无意伤害	0.2	2.9	1.1
有意伤害	0.4	1.2	0.7
死亡	0.1	0.6	0.2
暴力	5.5	13.0	8.0
总计	(1 812)	(892)	(2 704)

动员者的要求

地方斗争者组织行动并且通过诉诸于生态边缘化的过程提出要求，比如生态系统的使用者、被这些使用者控制的对象、由此造成的冒犯以及由于这些冒犯产生的影响。例如，当地人可能对一个对象及其运营者（工厂主）或者无为行动（未能落实）进行谴责，或者，他们可能只是提出关于生态系统破坏（城市的空气污染）的要求而不一定要将有关难题直接联系到具体的环境破坏者。

表 8.4 提供了动员者对导致环境难题的主要来源或无为行动的观点。[21]虽然对于环境难题来源的 84 个类别的信息都可以得到，表 8.4 只列举了通过个例持续期比较得到的具有最高频率的那些信息。因此，在表格的前半部分呈现的来源对于持续期短的个例来说更为普遍。在表 8.4 的后半部分列举了更多是与持续性的抵抗相关联的来源或无为活动。数据显示，不同类型的主要来源在两种类型个例中都很重要。

修建建筑物、陆上运输、绿色地区、水供应基础设施和未能执行环境保护法，是持续性较短个例的动员者最重要的对象。相反，未处理废物的处理/储存、军事设施、农业基建、石化生产设施、核能和矿物燃料能量装置以及环境法律和政策的缺乏，被持续性个例的动员者确认为更加重要的对象。因此，证据表明了一个明显不同的关切，它与不同类型的主要来源并因而与生态边缘化的不同经历相关。在这些经历随后的框架化中存在一个明显的差异，正如那些持续期较短的个例所表明的，导致难题的无为行动是法律落实的失败，而在持续个例中，活动分子更加激进地声称这是由于缺乏环境保护政策。

表 8.4 依据个例持续性的影响环境的选择性主要对象(%)

少于 1 年个例的主要来源	少于 1 年	多于 1 年	总计
狩猎	2.2	1.0	1.8
水开采	1.6	0.8	1.4
土地交通	3.1	1.2	2.4
建筑	7.9	4.5	6.8
公园、绿地建筑	3.2	2.2	2.9
缺乏或不当计划	2.1	1.3	1.8
水供应设施	2.9	1.6	2.4
其他建筑	2.5	1.7	2.3
法律不落实	2.3	1.2	2.0
多于 1 年个例中的主要来源			
农业设施	1.4	3.3	2.0
化学物及相关产品	1.6	2.9	2.1
水泥及相关产品	1.2	1.7	1.4
军事设施及活动	2.4	3.3	2.7
未处理的有毒废弃物	1.3	2.5	1.7
有毒或工业废弃物储藏	1.2	2.0	1.4
未处理的无毒废弃物	3.1	4.2	3.4
核能设施	1.6	2.8	2.0
化石燃料能源设施	1.4	2.7	1.8
缺乏环境政策或法律	1.9	2.5	2.1
总计	(1 799)	(890)	(2 689)

在两种类型的个例中，动员者将来源看成直接或间接地被那些其更经常提出挑战的多种国家机构、企业或地方政府团体所控制。就主要来源的类型而言，它们几乎不存在差异。在超过半数的持续和不持续个例中，提出的是与曝光相关的要求。少于三分之一的个例组织是对项目选址的抵

抗——这些未能被草根环境主义的个案研究方法所揭示。地方环境行动主义经常与反对选址计划的“不要在我后院”行动或者毒物曝光相联系。依据这些发现，斗争者在多数情况下发动了一个在他们社区对曝光经历的预期或质疑的影响所进行的防御性抵抗。

表8.5呈现了由确认的对象所造成的环境破坏。根据动员者的看法，破坏的总体强度在持续性抵抗个例中要更高。一个对两者都很经常被提到的破坏是地方生态系统的破坏。然而，持续个例的动员者更经常地关注大气、水和土壤污染的破坏。这些动员者似乎更加消息灵通并且应对更长持续期的难题，虽然他们确认的对象往往也对地方生态系统有更普遍影响。

表8.5　　依据个例持续性的环境损害(%)

损　害	少于1年	多于1年	总计
噪音污染	11.0	18.3	13.4
空气污染	30.1	43.0	34.3
水稀缺/短缺	7.3	10.4	8.3
水污染	20.5	34.8	25.2
沿海污染	5.5	8.4	6.5
海洋污染	5.4	9.4	6.7
土壤污染	11.8	22.6	15.3
土壤侵蚀	4.4	9.0	5.9
地方生态破坏	66.5	64.6	65.7
总计	(1 812)	(892)	(2 704)

这些破坏产生的广泛影响在表8.6中得以展现。两种类型个例的动员者都确定了一个侵害着他们日常生活的、相互交织的生态系统、健康和经济后果。然而，依据在环境损害中发现的类型，持续性抗议个例中的集体要求更多的是关于生态系统、健康、经济和心理影响。最严重的影响——“生命本身受到威胁或者严重危险”——很可能在抗议得以持续的个例中被提出。

表 8.6　　　　依据个例持续性的环境损害的影响(%)

影　响	少于 1 年	多于 1 年	总计
否定性审美	26.4	23.9	25.5
否定性娱乐	17.9	17.8	17.8
否定性建筑环境	3.8	5.8	4.4
否定性经济	5.4	9.0	6.5
减少收入	11.9	20.5	14.7
威胁经济补贴	9.5	20.1	13.0
动物/农作物破坏	9.9	20.0	13.2
否定性生态系统:森林	11.5	13.1	12.0
湿地	3.8	6.3	4.7
土地	14.6	27.7	18.9
淡水	24.1	37.8	28.6
沿海区	9.1	11.9	10.0
海洋生态	6.6	10.1	7.7
空气	27.2	41.0	31.6
地方生态	3.7	25.7	30.9
动植物威胁	7.6	29.1	21.4
城市绿地	12.0	9.4	11.2
否定性心理	8.9	17.0	11.6
健康:少数事故	4.2	7.1	5.2
健康:期待/怀疑的	29.0	34.8	30.8
健康:很多事故	2.3	8.6	4.2
生活:严重威胁的	15.6	25.4	18.8
总计	(1 812)	(892)	(2 704)

5. 小 结

上述对地方环境动员的分析探讨了它的持续性(就个例持续期而言)、它的南欧特征、它对物质环境的主张、它的基本关注方式和更广泛的对环境运动未来的争论。

抗议个例方法将社区相关的动员区分为地方环境行动主义和地方环境运动。在个例持续期的基础上，本章阐明了这两种运动的相同点和不同点，内容包括参与性团体(包括它们与外部网络联系)采取的行动和关注环境退化的来源、造成的破坏，以及作为相关冲突源泉的更广泛社会经济和环境影响的主张技巧。研究表明，尽管有着就比例而言更多的环境行动主义个例，三个国家的地方环境动员还是发生了明显的总量增加。在这些发现的基础上，地方环境运动是持续的基于社区的动员，以网络扩展、激烈的抗议活动以及承受着更普遍的影响和对外部环境的更深刻关切为特征。因此，数据支持蒂利以社区为基础的运动分类和对这些议题使用个案研究方法得出的类似发现的环境社会学研究。

对希腊、西班牙和葡萄牙来说，抗议个例分析提供了需要重新思考当前关于南欧环境运动争论的证据。首先，虽然这三个国家中的社团文化往往是“薄弱”的，但强大的社区和抗议文化确实存在。因此，环境运动不应该等同于正式的环境非政府组织，也应该在草根层次上得到考虑。本章的研究指出了草根动员的意义，不仅就它们比预期更强大的存在而言，而且就它们的信奉和意识水平而言。尽管相互间存在差异的事实，尤其是个例的持续期，证据还是证实了基层动员在后独裁时期的增长。本章还描述了两种类型个例的防御性和与曝光相关的特征，这些迄今为止被忽视了。导致三个国家运动后发展的经济因素和相关的生态边缘化效果，看起来也在经济困难时期阻碍着地方环境抗议，如在80年代中期。这一点还需要进一步的研究。因此，除了政治机会结构，其重要性对于运动在后独裁时期的增长以及在全国选举年前达到抗议高峰都是明显的，经济机会结构也必须被考虑。最后一个因素是文化因素，为了更清楚地说明为什么会出现明显的国家差异，文化也必须被考察。另外，还存在着与以北方为基础的环境非政府组织相关的欧洲化影响以及这些外部联系

重要性的证据，尤其对持续性个例而言。

这项研究通过动员者的主张表明，尽管“生态**危机**”还没有到来，生态边缘化似乎在二十年间在三个国家中都逐步增加。生态边缘化提供了一个间接影响的背景，这部分地促进了与早期相比与更加普遍的同环境难题相关的、以社区为基础的环境运动数量的增加。

就环境运动定义和未来更广泛的争论而言，本章的发现对于那些将环境运动视为专业环境组织来考虑运动的多样性、但不认为非专业行动的作用无关紧要的人们来说有吸引力。草根抗议是非制度化的。在对活动分子和他们的社区有直接影响的严峻难题上，草根抗议以一种很直接和对抗性的方式将强大的团体确定为目标。

然而，很难像某些人所认为的那样轻易对这些抗议的未来表示乐观。现有的数据提出了需要进一步深入研究的关键性问题：为什么三分之二的环境动员不能持续？哪些持续性行动实现了它们的目标？什么因素导致一个成功的环境动员？大众抗议运动的成功只能被谨慎地考虑。

许多人认为，一旦建立了从地方到全球层次的联系，有效的环境保护就有更多希望。本章的证据为他们的这些观点提供了支持。这依然是对我们时代不同环境运动的一个主要挑战。

［注释］

[1] C. 蒂利：《作为历史特殊的政治表现群体的社会运动》，载《柏克利社会学学报》1994 年第 38 期。

[2] 这三种社会运动充分体现在跨国文化的环境运动中。拥有大量财政捐献，但较低程度地遵从支持者的职业化环境社会运动组织，有着比其他类型运动更长的历史，而且有时由于其高度官僚化的风格而不像一个社会运动。典型的例子是保护与保持性协会。地方自治的环境主义者是那些有着意识形态信奉的并且致力于绿色集体身份建设的绿色活动分子、深生态主义者或政治生态主义者。运动参与者无论采取直接或间接行动，都一般要求掌权者采取措施来解决问题。这种界定与其他环境社会学家所做的环境运动分类相似。在这一定义下，选举竞争被排除在外，因为政党不挑战制度，而是在其中运作。参见：C. 汉弗莱和 H. 巴特尔《环境、能源和社会》，贝尔芒特韦德沃斯出版社 1982 年版；K. 古尔德等《使无能合法化：现代环境运动得不偿失的胜利》，载《社会学季刊》1993 年第 3 期；R. 敦尔拉普

和 A. 梅尔蒂格《美国环境运动从 1970 年到 1990 年的演变：概述》，载 R. 敦尔拉普和 A. 梅尔蒂格主编《美国环境主义：1970～1990 年的美国环境运动》，费城泰勒和弗朗希斯出版社 1992 年版。

[3] 草根、基层和以社区为基础的，在本章研究过程中是互换使用的。

[4] 依据弗洛登堡和斯泰因萨佩尔的看法，地方社区团体构成草根环境主义的基础，它在美国发展成为三个相互交叉但各不相同的组织层次：社区为基础的团体、区域或州范围的联盟和全国组织。N. 弗洛登堡和 C. 斯泰因萨佩尔：《不要在我们的后院：基层环境主义运动》，载《社会和自然资源》1991 年第 3 期。

[5] 中间动员角色提供了解释事件以便实现不同地方团体文化一体化的总体框架。

[6] 如果数量没有在文章中被精确提及，编码者应用估计参与者数量的规则。

[7] C. 蒂利：《从动员到革命》，雷丁阿迪生—威斯利出版社 1978 年版。

[8] M. 考西斯：《抗议个例分析：研究地方环境动员的方法论问题》，密歇根大学社会组织研究中心《进展中论文》1998 年第 570 期。

[9] 葡萄牙研究小组选择了涵盖这些事件的 *Jornal de Noticias* 这一最老的、独立和可靠的报纸，但考虑它主要集中于中北部地区，又选择了最早发行于 1990 年但同时涵盖全国和区域事件的 *Publico* 作为补充。葡萄牙环境杂志最早发行于 1994 年。

[10] 在西班牙，瓦伦西亚、安达路西亚、卡塔罗尼亚等地的补充版开始于 1986 年。对于葡萄牙来说，也阅读了 *Publico* 的两个区域性补充版。但对于卡塔罗尼亚来说，1982～1985 年的补充版因为缺少时间和资金而被排斥。

[11] 如下的选择标准在三个国家中被统一使用：多于或等于 5 个人（或他们的代表）的动员地方难题的地方团体；应对与环境议题相关的或纯粹环境议题的经济或健康议题的地方难题；地方团体采取的不直接介入传统政治，但可能与政党合作的创议；从最初步的包括向被挑战团体提出一般性的要求或公开指责到最极端的比如暴力抗议的行动形式；与非地方团体就地方难题开展合作的地方团体；与地方当局就地方难题开展合作的地方团体；就在地方水平上直接影响到它们的全国难题进行动员的地方或全国团体。

[12] M. 考西斯：《抗议个例分析：研究地方环境动员的方法论问题》。

[13] 西班牙的样本是在考察了所有个例后选出的。856 个样本包括了所有的大规模个例，并选择了部分中小规模的个例。它们依据其规模（参与者数量）重要性、环境议题突出性和行动技巧而被选择。

[14] 属于抗议个例的行动人口的估计是由西班牙研究小组遵循特定的取样程序计算使用的。另外，西班牙中使用的区域补充版在相应的时间内被计算后扣除。因

而图 8.2 提供的只是三个国家依据全国性报纸的数据，而不包括区域性补充版的使用。

[15] 希腊的全国选举年为 1974 年、1981 年、1985 年、1989 年（两次）、1990 年、1993 年，西班牙的全国选举年为 1977 年、1979 年、1982 年、1986 年、1989 年、1993 年，而葡萄牙的全国选举年为 1975 年、1976 年、1979 年、1980 年、1983 年、1985 年、1987 年、1991 年。

[16] 个例持续时间变量的编码使用了 13 个分类，分别从"1～3 天"到"多于 20 年"。但为了现在的讨论，编码被重新划分为两类，即短于 1 年和多于 1 年。在这一背景下的抗议等于动员。

[17] 在观察被每一个例用作信息来源的文章数量时可以发现，更多的文章被用在持续的抗议个例中，很多情况下达到了高达 50%的水平。具体地说，尽管低于 1 年的绝大多数（80%）抗议个例使用了 1 篇文章，相当多数（64.3%）的持续超过 1 年的个例使用了 2～30 篇文章；不同于前者，在后一类型中的 5.4%个例中，文章的数量高达 31～236 篇。

[18] 使用最后一年或者关于每一个例的仅有文章作为结束年份的替代。

[19] 尽管有着街道名字的信息已经记录下来，但这一特定水平上的数据条目还没有被加工处理。

[20] 这一数据系列中编码的与其他抗议个例的直接关系也许有着各种形式。比如，不同地方的动员者也许针对同一源泉提出近似的要求而抗议，或者，同一地方的动员者也可能针对同一源泉而提出不同的要求。

[21] 通常，对于 84 种源泉或无为行动类型来说不只有一个条目。编码者被要求去发现动员者所强调的最主要的那一个。

（玛利亚·考西斯）

第九章　环境运动、生态现代化和政治机会结构

随着新千年的临近，在社会科学领域可以体会到在所有种类话题上拟定“资产负债表”的强烈需要。与它复杂地连结在一起的是向前看的需要，延伸到整个21世纪，而且最好覆盖全球。对宏大叙述、科学真理声称和未来可预测性的后现代批判，所有这些似乎都会被忘掉。

环境运动就是需要这种审视的领域之一。环境运动作为新社会运动之一形成于三十年之前，如果没有它几乎不可能想象当代政治话语。然而，至少在西方，这个运动已经高度制度化并且丧失了其许多激进和乌托邦的特点。在少数西方国家，尤其在那些具有最先进环境政策的国家，一个生态现代化的趋势——从长远来看不但不阻碍反而会促进工业主义和资本主义经济的环境措施——可以被观察到。西方环境运动的重要部分已经承认了这一对未来最有希望的战略。由于全球化以及可持续发展和生态现代化的结合，它甚至能够成为一个不但对西方的而且也对第二和第三世界的环境运动而言的口号。

我的论点是，生态现代化作为另一种宏大叙述缺乏说服力。本章将论证，可持续发展与生态现代化的结合可以被理解为对世界某些部分的环境运动来说一项合适的战略，但并不适合其他部分，它的适合程度依赖于不同的政治背景。

尽管我相信大多数后现代批判的有效性，我将大胆地对全球层次上的环境运动和环境议程的现状作出一个（相对）宏观的描述。然而，我将对第一、第二和第三世界国家的环境运动加以区别，并且，我将强调政治

背景对每个世界中环境运动的组织结构、行动技巧、主宰议程和成功机会的影响。[1]我所描述的发展是趋势，更多地适用于其中某一个国家。

在第一部分里，我对环境运动在第一、第二和第三世界中的当前状态作了概述。在过去的三十年里，环境运动经历了什么样的发展，产生了什么后果，它们的现状如何？在第二部分，关注重点从环境运动转到了环境议程。在什么条件和什么政治背景下，生态现代化是一个对环境运动来说有效的战略？在生态现代化议程中，资本主义经济增长和可持续发展被设想为一个正和游戏。然而，在许多情况下，生态现代化可以认为阻碍了一个真正的可持续发展。

1. 世纪之交环境运动的现状

西方

在西方，主要是西欧国家和美国，环境运动的近期历史可以总结如下：

(1)运动已从一种新社会运动成长为在全国层次上职业化的大众成员组织网络

在许多西方国家，环境运动开始于一种新社会运动，集中表现为在地方层次上的非常规行动、许多相关人员的积极参与和以“新中产阶级”为主。这种新社会运动在70年代和80年代初的反核能斗争中达到高潮。此后，一个非激进化、寡头政治化、制度化和职业化的过程开始，表现为在国家层次上组织成员数量的巨增以及从积极参与到“支票簿行动主义”的变化。

在美国，10个最大的保持和环境抗议组织的成员数量从1979年的200万增长到1990年的几乎700万(表9.1)。[2]

表 9.1 美国10个最大保持与环境保护组织的成员数量发展（1979～90年代中期）

组 织	成立时间	1979年	1983年	1990年	90年代中期
希拉俱乐部	1892	181	346	560	550
全国奥都邦协会	1905	300	498	600	560
全国公园和保护协会	1919	31	83	100	(100)
荒野协会	1935	48	100	370	300
全国野生联盟	1936	784	758	975	(975)
自然保护	1951	(150)	(400)	600	828
世界自然基金	1961	(200)	(600)	940	1 000
环境保护基金	1967	45	50	150	250
全国资源保护委员会	1970	42	45	168	170
绿色和平	1971	(150)	(320)	2 300	1 700
总计		1 931	3 200	6 763	6 453

在90年代中期，总的增长似乎已经达到了饱和度，一些团体例如自然保护(NC)继续增长，但其他的诸如美国绿色和平组织经历了严重衰退。就像在美国一样，西欧大众成员组织在1980年和1995年间经历了巨大的增长。四类组织表现得最好：传统的、长期的保护社团以及三个跨国环境组织，包括绿色和平、世界自然基金和地球之友。绿色和平组织和世界自然基金在大约30个国家有全国分支机构（两者都有大约500万成员）。地球之友在超过50个国家拥有全国分支机构，许多是第三世界国家，但它的总体支持者要少得多（少于100万）。[3]

成员的增长使得组织能够雇用专业职员。这导致了行动技巧从基本上非常规向更常规的影响政治的行动和方式的转变。草根行动主义仍然存在，但已经丧失了主导地位。

(2)运动的重点已经从地方污染议题转到全球环境问题

在存在的第一时期，环境运动主要应对地方层次上**可见**的环境问题。在这些难题上，这一运动取得了看得见的效果：更清洁的河流、较少的空

气污染、核电站或污染工厂的关闭。此外,大量实质性的环境立法被引入。从1970年到1980年间,美国23个联邦环境法案被签署为法律。

从80年代以后,环境运动的主要部分日益将其关注转到不太可见的、跨边界的或甚至全球环境难题诸如物种灭绝、温室效应和臭氧层耗竭。表达这些难题的讲坛从单个民族国家转到国际政治领域。这削弱了环境运动在全国层次上的可见性。

(3)运动的影响变得日益情感化和程序化而较少实质性和结构性

可以区分出一种社会运动的四种外部影响:程序的、实质的、结构的和情感的。[4]程序影响指一个社会运动或者它的(某些)组织努力实现的对决策实体的进入。实质影响指物质后果,例如一个核电站的关闭。结构影响指制度或联盟结构的变化,例如环境部或绿党的建立。情感影响指政治议程和公众态度的变化。在最一般的层次上,西方国家的环境运动已经产生了很多情感和程序影响,但较少结构和实质影响。

环境已经在许多国家的政治议程上获得了稳定的地位,并且,在不只是西方国家的大多数国家,公众对环保的支持度很高(**情感影响**)。环境运动也产生了**程序影响**。在诸如德国和荷兰等国家以及在欧盟和一些国际机构(UNEP)层次上,它已经成为政府(间)咨询结构的一部分。[5]在美国,注册的环境游说团体的数量从1969年的2个增长到了1990年的接近100个。

就**结构影响**而言,景象是令人困惑的。部分是由于环境运动的推动,许多国家建立环境部并且进行了环境立法,但新建立的环境部似乎缺乏权力,环境法的落实与执行仍然是成问题的。绿党在许多国家成立,但至今也只是在一些特例尤其是德国中,真正地改变了政治制度。

每个全国环境运动可以列出许多**实质影响**:污染工厂的关闭和替代、成功反对新高速公路的建设、重要自然保留地的保护以及空气、水和土壤污染的减少。但就总体而言,人们不能说环境运动在实质层次上很成功。资本主义工业主义的最坏后果已经被制止,但污染的结构原因依然存在:资本主义工业主义以及对无限增长、流动性、消费主义和人类中心主义的强调。目前,环境已被设想为几乎每一个行动和产品的组成部分,并且环境退化已经与日常习惯比如开车、吃肉或者参观超市联系到一起。所有这些活动在今天都被视为理所当然，但在现代环境运动开始的70年代初却经过了激烈争论。环境退化已成为现代生活的一个日常后果。

(4)运动中的环境话语已经从激进社会变化发展到生态现代化

三十年前，很难将环境话语与一般的新社会运动话语分离开来。妇女权利、民主化、第三世界、人权和环境保护，都是一个整体性的反文化话语的组成部分。为了达到这些目标，激进的结构改革被认为是必须的。但从70年代中期以来，新社会运动日益各走各的路，绿党是唯一留下的共同的讲坛。

与自80年代以来新自由主义话语的全球霸权以及对宏大叙述的后现代批判一起，环境运动进程变得更实用主义，最终导致对生态现代化的严重屈从。在美国，这种投降表现为所谓的环境主义“第三波”，其中会议室而不是法庭成为环境团体最重要的场合。从那时起，在西欧最适合带来环境保护的措施被理解为不是资本主义工业社会的变革而是在其内部的变化。

(5)运动中一个激进反潮流的出现

一个近期出现的激进逆流至少以下面三种不同方式表现：

第一，与制度化趋势相反，激进的非制度化团体在许多西欧国家中形成，包括从“地球第一”、海洋保护者协会(SSS)和地球解放前线(ELF)，到美国的环境正义运动和英国的反道路建设运动。

第二，在认知层次上，新自由主义的生态现代化议程的霸权地位日益受到一个反话语的挑战。这种反话语的内容(或话语系列)是异质性的，包括从生态中心主义、生物区域主义和女权主义生态学，到生态社会主义与选择性生活方式。这些话语所共有的特点是，它们反抗主流运动的新自由主义环境主义。

激进逆流表现的第三种方式是环境主义与其他新社会运动议题的结合，诸如人权、妇女地位、绿色民主、对科学的批判和第三世界发展。

东欧和前苏联

在东欧国家和前苏联——第二世界[6]，最重要的环境主义潮流可以概括如下：

(1)环境运动在80年代因为环境要求与国家主权要求的结合而兴盛

直到80年代初,大多数东欧国家中只有一个“官方的”的环境运动存在。比如在前苏联,最大的组织是支持者不少于3000万的泛俄自然保护协会(PRSPN)。自80年代初起,东欧政权的合法性崩溃了,但政治自由仍然不存在。环境保护被当作一个推进自主或民族独立的工具,尤其是在保加利亚、匈牙利和捷克斯洛伐克。[7]

在保加利亚,生态公开性(Ecoglasnost)这个拥有90个地方团体的网络,成为整个保加利亚反对派的伞状组织。1989年,这个组织设法利用环境的欧洲安全合作会议(CSCE)作为表达其要求的场所:环境和保护议题以及信息自由、结社权利和激进的社会变化。这个运动被证明十分成功:在会议结束的第二天,大众示威开始了;一个星期后,托多·日夫科夫(Todor Zhikov)辞职。

在80年代中期,匈牙利出现了反对在多瑙河上建设两个水电站的抗议活动:一个在斯洛伐克的加波西科沃(Gabcikovo);一个在匈牙利布达佩斯以北24公里的纳吉玛劳斯—维斯格兰德(Nagymaros-Visegrad),位于这个国家一个景色最优美而且历史悠久的地区。围绕大坝的斗争暂时使许多分散的团体在一个旗帜下团结到了一起:具有改革思想的共产主义者、社会主义者、社会民主人士、自由主义者、基督教民主人士、民族主义者和环境主义者。1988年10月,布达佩斯40000人发起了反对大坝的游行,并且,反坝运动对破坏政权的合法性产生了实质性的影响。

这在前苏联,立陶宛和亚美尼亚的反核能运动发挥了同样的动能。[8]它们的目标不但是要关闭核电站,还包括两个共和国的国家独立。

(2)运动十分重视地方的空气、水和土壤污染,环境要求和公众健康要求相结合

如同十年或二十年以前的西方一样,20世纪80年代东欧国家的环境抗议极为重视直接可觉察到的空气、水和土壤污染以及对公众健康的影响。保加利亚的环境主义开始于1987年,作为对漂浮在从罗马尼亚进入卢斯(Ruse)镇的多瑙河上并导致了严重健康难题的强烈氯污染的回应。在中欧,最大的环境关切地区是臭名昭著的波希米亚北部、前德意志民主共和国东南部和波兰西南部相接的地区,以及这个地区东部的捷克斯洛

伐克围绕奥斯特拉发(Ostrava)的工业与拥有大规模钢铁厂及其相关工业的波兰西里西亚(Silesia)接壤的地区。除了这个原因之外，空气污染也与燃烧高硫磺褐煤有关。

1989年11月11日，在布拉格学生示威结束旧政权一个星期前，反对北波希米亚台普利斯(Teplice)镇生活状况的一场抗议游行发生。这个地方的煤矿开采已经将土地变成了泥坑，再加上空气污染，人们经常被建议带上面具。在政局突变前的几个星期，一个妇女团体即“捷克母亲团体”(GCM)在首都街道上举行了反对低劣水质的示威。

人们大都同意，环境难题是衰落的共产主义政治的内在特点(中央集权化、增长取向的计划体制、缺乏民主控制、缺乏信息和参与)的产物。

(3)1989年后环境运动的崩溃及其虚弱制度基础

在1989年剧变后，东欧环境非政府组织的形势完全改变了。官方发起的非政府组织和独立非政府组织之间的区别消失了，并且在几乎所有东欧国家中都建立了绿党。一些绿党表现得很成功。斯洛文尼亚绿党在大选中获得了9%的选票，并且在议会两院(均为80个席位)各赢得8个议席以及政府中的4个职位。在保加利亚，生态公开性和绿党一起获得了400个议席中的39个。

然而，在其他国家中，绿党表现得并没有这样好。许多分析家描述了东欧环境主义未来的暗淡景象。被过去40年的经历进一步强化的整个地区的国家主导和虚弱社会的传统，妨碍了一个强大环境运动的发展，资源的短缺也是如此，并被政治和经济的不稳定所加剧。[9]西方的新非政府组织几乎总是广泛使用由现存组织提供的资源，但在中东欧不存在这样的基础。不仅如此，东欧的组织几乎没有通过成员捐献获取资金的传统，并且缺乏西方非政府组织已经具有的动员公众参与和维持公众支持的技巧知识。包括政党的绿色部分在内，匈牙利的环境团体少于40个。其中只有2个或3个拥有超过1 000名的成员。6到8个拥有超过100名的成员，大部分只有几十个，有时只有几个成员。

反对环境主义的对抗也有一定影响。在捷克共和国和匈牙利，对加波西科沃—纳吉玛劳斯大坝的暂缓决定正在被重新考虑。在四个有核电站的前苏联共和国——亚美尼亚、立陶宛、乌克兰和俄国——反核活动分

子的早期成功正在面临公众的淡漠。在亚美尼亚，政府决定重新开放国家唯一的核电站(1988年关闭)。在立陶宛，保证继续运行伊格奈利纳(Ignalina)核设施的措施得以推行。在俄国和乌克兰，1990年通过的建设新核设施的暂缓决定被推翻，重新启动了许多项目的建设。最后，乌克兰议会原先关闭切尔诺贝利核电站的决定，现在取决于大量的外援方案而定。

一个新发展是1991年成立于布达佩斯的中东欧区域环境中心(REC)。这个中心得到了美国、日本和西欧政府的大量资助，被赋予发展一个有效的环境非政府组织网络的任务，结果是带来了环境主义十分缓慢的复兴。然而，新环境非政府组织与它们的前任不同，“建设性的”游说取代了抗议活动，而且草根行动主义让位于职业主义。

第三世界国家

在第三世界国家，环境主义的主要潮流可以概括如下：

(1)环境要求和发展要求相结合

与西方环境组织不同，第三世界团体很少只就一项单一环境议题的“绿化”开展运动。许多以第三世界为基础的环境非政府组织重点关心发展议题[10]，尤其是促进社会正义。然而，通常使它们与“常规的”发展非政府组织区别开来的，是它们对通过环境保护机制追求这些目标的强调。社会正义和平等通过保证穷人获得接近地方环境资源(即木材、燃料、清洁水)的机会而达到。比如，在印度，保护山上树木的奇普科(Chipko)运动和反对纳马达(Narmada)大坝的运动，都与保护穷人和他们对资源的接近相联系，使环境体现在关于什么样的发展是可能的和值得追求的争论之中。

(2)十分强调森林和树木(尤其在亚洲)、城市空气污染、水与土壤(尤其在拉美)和沙漠化(尤其在非洲)

与欧美不同，许多亚洲国家的绿色运动开始于森林定居者和农民的边缘化社区。绿色运动向上延伸触及到了中产阶级，它们组成了新的志愿机构来支持草根社区。如果印度的“环境”概念有一个具体形式的话，那就是树木。城市环境也许已造成了排水沟阻塞、腐败的行政当局和空气污染，但全国性的森林采伐和重新造林被看成是主要议题，而不是全球变暖、多样性本身和臭氧层空洞。正如范达那·西瓦（Vandana Shiva）所指出的："对于亚洲文化来说，森林一直是一个老师，并且，森林传达的一直是相互关联性和多样性、可恢复性和持续性、完整性和多元主义的信息。"[11]

在拉美，情形更多地与西方类似。巴西环境运动的核心是70年初兴起的成百上千基本上由中产阶级和专业成员构成的小规模地方组织。它们的大多数关注地方议题，诸如树林和公园的保护、来自附近工厂的污染和威胁地方生活质量的建设项目。许多组织也试图就更大规模的问题，比如保护亚马逊河或者在农业中使用化学制剂等来教育公众。

随着20世纪70年代初和80年代撒哈拉地区的严重干旱，非洲沙漠化议题成为了国际关注的焦点。关切重点在于地方管理不善（过度放牧和过度耕种）所引起并被降雨量下降和人口激增所加剧的逐渐退化的形势。在准备一个关于《沙漠化公约》的建议过程中，一项联合国决议要求来自所有相关的尤其是发展中国家非政府组织的贡献。沙漠化公约是仅有的两个在发展中国家动议下建立的国际环境治理机制之一，尽管遭到了工业化国家的反对。对许多非洲国家来说，在减少贫困和控制沙漠化之间确实存在一个强烈的联系。

(3)许多环境行动的地方性质和全国伞型组织中地方团体的合作

自从70年代后期以来，环境非政府组织在大多数第三世界国家的兴起，可以被视为体现了"公民社会"相对于国家而言增长中的权力和自信。在整个亚洲，社区正在与威胁使他们转移并且淹没森林的大坝建设作斗争。在泰国，自70年代中期以来，人们一直在对森林的破坏进行抵制。

虽然大多数第三世界的环境非政府组织是基于社区的、致力于地方生活直接保护的草根组织，但支持型或者草根支持组织的数量正在迅速增加。第三世界有成千上万的专业环境非政府组织，但其地理分布是不均匀的。印度存在很大数量的环境非政府组织（500个），就像菲律宾（1000个）和拉美（6000个）一样，但在非洲只有很少本土的专业环境非政府组织。

环境非政府组织在越南或缅甸等国家的暗淡经历，表明了在民主化、

中产阶级的发展和环境非政府组织兴起之间存在的联系。[12]许多国家将支持环境非政府组织中的“温和”派别作为惯例。[13]第三世界大量的环境非政府组织运动以与国家的合作为基础。在巴西，环境非政府组织的重要性在立法中得到了承认，该国法律规定全国环境委员会(ONAMA)必须包括环境非政府组织的代表。

许多第三世界国家的一个新近发展，是全国环境非政府组织的创立或者环境非政府组织的全国联合来推动对环境难题作出全国范围的本地回应。例如厄瓜多尔自然基金(FNE)、菲律宾绿色论坛(GFP)、泰国生态恢复计划(PERT)、肯尼亚环境非政府组织(KENGO，包括68个环境团体)和印度尼西亚的瓦尔海(WALHI，1992年拥有超过500个成员)。进一步的合作步骤是全国环境非政府组织结合在一起形成了区域论坛。21个非洲环境非政府组织在1982年形成了非洲非政府组织环境网络(ANEN)。到1990年，其成员数量已经增加到了530个非政府组织，分布于45个国家。[14]

(4)第三世界国家环境话语的激进趋势

尽管许多环境非政府组织被接纳进政府咨询结构，但第三世界环境运动的重要部分不接受资本主义、新自由主义、现代主义、科学主义和人类中心主义的主导性全球话语。在整个第三世界，环境团体仍然通过反对资本主义经济结构和西方政治与文化帝国主义而表达它们反对环境退化的斗争。

在印度，一直存在对整个现代主义计划的反对和批判，其中一些观点明显地类似于甘地主义，将大城市和工业化作为可避免的邪恶来反对。甘地的梦想在印度一直受到尊重，但尊重更多存在于背叛而不是保持。这个观念被作为一种国家良心得到了维持：由私人捐献支持的乌托邦社区在印度的所有部分存在，但它们没有显示任何成为主导范式的迹象。

然而，在印度知识分子中间，就像在许多其他第三世界地区一样，一个广泛的共识是，北方世界试图在一些诸如核不扩散、基因专利、贸易自由化和技术转让的条件与代价等议题上拥有最终的决定权。他们的批评有时候采取针对“西方简约主义科学的暴力”的猛烈但高度复杂的攻击。[15]根据桑林(J. Saurin)的观点[16]，现代化和全球环境退化在历史上同时发生。全球化的现代性可以视为产生特定的知识模式，并且同时取代、边缘化和破坏其他模式。农业知识的不同形式就是一个恰当的例子。大规模环境退化的具体形式作为现代性的一种常规后果而发生。

2. 生态现代化和政治机会结构

在《现代性的结果》一书中，吉登斯在现代性的四个制度向度之间作了区别：资本主义、工业化、军事权力和“监管”。可以认为，所有那四个向度以及它们的全球的对应物（分别是世界资本主义经济、国际劳动分工、世界军事秩序和民族国家体系）促成了环境退化：具有内在的增长和浪费趋势的资本主义；生产与消费间的全球分裂和许多南方国家的农业单一栽培方式；海湾战争以及法国和印度核试验都是实例。

当代西方对现代性和环境之间关系的辩论可以划分为两个阶段。在70年代初“增长的极限”辩论期间，**非现代化理论**占据主导地位。地球之友英国分支出版的具有影响力的《生存的蓝图》勾画了一种非工业化、社区、自然性和小规模生产发挥重要作用的社会模式。在这一时期，环境运动批判地分析了占主导性的心态。军事主义、经济增长、国家垄断资本主义、竞争和消费受到了尖锐的批评，因为它们被认为是引起环境难题的最重要原因。

随着布伦特兰报告的出版，**可持续发展**及其西方具体化形式**生态现代化**从80年代中期以来变成了主导性的范式。生态现代化可以被定义为承认环境难题的结构特征但仍然假设现存的政治、经济和社会制度能够内化环境关切的话语。这一观点不仅改变了流行的对环境和经济增长之间关系的看法，而且改变了那些关于科学技术、政府和非政府角色，其中包括环境组织作用的看法。

根据休伯（J. Huber）的观点[17]，生态现代化的精华是“经济生态化”和“生态经济化”的双重过程。资本主义的动力能够被用来实现可持续的生产和消费（“绿色资本主义”），而国家的作用只是现代社会形成的引起环境改革的多样化创议和战略中的一个要素。环境运动不需要国家来实现它的目标，80年代环境运动与受到限制的工业部门，有时甚至孤立的公司之间的一些“直接谈判”形式变得流行。

然而，对詹尼克(M. Janicke)而言[18]，没有国家干预的生产和消费的绿化是不可能的。生态现代化必须得到国家以绿色工业政策和**目标团体方法**等政治干预新形式的积极支持。在这一方法中，公民角色和国家进入谈判，有关各方尝试就内容相关的标准和措施在自愿接受的基础上达成一致。在荷兰，在过去15年里，目标团体方法已经导致了在政府和有组织的工业之间缔结了超过50个所谓的协议。这些协议内容比较典型的是关于洗涤剂中的磷酸盐、包装材料和合成啤酒箱中含有的镉。

哈吉尔(M. Hajer)提供了对生态现代化更复杂的分析。[19]生态现代化可以被设想为是在商业、科学的重要部门(自然和社会的)、改革主义的进步政治家和环境运动的大部分之间的**话语联盟**。话语联盟中的不同伙伴引入了使环境退化议题可计算和量化的概念。生态现代化遵从了一种实用主义的逻辑并且被描述为一个正和游戏：经济增长和生态难题的解决不一定是对立的。

生态现代化应该如何被评价？它是不是一个调和经济增长和环境保护的先进方式，一种复杂的和潜在的资本主义剥削的全球形式？或者两者都是？第一、第二和第三世界的环境运动应该如何应对它？生态现代化可以视为一个制度学习的结果，一个技术专家计划和一种文化政治形式。[20]从制度学习的观点看，政府和商业已经从环境运动中学习到，环境退化将使一些十分重要的事物处于危机状态。另一方面，环境运动也学习到，即使不从根本上改变现存的社会和政治结构，克服环境难题也是可能的。

把生态现代化视为一种技术专家计划的阐释主张，生态现代化未能应对造成浪费、不稳定和不安全等现代发展内在方面的资本主义固有特征，科学已在很大程度上被吸收到这个技术专家计划，因而它们是难题的一部分而不是解决的出路。[21]

把生态现代化视为文化政治的阐释，开始于关于污染的辩论，实质上是对偏好的社会秩序争论的看法。在什么是“真正”的环境难题的定义中，在界定“自然”和具体解决出路的过程中，人们寻求要么维持、要么改变社会秩序。这第三种解释中的结构性原则并不存在内在连贯性的生态危机，真正存在的只是一些**故事情节**(story lines)使一个变化中的自然和

社会现实的各个方面成为问题。生态现代化被理解为一套新故事情节（难题、解决方式、形象、因果理解、优先性）的常规化，它们为社会行动提供了认知地图和动机。所谓的连贯性必定是人为的，而扭曲的现实是文化政治被重新塑造的启始。因此，这种解释的核心关切是认知反省、争论和谈判的社会选择。

虽然哈吉尔对生态现代化的处理要比其他概念化复杂得多，但也有缺点。最重要的是，它几乎没有注意到生态现代化政治尝试的不同政治背景。然而，对环境运动来说，政治机会结构具有关键重要性；在某些背景下，参与生态现代化政治也许是富有成果的甚或是必要的，但在其他背景下则会是浪费时间。

在我们对政治机会机构的概念化中，进入政治系统的程度对环境运动来说具有核心重要性。在“旧的”政治冲突（比如资本与劳工的冲突）已经在政治上被适应的一个社会中，政治议程为“新的”话题（比如环境）比旧冲突依然极为重要的社会提供了更多的空间。另一个重要的区别存在于一方为国家的正式制度结构（开放的或者封闭的）和另一方为政治精英对挑战者的非正式战略（整合的或者排斥的）之间。开放国家的特征包括高度的垂直分散化、国家权力在立法、行政和司法之间的合理划分和一个开放的选举制度（例如德国和瑞士）。结果就是环境运动有着大量的“介入点”。对封闭国家（法国）而言，情况则恰好相反。政治制度实际执行政策的能力（强势国家）被国家的高度中央集权化和政府对市场参与者的控制所决定（法国和荷兰）。

整合的精英战略（例如对于环境组织）以同化、促进和吸收为特征。在这样的国家里（荷兰和瑞士），利益团体和行政机构之间的互动模式得到了高度发展，就像汇集社会要求的机制一样。排斥的精英战略以压制、极化和对抗（法国、德国）为特征。从制度学习的观点来看，我们可以归结出，生态现代化不会在所有政治背景下同等运作。生态现代化作为对第一、第二和第三世界环境运动的一项战略，我们可以得出什么样的结论呢？

（1）第一世界国家

生态现代化要求在商业、科学的重要部门、改革主义的进步政治家和

环境运动之间的一个话语联盟。在西欧，生态现代化的主导性看法是制度学习观点。然而，生态现代化的影响在欧盟层次上和个体国家之间差别都很大。对于个体西欧国家，基于以前对政治机会结构和环境运动之间关系的研究，人们可以假定一系列政治机会结构对生态现代化的话语联盟适合的国家和不合适的国家。[22]瑞典、荷兰、奥地利或许芬兰等国家达到了大多数的要求：旧政治冲突的缓合，一个开放的输入结构，一个强大的执行能力和整合的精英战略。另一方面，在法国、意大利、英国和德国等国家，政治背景不很有利于这种话语联盟的出现，因为旧政治冲突盛行(法国)或政策执行能力很弱(德国)，两者都与高度压制性的精英战略结合在一起。处在中间的政治制度包括丹麦和瑞士，它们达到了四个要求中的三个，但缺乏一个强大的政策执行能力。

生态现代化政策的历史还很短，并且对这个政策影响的经验研究结果仍然很少，但可以得到的证据与上述的观点相一致。根据尼尔(A. Neale)的看法[23]，比如荷兰的契约制度是与在整个战后时期强调合作主义价值观的政治文化相一致的。另一方面，在工业能够谈判目标和它们的执行以及对不服从者的法律制裁较为不发达的丹麦，结果是对“容易”目标的采纳以及普遍地尤其是小工厂的未能实现它们。在国家与工业关于环境政策的合作制度较不完善的欧洲其他地方，全国自愿协议在推动环境变化中甚至更不有效。

甚至在欧盟层次上，生态现代化的好处可以说是双重的。正如尼尔所说，在第五个欧盟环境行动计划中对“对话”和“分享责任”的强调，似乎为环境团体创造了增加其政策影响的新机会。然而，许多执行体制限制了它们。自愿协定由工业团体和政府谈判，绕开了现存立法程序的协商部分，并且，环境管理体制鼓励工业组织发展它们自己的环境目标，而没有协商除了证明者之外的任何局外人。

作为生态现代化在美国的对应物，第三波环境主义在美国展示了同样的景象。美国国家的制度特征对生态现代化不是很有利，如缺乏集聚要求的机制，虚弱的政策执行能力，低程度的政府对市场参与者的控制。在实践中，第三波环境主义采取了自由竞争的政治形式，其中“市场为基础的动机”、“需求管理”、“技术乐观主义”、“非敌对性对话”和“规范的弹性”已经成为了时髦术语。

从制度学习观点来看，生态现代化作为普遍性的宏大叙述不具有说服力。似乎可以相信的是，它将会在**某些**政治背景下（具有开放的输入结构和融合性精英战略的强大而且政治上包容的国家）对**某些**环境难题（相对简单的难题）有效，但**不会**在其他背景下（例如虚弱国家）并且**只是**在一个有限程度上对其他难题（更加复杂或基本的难题，比如无限速驾驶、航空交通或肉类消费）有效。毕竟，一个在科学、商业、政府和环境运动之间的话语联盟，预定了一个共同难题的界定和对解决方式的共同战略。然而，对高度发达的人类中心主义社会（无限速驾驶、航空交通或肉类消费）基本成就的破坏，不太可能成为这些共同难题界定或者解决战略的组成部分。因为这一原因，甚至在具有有利政治机会结构的国家里，环境运动也不应作为一个制度学习过程而全部地将注意力集中在生态现代化上。相反，它们通过强调往往导致环境破坏的现代人类中心主义和其他制度特征，来把生态现代化作为一种文化政治来对待。

(2)第二和第三世界国家

在一个在全球化中的世界里，现代民族国家的四个基本方面被限制了：它的能力、它的形式、它的自主性以及它的权威或合法性。许多最重要的环境政策决定不是由国家作出，而是从相对少量的大跨国公司的生产、技术和贸易战略中产生。

对专家治理（国家）战略生存能力增加的疑虑已经产生了得到许多非政府组织支持的选择性“社区方法”。根据这一方法，草根和公众组织需要在向一个更加可持续社会的转型中发挥突出的作用。这种观点具有一个强烈的反国家主义倾向，认为国家如此多地介入环境难题的形成以至于不可能作为解决它们的手段。然而，非政府组织不能自己担当国家的核心职能。更近距离的观察发现，环境运动的许多反国家主义观点结果变成呼吁改革的和更加民主的国家。这里，政治机会结构的概念再次进入了视野。直到现在，第三世界环境主义（特别在亚洲和非洲）主要在农村发展。然而，随着大城市的增加，可以期待 21 世纪第三世界的环境难题将会日益具有大城市的特征。[24]环境难题将会与住房、交通、卫生和就业等城市难题相联系。对于这些难题，政府控制的分散化（或者根本没有

政府控制)现在被广泛视为解决出路的一部分。

生态现代化概念在第二、第三世界国家不是环境议程的一部分,可持续发展是这些国家的关键术语。可持续发展是一个与生态现代化相比较不明确的术语,意指许多明显不同的观点:从新自由主义的持续通过管理员身份(为了星球和后人的受托管理)进行财产创造到穷人的授权和"启示"(强调公社职责和公民权的观念)。就自然、社会价值、政策导向等等的概念化而言,这些向度间彼此不同。然而,在政治实践中,许多第三世界国家由于它们虚弱的国家结构而不能执行这一战略。

一般来说,对于环境和其他社会运动最有成效的战略似乎是,将发展视为通过授权人民得到培育以至于他们能够创立自己的身份和制度的过程。在日常实践中,在许多情况下这意味着对主导性的新自由主义的可持续发展的概念化保持超然姿态。

3. 小　结

在当代政治辩论中,环境是剩余的很少几个现代性的变量可以从根本上得到讨论的议题之一。可以认为,现代性的所有四个向度和全球化(资本主义、工业主义、军事力量和监管)促进着环境退化。

在一般层次上,接受或者拒绝这一论断意味着接受或者拒绝生态现代化作为环境运动一项有效的长期战略。毕竟,生态现代化假定现存的政治、经济和社会制度能够充分地对付环境难题。相应地,这一理论完全地集中于工业主义而不是资本主义、军事力量和监管或者民族国家体制。

在近几十年里,第一世界的环境话语已经从激进的社会变化话语发展为实用主义的对现状的接受。尽管出现了一股激进的逆流,但并不存在走向制度化的主流环境主义基本趋势逆转的迹象。

在第二世界,环境运动缺乏一个制度基础,并且,为了生存,它们基本上依赖来自西方的支持。然而,如果国家的政策执行能力足够强大,环境运动仍然可以在为更有效的能源使用、较少污染的空气、水和土壤等方面发挥重要作用。

第三世界的形势部分地类似于第二世界(依赖西方),但在许多国家中,西方的生活方式和经济与文化帝国主义被从根本上批评。(某些)第三世界国家是西方风格的现代化没有获得绝对主导地位和环境与其他社会运动还有机会展示选择性道路的、剩余的为数不多的地方。

生态现代化的世界观是一个彻底的现代主义和人类中心主义观点。然而，在文化政治的观点中，生态现代化是一种关于偏好的社会秩序，在一个具体时期内一种具体权力构型的表述。正如埃尔曼(R. Eyerman)与加米森(A. Jamison)和塔罗所认为的[25]，社会运动将首先是话语意义上的一项社会运动，如果它挑战了主宰性的世界观，如果它向解释现实的主导性方式展示了替代。就这方面而言，正在浮现的西方激进环境逆流与那些不接受主导性现代化和发展定义的第三世界环境运动具有许多共性。两者都在文化政治层次上批判生态现代化和可持续发展。由于工业化世界的大多数国家在一个新的环境主义全球化浪潮中对制度层次的变化更具免疫力，来自第三世界国家的环境和其他社会运动将会发挥领导作用。

[注释]

[1] 对第一、第二和第三世界的区分是高度主观性的。尽管如此，可以认为这三个世界之间的差别是并将长期是根本性的。

[2] 表格中的数据来自笔者研究成果和其他来源。括号内是估计数字。在美国环境主义著述中，一个经常做出的区分是游说和非游说团体。在表中的 10 个最大环境团体中，有 3 个是非游说团体(世界自然基金、绿色和平和自然保护)，其他的是游说团体。依据多维的看法，直到 80 年代中期，大规模环境团体中间依然存在着某些值得注意的差异。每一个组织有自己的优先性和自己的计划。但到 80 年代中期，这些差异变得模糊，而这些团体看起来变得相似。职员、直接邮寄运动、词汇和政策——甚至装饰——变得均质化。参见：M. 多维《走向溃败：20 世纪末的美国环境主义》，剑桥 MIT 出版社 1996 年版，第 266 页、第 60 页；R. 米切尔等《环境动员二十年：全国环境组织中的趋势》，载 R. 敦拉普和 A. 梅尔蒂格主编《美国环境主义》，费城泰勒和弗朗希斯出版社 1992 年版，第 13 页、第 18 页。

[3] 在一个 1992 年的《欧洲晴雨表》调查中，20％的荷兰人、8％的英国人、7％的德国人和 5％的法国成年人声称是一个环境组织的成员。其他欧盟国家的相应数字是：比利时 10％、丹麦 16％、希腊 2％、爱尔兰 5％、意大利 6％、卢森堡 18％、葡萄牙 2％、西班牙 4％。在欧洲水平上，来自欧盟成员国的大约 140 个环境非政府组

织受到欧洲环境局(EEA)的协调。欧洲环境局基本上是西欧环境运动在欧盟层次上的游说分支。它有着对欧盟委员会的进入权利,在很多国际讲坛上代表欧洲环境非政府组织,并且从欧盟获得大量的资金来举行针对特定议题的会议和圆桌讨论。

[4] 除了外部影响,社会运动还有内部影响:对一个团体及其个体成员身份的影响,对组织结构比如制度化的影响。

[5] 对于这种政府间协商结构的更精致的叙述,参见:G. 波特和 J. 布朗《全球环境政治》,鲍尔德西方观察出版社 1996 年版;T. 普林森和 M. 芬格《世界政治中的非政府组织:联系地方和全球》,伦敦罗特里奇出版社 1994 年版。

[6] 对于前苏联和东欧国家环境主义的概述,可以参见:B. 简卡—韦伯斯特主编《东欧的环境行动:对危机的回应》,阿芒克夏普出版社 1993 年版;M. 沃勒和 F. 米尔拉德《东欧的环境政治》,载《环境政治学》1992 年第 2 期;Z. 沃尔夫森和 A. 巴腾科《前苏联和东欧的绿色运动》,载 M. 芬格主编《世界范围的环境运动》,格林威治 JAI 出版社 1992 年版。对个例国家环境主义或专门议题环境运动的研究,参见:B. 希克斯《波兰环境政治:体制与反对派之间的一种社会运动》,哥伦比亚大学出版社 1996 年版;J. 道森《前苏联及其后继国的反核能行动主义:民族主义的代理人?》,载《环境政治学》1995 年第 3 期。

[7] 在波兰,团结工会在环境事务发展历史中的重要性是首要的。其中一个最重要的分支是波兰生态俱乐部(PKE),它分布在整个国家,并且由一个由公民、科学家、地方市镇官员组成的活跃地方团体网络构成。对于活跃团体像波兰生态俱乐部而言的任务是挑战这个国家的主导性发展范式。在 1989 年事件之前,这意味着挑战波兰的重工业游说团体。到 1987 年,估计波兰有大约2000个地方环境团体。参见:S. 卡巴拉《波兰环境抗议的历史和意识与行动主义的增加》,载 B. 简卡—韦伯斯特主编《东欧的环境行动:对危机的回应》,第 124 页、第 126 页;M. 沃勒和 F. 米尔拉德《东欧的环境政治》,同上书,第 167 页。

[8] 在前苏联,在民主化和公开性动力最先由切尔诺贝利事故引入后,第一个非正式的环境组织出现于 1986 年秋。此后,数百个团体出现在全国的大城市中。它们的主要活动是通过示威、道路阻断、新闻发布和给政府部门写信等进行抗议。在很多情况下,在冒犯对象入口处的示威或道路阻断取得了成功。在 1988～1989 年间,有 100～240 个工厂包括造纸、化肥、医药和玩具厂因为环境抗议而被关闭。在 1988 年后期,环境协会的数量达到了大约7 500个。那时,还出现了协调苏联各种绿色团体和运动的措施。几个主要的环境协会得以建立:社会和生态联盟(SEU)、生态联盟(EU)和苏联生态基金(EF)。参见 Z. 沃尔夫森和 A. 巴腾科

《前苏联和东欧的绿色运动》，载 M. 芬格主编《世界范围的环境运动》，第 43、47 页。

[9] 波兰看起来是个例外。1989 年后存在的是：70 个环境非政府组织，比如自然保护同盟(LPN)和波兰生态俱乐部；60 个涉及环境难题的组织，包括政治、旅游和宗教组织；35 个环境团体，比如西里西亚生态运动(AEM)；20 个在它们活动中包括环境关切的团体，比如波兰禅宗佛教协会(ZBAP)；一些环境基金会。参见 J. 萨克基等《波兰的政治和社会变化》，载 B. 简卡—韦伯斯特主编《东欧的环境行动：对危机的回应》，第 17 页。

[10] 对于非政府组织概念及其与政府关系的评价，参见：D. 波特主编《非政府组织和环境政治：亚洲和非洲》，伦敦弗兰克卡斯出版社 1996 年版；L. 布赖恩特和 S. 贝利《第三世界政治生态学》，伦敦罗特里奇出版社 1997 年版，第 6 章。

[11] V. 西瓦：《亚洲的绿色运动》，载 M. 芬格主编《世界范围的环境运动》，第 195 页。

[12] 对于一个反论点，参见 D. 波特主编《非政府组织和环境政治：亚洲和非洲》。

[13] 很多政府控制或发起的非政府组织(GRINGOs)比如在菲律宾发挥着近似的作用，参见 L. 布赖恩特和 S. 贝利《第三世界政治生态学》，第 151 页。

[14] 全国水平上的环境非政府组织日益变成全球论坛比如气候行动网络(CAN)、南极和南部海洋联盟(ASOC)和雨林行动网络(RAN)的一部分。

[15] 对西瓦立场的评价，参见 J. 桑林《全球环境退化、现代性和环境知识》，载《环境政治学》1993 年第 4 期。

[16] J. 桑林：《全球环境退化、现代性和环境知识》，载《环境政治学》，第 46 页。

[17] J. 休伯：《失望的生态纯洁性：新技术和超级工业发展》，法兰克福菲舍尔出版社 1982 年版。

[18] M. 詹尼克：《拒绝国家：工业社会中政治的无能》，慕尼黑皮珀出版社 1986 年版。

[19] M. 哈吉尔：《环境话语政治：生态现代化和政策过程》，牛津克莱伦顿出版社 1995 年版。

[20] 在这方面，注意到生态现代化作为一种计划、一种观点、一种信仰体系、一种政治改革计划和一个社会理论之间的区别是有用的。参见 G. 斯帕加伦《生产和消费的生态现代化：论环境社会学》，瓦格宁根博士论文，1996 年。

[21] 生态现代化观点可以视为直接对立于贝克的“风险社会”，因为它提供了在许多严重受限制的方面应对环境危机的建设性方法，并给予了科学与技术在克服环境危机中的积极作用。参见 U. 贝克《风险社会：变化中的现代性》，法兰克福苏尔坎普出版社 1986 年版。

[22] 接下来的并不是对一系列系统性假设的严格经验检验，而是对生态现代化与国家的制度特征间可能关系的讨论。

[23] A. 尼尔:《组织环境自我规范:欧洲自由可管制性和生态现代化的追求》，载《环境政治学》1997 年第 4 期。

[24] 在到 2010 年预计超过1 000万居民的 26 个城市群中，其中 21 个将处在发展中国家。参见 A. 巴德沙《我们的城市未来:平等和可持续性的新范式》，伦敦泽德图书出版社 1996 年版，第 2 页。

[25] R. 埃尔曼和 A. 加米森:《社会运动:一种认知方法》，剑桥政体出版社 1991 年版;S. 塔罗:《运动的力量:集体行动和政治》，剑桥大学出版社 1994 年版。

（海因安顿·范德海登）

第十章 第三世界的权力、政治和环境运动

> 权力……是巴西的橡胶开采者为了保护他们赖以生存的森林而斗争，权力是印度的农民对可能会淹没他们土地的水电项目进行抵抗……在世界范围内，生态运动正在要求和创造影响它们自己环境的权力。[1]
>
> 国家保护濒危资源的主张及其对合法使用暴力的独占权力结合起来，推动了它在社会控制上的国家机器建设和努力。国家以资源控制名义的暴力威胁或者使用帮助它控制人民，尤其是难以驾驭的区域团体、边缘团体或挑战其权威的少数民族团体。[2]

在过去的四分之一个世纪里，环境已经作为在第三世界许多国家与社会中冲突的一个重要焦点而出现[3]，经常伴随着对社会政治和经济改革的更广泛要求。环境目标几乎总是针对更广泛政治和经济权力运动中的因素。

问题不在于“好人”对“坏人”，那种认为环境团体总是想要保护地方生态而肮脏的商业利益总是希望破坏它的主张是过于简单化的。然而，大多数环境团体意识到，如果地方环境被严重地破坏或者退化，它们将会面临失败。问题也许可以简化为，**谁**有“权利”破坏自然环境：本地人民还是外来利益？但核心问题是，环境保护总是高度政治性的。

在过去的四分之一个世纪里，数万环境团体在第三世界中出现，大多数分布在拉美或亚洲，下撒哈拉非洲要少得多，而在中东则几乎没有。考虑到公民社会在这些地区的发展程度，这样一种分布并不是不可以预

料的。

尽管数量巨大,可以在一定程度上对第三世界的环境团体作如下概括:第一,环境团体旨在动员地方人民保护地方环境和反对外来利益——通常是国家或者大公司。第二,环境行动团体通常以乡村为基础。第三,妇女往往构成环境团体成员的核心。第四,虽然某些团体的保护重点比较狭窄,但其他许多团体具有更广泛的社会经济和政治关切。第五,当能够利用民主和法律渠道的时候,环境团体更可能实现它们的目标。第六,赢得重要的外来盟友诸如国际绿色和平组织的支持很重要,虽然这并不保证成功。最后,环境团体经常不能赢得它们的斗争,失败多于成功。

第三世界环境团体经常吸引从属团体的成员,他们分享现状与他们利益相对立的观念。[4]妇女——尤其是受过教育的妇女——和年轻人,不再自动地被动屈服于那些拥有权力者的指令。法尔斯鲍达(O. Fals Borda)认为[5],这两个"被压制的、边缘性团体"努力"带来一股新的风气、一个更好的社会和其中统一与多元共存的社会关系"。总之,第三世界环境团体往往对把它们视为表达对现状不满的适当手段的年轻人和妇女具有吸引力。第三世界环境团体的显著增加所标志的不仅是生态系统退化的严重趋势,而且是"由这种退化所导致并促进了这种退化的社会压力"。

第三世界环境团体总是拥有一些由政治制度不适合处理这种环境关切的观念所导致的政治目标。环境团体很少完全把兴趣集中在环境上面;它们也倾向于有着广泛的关切,包括人权、就业和发展议题。这些团体经常被用于挑战"传统的文化和经济发展模式来促进它们的政治。环境团体对政治事实的创造……通过在其中达成新意义的空间形成而发生……"。例如,在委内瑞拉和巴西,"超越环境破坏主要议题的生态趋势……(导致)了对社会选择道路的寻求"。

第三世界的国家政策受到许多因素的影响,尤其是国内政治结构以及财产和收入分配的特征。农业定价政策、投资动机、税收规定以及信用与土地特许等,被设计以牺牲"普通"人的利益为代价来促进精英利益。政治精英很可能成为在许多活动中有利可图的主要财富所有者,其中一些活动对环境造成破坏,包括商业伐木、矿产和石油开发、种植园耕作以及大规模的灌溉农业。相对来说,无权的、通常是农村的人民——特别是如果他们属于少数民族——遭受了这些计划的社会经济和环境代价，有时甚至丢失家园、农场和渔场；即使曾经有的话，他们也很少因为他们的损失而得到充分的补偿。并不令人惊讶的是，属于这些团体的环境活动分子感到，影响他们生活和环境的关键性决定超越了他们的控制。他们将人权与环境权利联系，主张如果不能维系人类社区，自然环境就不能得到保护。

保护环境的实质性措施只有当国家官员和决策者——或者他们的盟友——会受益的情况下才可能吸引他们的承诺。例如，肯尼亚和赞比亚政府只是在当这些国家的大象数量下降到警戒程度时，才支持全球禁止象牙交易。也许根本没有必要提到，那些从象牙交易中得到好处的人包括了国家显要诸如政治家和军队人员。对他们来说，执行象牙交易禁令的主要目的也是为了大象储备能够得到恢复，使这样的交易以后能够继续。

为了象牙而利用大象是更广泛的精英占主导并对环境保护产生影响模式的一个例子。提取有价值的自然资源是一项十分重要的收入战略，这一战略因为追求为"社会更大的福利"进行资产分配的目标而被接受。这通常所导致的是，那些有权者和能够接近掌权者的人们对获得和保持对自然资源的管辖权最抱有兴趣；重新分配在优先性名单上处在一个十分次要位置。国家掌权者一般使用三个因素来解释一项自然资源的价值：a)一种产品的世界市场价格——当前的价格是否使交易值得进行？b)通过什么战略它能够得到最佳开发？并且 c)由此产生的金钱收益应基于什么目的进行分配？

当国家对什么是正确的程序和利益分配权重的观点未能满足地方社区的期待时，结局通常会是政治冲突并涉及暴力。掌权者执行国家政策的能力在各个国家中并不相同，但是，这在非洲和亚洲国家更常见。受多样化的文化和社会组织形式的影响，一些国家发现自己在某种程度上并不能完全执行其政策。在这样的"冲突环境"下，国家强加其意愿的能力可以通过"它渗透社会、调节社会关系、提取资源以及以坚决的方式占有或使用资源"来判断。这样一种冲突状况将会经常导致环境及其资源方面的冲突。

社会团体和国家采取的战略有助于决定后者权力的水平。不仅在国家使人民以某种方式行动的能力方面，而且在国家为了自己的目标而成功动员资源方面都是如此。社会团体可以(理论上)使用选票箱(当它可用的时候)来为它们所需要的政府投票。然而，影响较弱的人经常发现，即使当选举导致政府少数人的改变时——如果有一些的话——不利的变化发生了。结果，从属性团体也许选择其他方式——通常介入直接行动——来挑战国家。在第三世界，国家的霸权日益受到从属性团体的挑战。贯穿斗争的核心理念是国家不具有为“一无所有者”的利益而治理的能力和意愿。一个最重要的——尽管最不易察觉的——使政府不稳定的力量，是发生在许多第三世界社会的作为现代化结果的“流动的变化多样性”。

第三世界环境团体兴旺的另一个原因是它们经常与跨国组织建立联系——诸如绿色和平组织，帮助其成长并集中它们的努力。增加的关于社会经济和政治议题相关性的意识，导致环境关切成为更广泛难题的一个焦点；跨国联系不但有助于扩大第三世界团体的视野，而且有助于通过提供受人欢迎的公开性来支持其斗争。但关键问题是，第三世界数量不断增加的人民似乎相信，他们的政府几乎什么也不替他们做。反对环境退化来源的斗争尤其是森林砍伐和伴随的生计手段的损失，正在作为大众组织的重要集合点而出现，这样的团体包括印度的奇普科运动、肯尼亚的绿色地带运动和后来巴西奇科·门德斯(Chico Mendes)的橡胶开发者全国委员会(NCRT)。其他的诸如塔希提(Tahiti)岛的反核试验运动和尼日利亚的奥格尼斯(Ogonis)的身份保护运动，都将环境议题作为政治运动的一个方面。这些团体之所以获得了较高程度的国际声誉，更多是因为它们反对政府运动的坚韧性而不是对环境的关切。

这些团体也往往强调环境和社会政治关切间联系的教育重要性。例如，橡胶开发者全国委员会的主要创议团体——Projecto Seringueiro——努力告诉在巴西森林中工作和生活的人们尤其是橡胶开采者，应当将自己看作是与森林密切相联的；认为他们将因而理解防止森林被过度砍伐的必要性。被谋杀的橡胶开发者全国委员会领导人奇科·门德斯认为：“强化我们的运动与教育项目的发展同时发生……我们所有的进步包括反对破坏森林的斗争、合作社的组织和工会的加强，可能都要归功于教育项目。”在第三世界许多地方的其他协调机构也意识到了环境、人权和政治议题的相互联系。例如，为环境盟友和受到威胁的地方社区提供法律援助的孟加拉国人权协调理事会(CCHR)，自1986年以来组织着一个人权和环境组织网络。

通过组织来协调环境斗争的重要性——为了集中努力和预防边缘化——当我们记住很多第三世界政府支持相当单一向度的现代化意识形态时就变得清晰了。在这样的世界观里——不惜任何代价的增长和消费看起来是至关重要的——保护环境被看作是只有富裕的西方国家政府在主要是中产阶级选民压力下才能供应得起的一种奢侈。结果是，环境关切经常被视为破坏性的、环境主义者被指称的“反发展”、“反民族”或者“反人民”偏见的证据。

一系列个案研究展示了这些争论：在印度，同时存在着民主和强大的公民社会；在肯尼亚和印度尼西亚，既没有多少民主也没有强大的公民社会，但有着二者正在改善的迹象；在塔希提岛和尼日利亚，公民社会和民主都不发达。这里的要旨是，保护环境有助于形成一个生气勃勃的公民社会，因为国家被迫对各种运动作出回应。但是，当环境团体被孤立和被迫独自行动时，它们将不太可能取得成功。

1. 印度的环境团体和政治

奇普科(抱树)运动

森林——大约覆盖了领土的十分之一——是印度农村和土著人生计的一项关键资源，提供了食物、燃料和饲料。奇普科运动是成百上千的分散化和地方自治创议团体的结果。运动的口号——“生态是永久的经济”——概括了它的主要关心，即保护森林资源不被外来承包商进行商业开发。“实际上，奇普科成员正在从事一场社会与经济革命，从远方的只关心为了生产城市取向产品而出售森林的官僚机构手中赢回对他们森林资源的控制。”[6]

奇普科运动在第三世界环境团体中是很稀有的个例：取得了成功。

1973 年，它在北方邦(Uttar Pradesh)成立。在接下来的五年中，它传播到喜马拉雅的许多地区。奇普科的名称来自意味着“拥抱”的地方词汇。人民——通常妇女是这个运动的基础——通过站在树木和伐木工之间阻止了砍树，即围抱了树木。北方邦的抱树抗议者在 1980 年赢得了一个主要胜利——在该邦的喜马拉雅森林地区，15 年禁止砍伐绿色树木。在 80 年代，运动传播到印度北部的喜马凯尔邦(Himachal Pradesh)、南部的卡纳塔克邦(Kanataka)、西部的拉贾斯坦邦(Rajasthan)和东部的比哈尔邦(Bihar)。“此外，这个运动阻止了西部盖兹(Ghats)和温德亚斯(Vindhyas)的砍伐，并且造成了对一项更敏感于人类需要和生态要求的自然资源政策的压力。”[7]

奇普科运动是在没有任何集权化机构的指导和控制、公认的领导或者全职干部的条件下，成千上万普通人的非暴力抵抗和斗争如何能够成功的一个例子。更一般地说，奇普科运动有助于将注意力转移到可再生资源——土壤、空气、水、树木——在迅速工业化时代印度的重要性。奇普科运动是一个来自印度公民社会边缘的声音，试图证明“关键性的环境冲突不只是基于城市的(诸如污染)或者与对工业有用的非再生资源耗竭相关的，而是直接从根植于现代西方和资本主义观点的哲学前提中产生……”[8]

纳马达(Narmada)流域项目

另一个印度环境运动成功的例子是一个庞大的水电大坝和灌溉工程即纳马达流域项目(NVP)的中止。纳马达河长 1312 公里，是印度最大的流向西方的河流。超过 2000 万人民——包括许多少数种族部落人——生活在它的盆地，将其作为一项重要的经济和生态资源。然而，根据世界银行的说法，纳马达河“是印度被最少利用的河流之一——水资源利用当前大约是 4%，并且当它可以为区域利益而使用的时候，每天大量有效的水资源被浪费”[9]。纳马达流域项目被设想来作为解决这种所谓未充分利用的出路。它由两个很大的坝组成——萨达萨洛瓦项目(Sardar Sarovar Project)和纳马达萨嘎项目(Narmada Sagar Project)——以及 28 个小坝和 3000 个其他的水利项目。计划中的收益包括周围各邦 227 万公顷土地的灌溉、养鱼业、饮用水和电力。两个主要大坝也被设计来减弱洪水。世界银行同意了为萨达萨洛瓦项目提供 4.5 亿美元贷款，并且答应考虑对纳马达萨嘎项目的支持，直到它对整个项目的支持在 1994 年停止。

直到最近，大坝在印度被广泛视为工业化和发展的卓越象征。印度独立后第一任总理尼赫鲁称大坝为使印度现代化的新"殿堂"。大坝被计划来为工业化提供充足的廉价电力。由于这种收益考虑，水电大坝被认为值得进行大规模资本投资和强迫搬迁当地人口。

成功反对纳马达项目的运动用实例说明，大坝在第三世界面临着"不断减少的接受以及强力抵抗"。纳马达议题的重要性在于，它直接攻击发展的一个根本性信条：大的是美丽的。它也表明，普通人——如果组织起来——能够击败国家和商业利益。尽管有预期的收益，当大坝将会造成地方人民的大规模迁徙的事实变得很明朗的时候，一个声势浩大的反对纳马达流域项目的草根运动发展了起来。但是，在开始的时候，它本身并不是一个反大坝运动，而是旨在保证环境不被破坏以及因为大坝而迁徙的人们能够得到合理财政补偿的活动分子团体。但不久，分离的团体为了反对大坝的共同事业而联合起来，形成了艾金斯(P. Ekins)所描述的"印度独立后出现的最强大的社会运动之一"[10]。反坝活动分子——包括来自超过 15 万个家庭、志愿社会团体和地方与外国环境团体的 100 万可能的"被驱逐者"——与一个由中央邦(Madhya Pradesh)、古吉拉特(Gujarat)和拉贾斯坦邦政府、世界银行和地方大地主组成的敌对联盟展开斗争。后者主要看到了这个计划促进灌溉和电力供应的潜力，地方建设公司预见了一个财富之源，而许多普通公民相信这个计划将会"通过洪水控制而增加饮用水供应，通过对工业和相关活动的刺激提供的新工作机会"而导致多方面的繁荣增长。

在几个层次上的斗争——草根、省、国家和全球——不但关注纳马达流域项目本身的正反两方面，而且扩大到包括更普遍的大"发展"项目的利与弊。反纳马达流域项目运动之所以获胜，是因为它建立了一个强大的反坝联盟，包括了一个由地方农民团体、妇女团体、青年团体与环境团体和包括国际绿色和平组织、地球之友与位于美国的环境保护基金在内

的跨国团体之间的联盟。反坝运动迫使世界银行于 1994 年由于对其不利的舆论而撤回了资金。结果，这个项目由于缺乏可替代的资金而被迫推迟。正如位于华盛顿的国际河流网络（IRN）的洛瑞·尤德尔（Lori Udall）所解释的，这一项目取消“给国际捐献者一个强大的信号：大型水坝是具有风险的、昂贵的和破坏性的投资，因而他们应该支持较小和较灵活的项目”。[11]

从对奇普科运动和纳马达反坝运动中可以得出两个结论。第一，运动要达到成功，不仅需要高水平的大众组织和动员，而且需要一个准备对这些努力作出正面反应的政府。第二，拥有有影响力的外部同盟是有帮助的，尽管这本身并不能保证成功。在缺乏这些条件的时候，环境团体很难获得成功。在下面两个案例中——即肯尼亚和印度尼西亚环境团体的例子，后者因为活动分子尝试建立一个强大的联盟来利用法律渠道挑战政府而取得了部分成功，但在肯尼亚，地方环境保护团体的行动不但因为其改进政府政策的无能，还由于其吸引强力外部盟友的失败而遭到损害。

2. 肯尼亚和印度尼西亚的政治和环境

肯尼亚

由旺加瑞·马泰（Wanggari Maathai）教授领导的绿色地带运动出现于 70 年代，最初致力于植树造林。刚开始，肯尼亚政府称赞了它寻求阻止沙漠化的努力。但后来在 1989 年，马泰教授以反对政府在内罗毕建设一个“世界媒体中心”的项目而闻名。这个计划的大楼将成为非洲最高的建筑物，并将在显赫位置有一个巨大的肯尼亚总统雕塑。但是，建议的地点正好位于首都少数公园之一的中间。

马泰寻求动员对这个项目的国内和国际反对者。结果，她被诽谤并且实际上遭到软禁……1990 年 11 月，在一次美国旅行之后，她被阻止回到肯尼亚。缺少了有魅力的马泰，意味着对世界媒体中心反对和绿色地带运动本身的暂时瓦解。总之，马泰的故事是一个在人权践踏、“重要项目”发展和以发展为名的环境破坏性政策的不可持续性之间联系的例证。

肯尼亚的另一个例子表明，不只是城市土地空间遭到了威胁。在由考古学家转变成政客的里查德·里奇(Richard Leakey)的领导下，肯尼亚自80年代后期以来发展了一种强有力的野生生命保护和生态旅游政策。[12]里奇在一场飞机坠毁事故中失去双腿后于1994年离开了肯尼亚野生生物局(KWS)的领导职位，并因为高效的保护运动而成功地从外国捐献者中吸引了3亿美元。

里奇管理的公园和保留地曾经是游牧者、猎人和采集者比如马塞(Masai)、库尔克纳(Turkana)和恩多罗多(Ndorodo)人的土地。将他们从已经居住了几个世纪的土地上搬迁的政策早在殖民时代就开始了。肯尼亚的殖民保护主义者声称，非洲猎人残忍并且浪费，而且他们的过度放牧牲畜造成了与野生动物的竞争。然而，许多当代保护主义者相信，过度放牧是例外而不是普遍情况；人们和野生动植物生活在和平之中。殖民主义者相信，唯一保护这一区域野生动植物的方式是使它与人群分离——实际上是创建在那里本地人将不受欢迎的只有动物的主题公园。相应地，国家公园得以创建，而人们被排斥在外。但是，公园不是"空"地，本土居民的家园——无疑也是聚集着野生生物的最肥沃地区——被随意地夷为平地。

实际上，里奇寻求复活殖民政策，主张成功的动物保护只有人被拒绝在外才有可能。这与肯尼亚政治精英的野心巧妙地相吻合。问题的关键在很大程度上是，外国旅游者在他们假期里希望在"异国情调"的肯尼亚看到什么；如果他们没有看见足够多的大型游乐项目，他们就可能去其他的地方——也许是津巴布韦或者南非——那些他们能去的地方。到90年代初，基本上来自于欧洲的外国旅行者每年花费大约5 000万美元来看大象和其他野生动植物。[13]里奇认为，旅行者不希望在公园里看见人，并且在任何情况下，本地人想得到与生态保护不一致的"发展"(道路、自来水、医疗和教育设施)。

无论里奇政策的正确性和错误性如何，事实是，当地人们没有得到补偿，但却被从他们祖先的土地中驱逐出来。而且，肯尼亚的政治精英从这项政策中得到了财政收益。马塞人抗议他们失去了大部分旱季在公园和保留地放牧的机会，并且，"错误的旅行者预期已经变得比当地人民的生活更重要"。在1994年从职位上退下来之前，里奇是某些自称是马塞和

其他部落拥护者的政客企图为了控制旅游工业而驱逐的目标。但是，问题**不只是**将当地人民从传统上在他们控制下的土地上驱逐出去的正确或错误，还存在着一个更严重的人类代价。在理查德·里奇1989年4月被任命为肯尼亚野生生物局领导人后的两年里，超过100个侵入者被枪杀，他们中的许多人“没有机会辩解或者审判；(野生生物)巡逻队员就像处于紧急状态下的军人一样被许可开枪射击”。

肯尼亚自然保护的近来经历也涉及到了外国环境组织的重要作用。巡逻队员的射杀政策得到了各种外国团体的积极鼓励，包括世界自然基金、非洲野生动植物基金(AWF)、世界保护国际(WCJ)、自然保护国际联盟(IUCN)、保护国际(CI)和全国地理协会(NGS)。通过公开宣称地方部落成员是“入侵者”，世界自然基金主张，马塞族“增长中的人口是对大象生存和其他野生动植物的一个主要威胁”。

肯尼亚政府使用其权力来保护和管理资源，并且在当地人民抵制国家控制的地方坚持自己的权威。这种在肯尼亚野生动植物保护中的趋势的政治含义是清晰的。虽然设备和资金表面上看似乎被分配来保护自然，但它们也被国家用来为自己的政治目的服务。依此，对保护野生动植物旅游业和研究的承诺服务于肯尼亚政府的经济和政治利益，而这在保护野生动植物方面的有效性是有疑问的。

印度尼西亚

对印尼森林保留地管理政策的争论更为精妙。与肯尼亚相比，在爪哇岛上的国家机构与国际保护利益之间的互动是不同的。虽然国际保护团体不像其在肯尼亚那样来支持印尼政府保护热带森林栖息地，但它们依然在使国家利用暴力来保护其对自然资源机构掌管合法化方面发挥了显著的作用。通过为可持续林业游说和以被西方林学家或生态主义者使用的术语来定义可持续林业，国际保护团体强调了正式的、科学的森林管理的规划。

在印尼，国家的自然保护政策受到了公民社会中团体的挑战。在1994年10月，地方环境主义者开始了一项反对政府的法院诉讼以发起对政府重新造林基金的广泛调查。这项由印尼环境论坛(IFE)和一个成员主要来自地方商业与 IBM 等跨国公司的伞型组织（WALHI）所提出的诉讼，有助于将重点集中在这个国家的环境议题。

这项诉讼对苏哈托总统将来自重新造林基金的 1.85 亿美元资金集中到国家的航行工业金库的决定提出了挑战。根据起诉方的观点，这个决定违反了政府对改善印尼正在消失中的雨林所作出的保护主义承诺。但是，政府的辩护律师主张，这些起诉团体没有法律地位来起诉，因为“非政府组织不代表一般公众的利益”，另外，“重新造林议题应该由议会而不是由法院提出”。一个由林业部委托的机密的亚洲发展银行报告指出，正好六分之一的重新造林基金在 1993 年 3 月前的四年里被花费掉，而供给自然森林恢复和保护活动的直接资金只占了分配资金的 3%。换句话说，在 1989 年到 1993 年间，分配给印尼重新造林的资金中只有不超过 0.5% 的份额被用在重新造林方面。

报告顺便提到了“大量和正在增加的关于资金如何花费的灵活性的证据”，尽管并没有给出细节。不仅如此，“许多种植园位于过度砍伐的森林地带，助长了对剩余树木的砍伐并造就了一个适合印尼迅速扩张的纸浆和造纸工业的单一林业”。然而，起诉团体所支持的保护主义信息看起来正在逐渐被人理解。印尼森林部长在 1994 年后期宣布，印尼将会在 1994～1999 年间为了“可持续发展”的利益而削减 30% 的木材产量。这位部长还对社区林业中的试验计划表示了兴趣，现正在卡利曼坦（Kalimantan）和其他地区实施，允许村民在保护资源中承担更多的责任。[14]

上述对印尼环境保护活动的描述很好地说明了格罗夫（Grove）的论点，“如果存在一个可以得出的历史经验（与环境相关）……只有当它们的经济利益被表明受到直接威胁的时候，国家才能够被劝服来采取行动阻止环境退化”[15]。环境团体一旦开始反对森林砍伐的行动就会发现，它们自己面临的不仅是国家，还有大农场主和商业利益。反森林砍伐团体以及更广泛的环境团体成功实现目标的能力，取决于以下两个主要因素：①关键是团体摆脱孤立而联合成一个更广泛的——区域和全国——联盟；②一场运动更有可能成功，如果联盟能够通过民主和法制渠道追求它的目标。换句话说，环境努力的有效性部分地依赖于政治环境。来自塔希提岛和尼日利亚的两个案例研究说明了这些论点。

3. 穆鲁瓦核试验:塔希提岛文化革命的催化剂

法国政府在 1995 年后期和 1996 年初进行八次——后来削减到六次——在穆鲁瓦(Mururoa)珊瑚岛的核试验决定,招致了全球谴责的浪潮。在巴士底日的 1995 年 7 月 14 日,法国产品遭到了抵制,该国世界范围的使馆遭到了绿色和平组织抗议者的袭击,并且,各种示威在西方和第三世界国家发生。尽管有这些抗议,法国还是在 9 月引爆了第一次核试验,并且紧接着进行了其他试验。

这些试验不仅引起了全球范围内的愤怒,也鼓励了塔希提岛独立运动(TH)的更大努力。全球环境主义者将这些试验视为与 90 年代的环境保护精神相违背,而许多塔希提人则将它们视为显示法国傲慢的例子,进一步证明殖民权力几乎不关心其“属地”的看法。

法属玻利尼西亚的核试验有很长的历史。在 1963 年的《部分禁止核试验条约》之后,法国建立了太平洋试验中心,在宣布一个为期二十年的暂停试验之前,在接下来的十年里在穆鲁瓦进行了 41 次大气核试验。

对南太平洋社会来说,冷战塑造了区域安全被概念化的方式;它也有助于培育该区域的泛民族主义。虽然这最初影响的“只是国家之间的关系,但也日益影响到内部的社会和政治力量”。在美国控制的帕劳(Palau)群岛和法属新喀里多尼亚(New Caledonia),冷战律令被用来辩护反对向着自决的方向前进。后来,争取自主和独立的运动力量有所增加,这得到了冷战结束后会因为世界注意力集中到其他地方而导致南太平洋较少的讨价还价能力和一个更加紧缩的经济氛围观念的刺激。然而,对法国来说,玻利尼西亚作为一个核试验地点维持了其重要性,而剩余的殖民领地包括塔希提为不断地介入一个重要地区提供了理由。

直到近来发生的动荡,法国通过利用金钱而成功地压制了不满,每年在它的南太平洋领地花费近 20 亿美元。在法属玻利尼西亚,1993 年人均 GDP 被世界银行评估为高收入类别,即每年超过8 626美元、4 倍于独立的斐济(2 130美元),并且比该区域的其他独立岛国的 GDP 高出许多倍。塔希提岛“依靠一个法国军火库而生活”,经济“繁荣并受到保护,没有国际竞争的顾虑”。

尽管其他从前的殖民霸权从该地区撤退了，但法国的政策是维持其在该地区的地位，主张太平洋属地是法国不可分割的部分和“塔西提人拥有与巴黎人同样的公民权利”。近四十年前，当被问到是否希望独立时——这意味着法国援助的完全终止，法国太平洋属地的人民表示，其愿意维持作为法国“大家庭”的一部分。但到80年代时，情绪很明显在变化，在新喀里多尼亚，一场喧闹的赞成独立运动与统治的行政部门之间发生了冲突。

反法情绪增长的背景为1995年塔希提的叛乱提供了基础。这个岛屿特别受惠于作为穆鲁瓦环礁的供应基地，后者在其东南1 400公里。许多塔希提人在那里工作，大多数是做仆人工作，虽然许多人的年收入据说超过4万美元。这些工作在塔希提得到了高度重视，但那里25%～40%的年轻人没有工作。每年大约有1 000名年轻人在他们离开学校时不能找到工作；年轻人为支持独立运动提供了许多干部。

法国恢复在穆鲁瓦核试验的决定是爆发对法国殖民存在的愤怒浪潮的一种催化剂。骚乱从愤怒爆发中产生，并演变为更广泛的反法情绪示威。年轻人充当了这次活动的主力。一个妇女团体的领导维希尔·鲍迪斯(Vaihere Bordes)声称，“这里每个人都联合起来反对法国和核试验，而地方政府却置若罔闻”[16]。1995年9月的三天里，与第一次核试验相似，示威者走上街头搞破坏、焚烧和抢劫。最后，塔希提的首府帕皮提(Papeete)遭到了严重破坏。

反法斗争将在塔希提正在形成的公民社会中的主要团体——尤其是希提陶(Hiti Tau)这一环境、发展、妇女、青年和文化的伞型团体，支持独立的政党塔希提独立运动和工会(AIM)——的注意力集中在核试验这一象征独立的议题上。对社会正义和在法属玻利尼西亚结束环境破坏的呼吁是同一要求的一部分：影响人民生活的主要决定必须回到他们的控制之下。塔希提人感到，自己同时分离于他们的文化和决定他们未来的能力。自决虽然最后被否决，但许多塔希提人不再准备顺从地服从法国的控制。在通过两个月的和平示威和请愿来试图说服法国人，而法国忽视了地方和全球劝其保持节制的呼吁后，抗议转变成暴力也许是可以理解的。

塔希提抗议的爆发也应该从全球反对恢复核试验决定的示威背景来

看。塔希提人也通过电视和广播清楚地意识到了这一点，他们能直接地看到世界范围的抗议。正如鲍迪斯所说："观念已经变化了。如果你回到三十年前，我们的父母还没有意识到核能意味着什么。1966 年，我们还没有广播、电视或者机场。现在，我们与世界联系在一起，并且我们看到了灾难。"[17] 塔希提人也认识到，他们自己的反法示威将会得到世界关注，而反殖民运动会因此得到激励。

4. 尼日利亚奥格尼兰的环境行动主义

50 万奥格尼人——0.5％的尼日利亚总人口——住在尼日尔三角洲。奥格尼人传统上是农民和渔夫，过去不但为当地人，而且为河流州(Rivers State)的很大部分生产食物。50 年代后期，奥格尼兰(Ogoniland)发现了大量石油。自那时起，石油逐渐主导尼日利亚的经济和奥格尼人的生活。然而，尽管联邦政府做出了许多承诺，当地人民只是从他们的石油中得到了有限的好处。正如南恩(B. Naanen)所评论的，相反，发生的是，"一方为中央政府及其构成单元，另一方为多样化的民族团体之间的权力分配模式，这已经从政治上削弱了奥格尼人民，使他们失去了对他们的资源和他们的环境的控制"[18]。

从环境的观点看，也许最具灾难性的是在农场和村庄(地上)流淌的破裂管道引起的持续漏油。奥格尼人不得不忍受持续的噪音和大量废气燃烧污染。奥格尼兰有尼日利亚四个炼油厂中的两个、该国唯一的重要化肥厂、一个大型石化厂和第四大海港——相互距离都只有几公里。工业化和石油开发的影响因为人口的高密度而尤其严重——50 万奥格尼人挤在 404 平方英里之内，即每平方英里1238人——再加上大多数人依赖耕作和渔业维持生计。尼日利亚政府和壳牌公司都不希望宣扬奥格尼人的困境。一个国际非政府组织——未被代表的国家和人民组织(UNPO)向奥格尼兰派遣了一个调查事实的代表团，但被尼日利亚政府阻止。"邦迪商店"(BS)的代表申请到该地区的签证也被拒绝。

恶劣的环境条件、该地区的不发展状态和政府不愿意听从奥格尼人的要求，是推动他们反叛的催化剂。1990 年 10 月，当一个村庄的村民袭击了壳牌公司的生产工人时，矛盾一触即发。壳牌公司叫来了移动警局

（当地人称为“杀了就走”），他们射杀了80名村民并且烧掉了大约500幢房屋，其中一些房屋里还有被困在里面的居民。

奥格尼人民生存运动（MSOP）领导和协调了这个暴动，该行动由一个来自各种社区团体的指导委员会实施，其中包括妇女团体、青年团体——在奥格尼人民全国青年委员会（NYCOP）的旗帜下组织起来——和专业人员团体。奥格尼人民生存运动由作家肯·萨罗—威瓦（Ken Saro-Wiwa）领导，直到他1995年11月被处决。并非所有的奥格尼人民支持该运动的目标。一些保守领导人强烈反对，他们由此被谴责为国家代理人。反对运动的个人受到了伤害：他们的房屋和其他财产被运动的成员破坏。许多保守成员反对该运动，因为有广泛基础的社区团体威胁通过鼓励从前的从属性团体挑战他们来削弱其权力。然而很清楚，大多数奥格尼人对该运动表示了同情。1996年1月4日，为了纪念“奥格尼日”和追悼萨罗—威瓦以及他的8个同志，一个被禁止的达30万穿黑色衣服的奥格尼人游行发生了。6个游行者被联邦士兵杀死。

奥格尼人组织和动员的努力开始于1989年。萨罗—威瓦在日内瓦联合国人权委员会前介绍了奥格尼的情况。这“标志着一个促进人们信心的重要转折点”，直接导致了1993年1月30万奥格尼人的示威，以及同年8月奥格尼代表团在维也纳联合国人权委员会议上的出现。从那时起，环境和人权组织包括UNPO、世界雨林行动团体（WRFAG）、大赦国际（AI）、邦迪商店和绿色和平组织帮助宣传了奥格尼的困境。英国议会人权小组也使尼日利亚政府和壳牌公司遭到了压力。政府的回应具有“胡萝卜加大棒”的色彩，在鼓励与该运动对话的同时仍然以捏造的指控监禁了萨罗—威瓦和其他几个领导人。在1995年初，萨罗—威瓦从戈德曼基金会获得了3万美元，这个美国组织“承认他为人权和环境正义而斗争”。

近来反对联邦政府和石油公司的斗争，只是奥格尼人渴求控制他们自己事务的最新反映。在殖民时代，奥格尼和其他三角洲团体一起要求一个分离的行政区划。这在独立后的1967年最终实现，并创立了河流州。1974年，伴随人数更多的伊贾（Ijaw）人的主导地位，奥格尼人为创立一个分离的哈考特（Harcourt）港州的请愿未获成功。对一个分离州的要

求日益与大量其他问题混合在一起:经济衰退,以石油为基础的生态退化,传统农业和渔业的破坏。

作为一个处在实力弱小位置的少数民族,奥格尼人的不满因他们土地上的石油资源对尼日利亚经济发展所做出的贡献而日益增加。1972年,六大油田每天生产 20 万桶原油,然而,奥格尼人却被拒绝了物质收益,包括自来水、电、医疗设施和道路。

虽然奥格尼人的要求未获成功,但在短期内却取得了许多具体成就,尤其是提高了国家和国际对于他们所处困境的意识,而这一案例已经成了闹得满城风雨的事件和一场对尼日利亚政府对该国少数种族和他们对控制其土地要求态度的考验。1995 年 11 月,萨罗—威瓦和其他 8 名活动分子因为涉嫌鼓励该运动的成员谋杀 4 名支持政府的奥格尼酋长而被执行绞刑,这遭到了强烈的国际抗议。紧随对萨罗—威瓦和其同志的"司法谋杀"之后,超过 20 名其他奥格尼领导人和活动分子,包括运动副主席利度姆·米梯(Ledum Mitee)遭到了逮捕。奥格尼兰驻扎了大批的联邦军队。

奥格尼人反对中央政府的斗争说明了当代非洲国家和地方少数种族团体关系中的两个要素:土地的重要性和国家对来自假定的分裂主义团体挑战其权力的担心。萨罗—威瓦被处绞刑不是因为他领导了环境正义运动,而是因为奥格尼人的斗争挑战了尼日利亚三大主流民族团体对其他少数民族团体所拥有的压制权力。

从奥格尼兰和塔希提的个案研究中可以得出三个结论。首先,两个政体中的团体不仅在为反对感知到的环境非正义,而且为自主或从中央控制下的独立而斗争。换句话说,环境目标是一个更广泛政治授权目标的一部分。其次,两个运动中的领军人物基本上是几乎从现行社会得不到什么利益的年轻人、妇女和下层群体。第三,两个个案研究再次说明,在缺乏一个协调的社会运动的情况下反对强大的国家或者外国利益,环境团体的目标是很难实现的。

5. 小　结

近些年来,来自环境团体的对第三世界政府从下向上的压力增加了,这经常是对更普遍政治和经济改革的更广泛要求的一个方面。环境活动分子往往来自下层阶级，特别是来自穷人、妇女、青年和少数民族。印度、肯尼亚、尼日利亚和塔希提的个案研究，提供了为什么环境取向的运动经常成为针对国家及其政策更广泛抗议的例子。然而，环境运动只能在某种条件下才能成功。首先，要有追求环境目标的民主和法律渠道的存在，这是必需的——虽然不一定是充分条件。第二，建立一个团体和组织的相对广泛联盟是关键性的，足以广泛和有代表性来对抗国家及其盟友诸如大地主、高级军方人物或者重要商业利益。然而，这种斗争只有在强大的公民社会具有对国家影响的民主环境中才能成功。在本文讨论的国家中，只有印度属于这个类型。印尼环境团体的部分成功强调了，像奇普科一样，如果环境团体在一个联盟中联系在一起并且具有良好的组织和持久性，那么，它们可以成功地挑战国家。

数量不断增加的环境团体对政府和公司与可持续发展战略相关的做法发起了挑战，取得了适度但也许是增长中的成功。构成这种组织议程的基础是一种信仰：处在社会经济大厦底层的人民当遇到环境问题时，应该有明确的权利和机会来参与决定他们自己的命运。因为大多数第三世界社区是集体性贫穷，它们在影响其发展的项目上往往不被征求意见。由于缺乏政治和经济权力，发展政策经常是被简单地强加在它们身上，正如我们在纳马达流域项目所看到的那样。

奥格尼和塔希提人的斗争用例子证明，当少数民族或边缘种族和社会组织领导人对他们政体中权力分享和资源分配结构不满时会发生什么：他们寻求以对自己及其追随者更能接受的方式重建权力构型。然而，两个运动都未能实现其目标——至少在短期内——表明，公民社会足够强大对于抗衡国家并在这些斗争中实现目标是如何重要。奥格尼和塔希提人在赢得外国支持方面都很成功，但却不能形成一个足够强大以实现其目标的国内利益团体的联盟。奥格尼人发现，邻近的种族团体——其中一些与其有过紧张关系的历史——被国家煽动来攻击他们。在塔希提，因为法国是一个以远超过地方平均值之上支付薪水的重要雇主，情形就更为复杂。人们也许已很熟悉更大自主性甚或从殖民统治下独立的观念，但这样的渴望对于很多人来说可能会被对如果法国人撤走他们的收

入将发生什么变化的关切而抵消。

［注释］

[1] S. 布雷曼:《知识权力:生态运动和全球环境难题》,载 R. 利普舒茨和 K. 科恩卡《全球环境政治中的国家与社会权力》,哥伦比亚大学出版社 1993 年版,第 129 页、第 124 页。

[2] N. 佩鲁索:《国家资源控制政治中的强制保护》,载 R. 利普舒茨和 K. 科恩卡《全球环境政治中的国家与社会权力》,第 47 页。

[3] "第三世界"这一术语在 20 世纪 50 年代被发明来一方面指大量的经济不发达国家,那时在非洲、亚洲和中东的非殖民化国家;另一方面指拉美国家,它们大都独立于 19 世纪初,但经济上依然虚弱。尽管有着共同的殖民历史,第三世界国家间存在很大差别。沙特阿拉伯(1993 年人均 GNP 21 430美元)、韩国(7660美元)和莫桑比克(90 美元),以及政治上特殊的政体比如古巴(一党统治国家)、尼日利亚(军事独裁)和印度(多党民主制),都被认为是发展中国家。尽管这一模糊的词汇掩盖了这些国家间的文化、经济、社会和政治差别,但它有着相对于其他替代性术语像"南方"、"发展中"国家的优点。"南方"主要是一种地理意义上的表达,但忽视了某些西方国家——澳大利亚和新西兰——处在地理上的南方。但是,"南方"确实有着摆脱了"发展中"国家概念中明显存在的走向某种预定的终极状态和目标的含义。参见世界银行《世界发展报告》,牛津大学出版社 1995 年版,第 162～163 页。

[4] 重要的是不能过高估计环境团体对于所有从属性团体的重要性。某些团体不愿意加入或支持环境团体,因为它们的收入来自于从事污染性工业或受到土地拥有者驱使采取反生态的农业方法。

[5] 参见 S. 布雷曼《知识权力:生态运动和全球环境难题》,转引自 R. 利普舒茨和 K. 科恩卡《全球环境政治中的国家与社会权力》,第 129 页。

[6] 参见 P. 艾金斯《一个新世界秩序:全球变化基层运动》,伦敦罗特里奇出版社 1992 年版,第 129 页。

[7] 同上,第 143 页。

[8] H. 塞蒂:《生存和民主:印度的生态斗争》,载 P. 威格纳拉吉主编《南方的新社会运动》,伦敦泽德图书出版社 1993 年版,第 127 页。

[9] 同上,第 133 页。

[10] P. 艾金斯:《一个新世界秩序:全球变化基层运动》,第 90 页。

[11] J. 维达尔：《地方主义对全球主义》，载 1995 年 11 月 5 日《卫报》。

[12] 里奇现在是一个主要反对党萨拉芬纳(Sarafina)的领导人。

[13] 旅游是肯尼亚最赢利的产业，占到这个国家全部外汇的 20%。

[14] 这也许未必是印度尼西亚一个初步的环境关心政策出现的标志。一个形成中的生态商标计划许诺增加保护监管。为了向发达国家市场比如瑞典、澳大利亚、加拿大和美国出口热带林木，表明它们来自可持续来源正变得日益必要。

[15] 参见 J. 卡米勒利和 J. 法尔克《主权的终结？一个缩小和分化世界中的政治》，阿尔德肖特爱德华埃尔加出版社 1992 年版。

[16] 参见 J. 维达尔：《垃圾社会鼠的反击》，载 1995 年 9 月 9 日《卫报》。

[17] 同上。

[18] B. 南恩：《石油生产少数民族和尼日利亚联邦主义的重建：以奥格尼人为例》，载《英联邦和比较政治学报》1995 年第 1 期，第 46～47 页。

（杰夫·海恩斯）

第十一章　环境非政府组织和全球环境基金

一项新的环境保护多边援助基金——全球环境基金(GEF)——于1998年被再次注入27.5亿美元资金，通过世界银行和联合国发展项目来为“全球环境利益”提供资金援助。全球环境基金管理者的目标在于，使上述词汇名副其实和实现全球化进程中环境运动中改革主义者的期望。在这一过程中，他们有时弱化草根环境行动，有时也间接地提供一些援助。

声称代表“公民社会”的各种非政府组织和全球环境基金之间的互动模式，可以写出无数合作、吸纳和竞争的地方性故事：非政府组织与全球合作基金一起，直接参与一个那些“局外人”忽视或者直接对抗的政治、经济和科学上全球化的体制。虽然政府和政府间机构(IGOs)是全球环境基金的主要受益者，这一基金在一个环境非政府组织共同体内为一些环境团体所提供的适当位置在全球治理的政治生态学中可能是独一无二的。

非政府组织为什么和通过什么渠道获得全球环境基金的政策和资金？这些基金如何被使用和由谁使用？它们给精英决策提供绿色专业知识和可信性吗？或者，它们进入和推翻主导话语来支持在更广泛运动中更加激进的盟友吗？在全球环境认知共同体中，人们如何维持全球环境基金作为共有价值观的一种发展？全球环境基金是否会促进“可持续发展”——无论这一概念如何理解——在这里没有谈及。我也不会细致考察环境活动分子如何执行或者反对全球环境基金项目，本文将集中研究围绕新的全球经援流动的团体之间的关系。

在讲述全球环境基金神话的同时，我介绍了介入其创立和持批评立场的非政府组织。在讨论一些组织如何与全球环境基金接触的时候，我将这一基金的目标、使用和成就联系起来。为了帮助实现全球环境基金的潜能，以他们的名义来使用和管理基金的“公民社会利益共享者”也许能够得出他们自己选出的代表正在如何（或者甚至是否）为公共利益而工作的结论。在结论部分，我讨论了公民社会对制度全球化以及环境影响回应的发展。只要全球化表现为不断进行中的，研究人们如何影响全球制度的创建就一定是有用的。[1]

1. 建构全球环境基金的非政府组织

这个故事不是以《寂静的春天》而是以组织化的环境主义和政府结构之间的联系开始的。在1972年斯德哥尔摩联合国人类环境会议前不久，环境国际议会会议（IPCE）的成立为世界范围的政府行动营造了观念和压力。[2]西方政治家由此强化了与环境运动既存部分即世界自然基金、国际自然保护联盟（IUCN）和希拉俱乐部之间的联系。环境国际议会会议一直持续开会，直到1978年资金用完和政府热情减退，以及环境运动中的一部分变得在政治上更加激进。

相应地，在80年代初，一个以美国为基础的环境非政府组织“十成员小组”认定[3]，经济增长不仅是与环境保护一致的，而且必须由它来对环境保护提供财政支持。这将接受资本主义信条的“改革者”与要求根本性重建人类组织的“较深”绿色团体区别了开来。有一份报告从来没有送到该“十成员小组”的理事会，但却总结了一种共识意见。报告在基调上是管理性的，主要的原则是：可持续的经济增长对环境质量来说是好的；适当的规制对经济和环境都是有好处的；并且，非政府组织应该保持在言辞上激烈但在实践中温和的战略。

通过表明对大多数现状的顺从，主流环境主义者形成了在大型非政府组织和西方政府之间调和的基础。在脱离激进绿色社团后，改革者逐步增加了与曾经因反对增长而拒绝其议程的政府和政府间经济合作与发展组织之间的建设性对话。也许是作为回应，对抗性团体诸如“地球第一”的成立就表达了他们的关切。

到80年代后期，世界银行面临着来自美国国会的环境主义要求。作

为世行主要股东的“议会”，美国国会要比其他捐赠国家在对外政策方面具有更多的控制力，并且对地方游说团体很敏感。在环境主义者关于世界银行不良记录的压力下——有时与右翼的“非神圣同盟”一起反对援助——国会收紧了银行补给的条件。非政府组织与公务员寻求政治适应的会议发现了在给环境保护提供财政支持方面具有共同的兴趣，前者获得了接近大规模公共财政的机会，后者在它们的最佳批评家的帮助下改善了形象和影响。在探索像 1987 年布伦特兰报告定义的“可持续发展”的可能性过程中，环境和发展专业人员之间的复杂游戏在权力中心开始。

当“布伦特兰寻求吸纳那些正在创造一种新政治游戏的团体时……一个全球性国家的专家……使他们转化为一个次要的咨询群体”，联合国体系已经比布雷顿森林体系对“公民社会”更加开放，并且一些非政府组织已学会如何利用它。结果之一是国际保护资助项目(ICFP)由联合国发展计划项目通过一个前银行家和一个国际荒野领导基金会(IWLF)的共同努力而启动。世界资源研究所(WRI)被要求来制作为保护提供多边财政支持战略的报告。世界资源研究所报告项目成员会见了在美国的专家，银行、非政府组织和发展机构的人员，并且在提出包括一个国际环境基金在内的建议之前在世界范围举行了研习会。

在这一事件中，联合国发展项目的行政人员表示了“不高兴”并且声称，报告与“发展和环境的一体化观点背道而驰”而且企图将它的名字排除在外。这使得世界资源研究所的古斯·斯佩思(Gus Speth)——后来的联合国发展项目领导人——继续从事一个遭到其正式倡议者拒绝的想法，因为它未能充分整体考虑并且忽视了贫穷和生态学之间的复杂关系。尽管正式的国际保护资助项目过程最终失败，但后来与这一建议的唯一真正差异是，全球保护基金是“全球的”而不是“国际的”。并且，从世界资源研究所听到的唯一遗憾是，全球环境基金本身是一项基金，而不是一个为现存制度通过更可靠的绿色渠道来转移资金的项目准备金。

什么是全球环境基金

一些人说，全球环境基金使环境议题“主流化”的功能在国际上类似于 20 世纪 70 年代早期由联合国环境项目带来的缓和。两个机构都拥有丰富的专业知识，但二者都不能完成协调制度性变化的“没有希望的要求”，因为环境议题在政府中的地位较低。然而，与联合国环境项目比较，全球环境基金更富足，它以财富为驱动、以美国为基础，具有世界银行风格的“有效性”，并且为一个全球化时代而设计。

全球环境基金支付在四个“焦点领域”中为创造“全球环境收益”而“达成一致的边际成本”——生物多样性、气候变化、国际水源和臭氧层耗竭。1991 年，全球环境基金作为一个多边资助具有全球价值环境保护的世界银行中的试验机构得以创立，它的“额外”信用基金现在被特别援助专业人员描述为“城里唯一的游戏”。作为联合国气候变化和生物多样性公约的临时性“财政机制”，全球环境基金补贴要求签署国的活动不要将其归入充分“发达”的类型而自己支付其费用。为了“影响”其他财政渠道成为更加有利于环境的投资，全球环境基金或者给林业项目添加生物多样性要求，或者将能源投资从化石燃料转到可再生资源。这一援助“引诱了”全球经济活动中替代环境成本的内部化。

欧洲捐赠政府代表在他们所信赖的世界银行发动了全球环境基金，来取代在次年举行的联合国环境与发展会议上曾试图提出的选择。由于缺乏独立法人资格，全球环境基金通过一项试验性制度间安排进行管理，但在世界银行内有一个管理理事会和秘书处。然而，政策用直接来自非线性的解放与发展的话语来描述——伙伴关系和参与、股东所有权及在实践中学习。声称以科学和经济原理追求激进的替代，全球环境基金呈现为各种环境主义者所致力于工作的顶峰。

然而，非政府组织和七十七国集团政府在里约抗议，全球环境基金是一个贸然的既成事实，因而被迫实行重大改革。在复杂的、有时激烈的谈判之后，该机构在 1994 年再筹集 20 亿美元之前在透明和责任的原则下被重建。理事会增加了一个双重多数投票制度[4]，并且，世界银行接纳联合国环境规划署和发展规划署为“平等的”执行机构。

几乎没有文件记录表明，全球环境基金职员私下如何看待他们的作用。从观察和采访来看，全球环境基金制度包容多样性的观点，其中一些甚至要比在非政府组织中发现的更为激进。[5]然而，无论他们如何接纳环境主义，在等级化结构中进行“专业性”工作的全球环境基金职员只是在

边缘上可以影响“日常事务”。他们或许谈判和维持环境保护的基础结构——例如，计算机化的资源数据库——这得到了财政、科学、政府和日益来自环境精英的重视。[6]

面对政府保护主义、商业风险厌恶和官僚机构程式化的现实，全球环境基金中的个人为了达成“协议”而重视外部的专家建议。我们已经看到非政府组织如何帮助全球环境基金的形成，现在，它促进了非政府组织以一种“伙伴关系精神”介入。全球环境基金基本满足了政府的要求，但也对非政府组织中的关键个人作出回应，因为在建立试验性全球环境基金的谈判中，一些参与者“私下抱怨，美国的立场实际上重复了以华盛顿为基础的环境支持团体的立场”。

谁是非政府组织

世界银行将非政府组织定义为独立于政府并且具有人道主义的或者合作的而不是商业的目标。[7]在大多数情况下，学术机构和商业组织不被归为非政府组织。然而，在全球环境基金对“局外人”特有的开放性情况下[8]，所有感兴趣的各方都被集中到一起并被允许相互接近，如果依据全球环境基金的定义它们具有全球环境目标的话。

非政府组织的动机应首先是“非经济的”和追求“公共目标”，但当它们提供服务而不是免费供应时，就是在出售服务。80 年代兴起的政府职能私有化和非技巧化的“新自由主义潮流”，允许非政府组织进入国际援助部门。通过填补由国家资产剥离留下的治理和公共服务中的裂缝，一些团体在全球层次上表现活跃而且不只是受到联合国的欢迎。虽然现在通过全球环境基金对世界银行全球援助进行评估，但甚至非政府组织自己也发现，在一个私有化收益和外部化成本的政策背景下，草根创议团体的可持续制度化存在困难。

在当前的意识形态氛围下，新自由主义经济学依然采取的是“成本”、“收益”、“效率”和“有效性”的语言。考虑到环境经济学可用工具的灵活性，这一话语中的专业人员尝试在由全球环境基金聚拢在一起的环境、经济和外交部门之间进行解读。[9]因此，一些非政府组织（尤其是国际保护联盟）向偏重环境经济专家建议的方向转变，而全球环境基金则把通过自然“标价”计算边际成本置于优先地位。

通过拒绝体现在这种话语中的价值，许多生态活动家对全球环境基金的工作表示了轻视，认为这只是针对环境破坏结构性根源的全球性大众抵抗中的枝节性议题。例如，那些在人民全球行动(PGA)的“支持人性和反对新自由主义”网络中联合起来的人们，直接挑战了对社区的生态和社会的剥削。[10]受里奇(Rich)等人描述和“五十年足够运动”的刺激[11]，美国活动分子破坏了1995年世界银行在华盛顿建设新总部的计划，并且大众抗议在整个世界扩展开来。当全球环境基金提出，“执行机构可以为由非政府组织从事的全球环境基金项目的准备和实施作安排，考虑到这些组织在高效和成本有效的项目执行上的优势……并与国家优先性相一致”时，该组织仅仅想通过对新观念的“广泛撒网”以现金买断来缓和公民社会中的敌对部分吗?[12]

2. 非政府组织与全球环境基金的关系

如果说全球环境基金寻求实践革新和系统的公共关系的话，在非政府组织中也可以发现这些。依照瓦普纳(P. Wapner)的有目标的方法[13]，我将环境主义者对全球环境基金战略的特征描述为“局内人”或者“局外人”。粗略地讲，局外人(比如绿色和平组织、第三世界网络)挑战的只是全球环境基金最新从属组织或者分支的结构，而局内人(比如世界自然基金、国际保护联盟)天然地参与这一体制，并寻求利用和改善它。[14]

从世界银行全球环境基金项目的管理者的观点看来，非政府组织有时“恰好地”填充了一个“有趣和挑战性的位置”，但位于在技术上“胜任的”和政治上难以驾驭的两者之间的一个“巨大输入范围”的多个点上。由于怀疑世界银行“发牌和操纵”、全球环境基金“不愿听见”对一项正在秘密状态议程的反对，环境非政府组织声称，“如果大卫确曾驯化歌利亚，它是通过使用弹弓……而不是与他一起坐在讲习班上讨论由华盛顿H街1818号确定的改革”[15]。因此，大规模非政府组织和其他组织已经注定被联合国环境与发展会议过程所吸纳。然而，尽管其他地方的不一致，非政府组织似乎在“复杂的、多面的和经常分化的社区”上存在一致意见，即那些不乐意在全球环境基金中“玩游戏”的非政府组织，应该离开这个领

域以便从事“建设性”的批评。

本章列举的非政府组织既不是完全的，也不是稳定不变的，它们往往只是比较显著性的局内人——特别是那些在华盛顿特区设有办公室的组织。较穷的非政府组织不断地在基于议题的网络上寻找资源，这些网络的公共形象可能没有体现所有参与团体的多样性。那些专注于全球环境基金的非政府组织，已经从要求改善全球财政制度特别是世界银行的运动转变到进一步开放全球环境基金。一些组织则两者兼做：支持世界银行透明和参与全球环境基金体现了这些支持者、它们的盟友和“公共利益”对这些商品的渴求。

非政府组织对全球环境基金的批判

甚至在1994年重建之后，也很少非政府组织热心于全球环境基金的形式和治理。当七十七国集团在里约举行象征性抗议以支持一个“绿色基金”时，它们得到了环境非政府组织的支持。非政府组织对试验阶段全球环境基金的看法被鲍尔斯(I. Bowles)和普里克特(G. Prickett)总结如下[16]：决策既不透明也不科学，非政府组织、地方人民和科学家的参与有限，并且许多补贴对接纳者来说由于过大而不能被有效地吸收。如果这种“例外性”削减了对其他地方生物多样性的支持的话，全球环境基金可能是产生不利效果的，因而作者建议用一个“弹性测试”来取代“边际效应”，由此，全球利益将不破坏地方的保护。

这两位作者中肯地认为，以世界银行项目为基础的方法并不适合于帮助生物多样性保护和能源效率方面多样化来源的革新。他们推荐扩大符合条件的提出和执行项目机构的范围：全球环境基金应该成为一个“观念的市场”。这个反复被提及的建议包含着，区域性多边发展银行、联合国机构、政府、学术部门和非政府组织，应该直接与秘书处而不是执行机构打交道——全球环境基金“蜜罐”中的竞争对手。

来自“局外”的指控更加尖锐：全球环境基金是“绿色洗涤剂”。环境保护基金的布鲁斯·里奇(Bruce Rich)引用了一个在刚果的生物多样性项目，依据一个世界银行项目文件，它“被添加”来作为一个大得多的世界银行为道路建设和伐木搬运业提供贷款的“优惠举措”，打算“给森林开发赋予活力”。在这种背景下，绿色和平组织和南方非政府组织支持了进行中的七十七国集团对指派全球环境基金作为生物多样性公约的永久性财政机制的抗议。

对一些批评家来说，全球环境基金是新世界秩序的文辞更新的产物——就像联合国环境与发展会议在很大程度上是“纸上谈兵”的过程，其中非政府组织发挥了一个重要的作用。官方解释强调了围绕里约会议建立的建设性关系，然而，希瓦(V. Shiva)认为[17]，商业共同体是“伙伴”，而多样化的非政府组织被引进只是为了**看起来是**包容性的。对 1998 年新德里全球环境基金参与者大会而言，规则同样地被放宽，以容纳成百上千的热心妇女和其他团体，但首先必须保证 40 多个团体能够露面。

尽管承受了冷嘲热讽，当试验阶段独立评估与它们的批评相吻合时，非政府组织感到其观点得到了证实，其中包括全球环境基金疏远了能使其成功的真正利益共享者。处境困难的、防御性的全球环境基金秘书处职员必须同时服务于已经很多的雇主：政府部门在理事会的代表、从参与方会议到生物多样性公约与气候变化框架公约和事实上的执行机构。然而，现在，秘书处也依靠非政府组织的输入而兴盛，以至于新理事会成员对“公民社会”介入及共识的达成感到吃惊。[18]

作为全球环境基金支持者的非政府组织

作为运动组织，非政府组织能够通过“促进和维持一个有利的政策环境”为相关制度动员支持。[19] 与环境知识共同体相联系，一些非政府组织提供除了专业技术知识之外的政治影响。考虑到政府对全球环境基金应对的议题缺乏关注，公务员重视非政府组织帮助促进其制度的发展。一个世界银行“伙伴关系摘要”描述了在 80 年代后期“国际能源效率研究所(IIEC)和世界银行之间的关系如何更加敌对而不是合作……(但是，)随着全球环境基金资助的出现而开始变化……(现在，)世界银行和国际能源效率研究所……都对未来的关系充满信心”。并且，其他非政府组织“利益共享者”参与这样的“战略性相互依存和相互满意”。虽然不受约束的非政府组织专家是尖锐的批评者，作为盟友，他们的能量和支持群体可以被利用。

另一个故事表明了非政府组织已如何支持了全球环境基金：在1993年重建过程中，8个有影响力的以美国为基地的非政府组织签署了一封信，要求鲍勃·多尔(Bob Dole)搁置对全球环境基金的重新资助直到试验阶段的评估完成。年末，重建谈判在喀塔杰纳(Cartagena)破裂，几乎是致命性的。然而，到1997年后期全球环境基金第二次补充时，美国坚持直到一项批判性监督和评估报告完成之前不承担义务，而非政府组织强调，全球环境基金通过学习会变得更好。17个美国非政府组织给国会中"主要委员会主席"发了一封信，支持1998年建议的1亿美元全部拨款。虽然缺乏一个真正的"平等一员地位"，但这些组织感到，全球环境基金值得保留。尽管美国缴纳额在很少耽误的情况下得到同意不能只归因于非政府组织的努力，官员在下次理事会会议上近乎顺从的表现显示了它们的力量。

作为一个在高度政治化环境中运行的，有着稳定的职员、财务和指令往来的非线性制度体系，全球环境基金依赖于制度和私人盟友的多样化支持。人们日益进入"全球环境基金家庭"，比如穆罕默德·埃尔—阿什利(Mohammed El-Ashry)——秘书处执行总裁和理事会联合主席——就是从非政府部门转移到全球环境基金和世界银行的几个职员中的一个，并且，非政府组织人员也出现在(通常是捐赠者)政府代表团中。通过许多层次上的联系，非政府组织职员也许可以比世界银行内的环境共同体更自由地进行非正式的表达和行动。

随着全球环境基金的规定变得更加苛刻，执行者越发重视外来帮助[20]；作为回报，掌管钱袋子的人愿意放松非政府组织的介入。无论优先性次序如何，具有建设性态度的环境组织发现，它们现在在政府间体制中受到谨慎的欢迎。环境组织的"广泛努力显然有助于动员更广泛的群体来支持全球环境基金进程"；作为回报，它们现在处在合适的位置来寻求支持。

全球环境基金—非政府组织网络的建立和正式协商

在抗衡国际金融机构并参与了为非政府组织的输入"创造政治空间"的"大战"之后，一些组织确实充分利用了那个空间。国际保护联盟的阿基姆·斯泰纳(Achim Steiner)作为“全球焦点”，承担了全球环境基金感兴趣的非政府组织的协调工作。斯泰纳将其描述为“贫穷的非政府组织自我组织起来网络的典范”，它有13个“投入其中”工作、或者总是“在合适时间出现在合适地点”的地区焦点分部(RFPs)。这些分部并不是“全球环境基金的地球代表”。其中一些比其他的更具有活力；所有的都宣传一个新闻信札、官方文件、政策变动、甚至全球环境基金的工作空缺，并反馈新闻和观点。

尽管近来在兴趣和热情上的下降，网络化保证了来自世界范围的非政府组织自1995年2月以来参加了理事会一年两次的会议。在每次会议上，只有五名代表被允许进入房间进行陈述。作为特殊团体，非政府组织为它们自己代表的选择负责(而不是向一个执行总裁进行推荐)，这引起了连贯性和经验是否应该比人员轮换和更多发言机会具有优先地位的争论。使这一体制民主化以及地区焦点分部选举的失败，使网络受到了批评；如其他年轻组织一样，全球环境基金及其非政府组织网络维持了“特殊体制”，个人的作用是关键性的。

从表面上看，网络内部的歧见与财富差异和资金责任相关联。某些团体强调责任和资金的必要，而其他团体害怕拉拢并且抵制流动联盟的正式化。为1997～1998年全球环境基金—非政府组织协商作准备的会议，被这些议题所主宰。1998年6月，三个地区焦点宣布，它们的网络在“一个次佳层次上运行……需要改革”。建议包括提高非政府组织对全球环境基金的兴趣、增加地区焦点的数量并改善通讯。[21]到1995年初，该网络已或多或少瓦解了。

美国代表和其他人的帮助[22]，使1995年理事会被劝说来资助接受国的非政府组织代表的旅行去参加协商。[23]这些代表战胜了理事会将提交文件限制于那些“由发起组织的执行总裁签署的范围之内”的那些人的企图。这一成就可以说是空前的——使一个全球机构对它的批评者开放[24]，或者一种完全的公共关系实例——保证全球环境基金培植的公民社会在外表上是“全球的”。

非政府组织和全球环境基金之间的友好关系在理事会中一般得到美国、英国和其他捐赠政府的支持，但遭到了接受国包括巴西和印尼的挑

战。在捐赠者一边，法国也许憎恨以美国为基础的非政府组织的主导地位，最近仍然反对非政府组织观察员在理事会会议上的出现。接受国政府的反感可能与非政府组织经常对国内政策提出批评的立场相联系。担心通过全球环境基金使国内麻烦转化到国际领域的“客户”已经在其他场合向世界银行抱怨，它没有经过成员国的批准咨询了太多的国家层次上的非政府组织。

当非政府组织产生干扰时，关于它们合法性的问题就可能被提出来。由于时间和资源的缺乏，在全球环境基金—非政府组织“共同体”中借以达成共识的过程并不是特别透明的（类似于理事会：通过区域性讨论和正式协商前一天的私人计划会议），南方非政府组织代表被选出来到华盛顿特区做免费的旅行也是如此。自然保护和国际保护联盟资助来自南方非政府组织的、“与他们有着良好关系”的参观者，而在选择地区热点上的不透明性表明[25]，网络也许是一个自我选择的集合——像世界银行中的工作“网络”一样。[26]

那些批评透明性和可问责性的团体同样面临着资金、时间、管理和政治上敏感的精英决策难题。凭借局内人的地位，非政府组织职员对那些拿世界银行工资的人们玩相似的游戏。这些职员是否纯粹地为部门利益工作仍然需要观察，但是，他们首先必须学习规则。

接近信息

尽管全球环境基金活动的文件是可以获得的，但人们对全球环境基金的意识仍然是很薄弱的——即使是在能够受益的政府部门和非政府组织。[27]正式文件经常说的是什么**应该**发生而不是实际上**是**什么，但是，全球环境基金的早期文件是不太有用的；议定的文本更多是政治性的而不是实践性的，甚至秘书处都难以将“全球环境基金语言”翻译成英语。大小私营部门对全球环境基金不知道或者很谨慎；它是自我任命的“公众”——主要是那些寻求接近这些公共利益的、为非政府组织工作的律师和经济学家——的代表。

除了正式文件、由地区焦点网络提供的非正式的新闻通讯和分析建议，国际保护联盟和欧洲气候网络（CNE）编制了一本给非政府组织提供关于全球环境基金政策过程和资助建议的手册。另一本关于生物多样性和国际水源的指南强调"简短和悦目"。然而，文化和语言对全球环境基金及其伴随的非政府组织来说都是难题。保护依然未受消费主义影响地区的自然环境，可能会影响不会说全国性语言的人们，更不用说不懂得全球环境基金所使用的三门语言的人们。[28]即使每个人都能够读，翻译的成本也是令人望而却步的。[29]

全球环境基金—非政府组织网络中的积极成员通常意识到，全球环境基金的核心决策过程超出了他们的范围。直到1998年，显然没有人知道高级顾问小组的存在[30]，并且，理事会会议记录以及秘密的、争议性的全球环境基金参与方会议(它向理事会推荐决定)无法接近——甚至对执行机构的职员也是如此。[31]非政府组织还认识到，如果没有个人的参与、人员和语言的经验，几乎无法理解全球环境基金如何运作。因此，一些组织帮助其他的、提供秘书处缺少资源的"超范围服务"。

然而，非政府组织仍然向全球环境基金施压，以便给那些可以在"现实中"有效实施项目的人们提供更有用的信息。虽然在国际互联网上有一个非政府组织的"信息超市"，但是，它对世界上超过半数的、甚至从来没有使用过电话的人口几乎没有什么用处。为申请新的中等数额基金(MSGs)作准备的成套材料得到了分发，并且，世界银行与布宜诺斯艾利斯生态基金(FEU)1997年创建了一个给接受国非政府组织介绍中等数额基金的项目。这种联系由于一个非政府组织对世行总部的参观而得到建立，因为它的布宜诺斯艾利斯办公室不让咨询者进门，因而只能通过电子邮件得以继续。由此看来，参与全球环境基金依然需要能够到达它"心脏地带"的个人和电子联系路径。

接近资金

全球环境基金中的"使非政府组织参与主流化"现在包括非政府组织介入对更多项目的协调，甚至是有些由政府实施的项目。[32]根据全球环境基金1997年年度报告的草稿，非政府组织已成为了137个提交到联合国的发展项目、30个提交到联合国的环境项目和81个提交到世界银行的项目想法的来源。在政府间组织的资金分配中十分独特的是，接近1亿美

元或者整个全球环境基金资金分配的18%流向了非政府组织。总计97个项目中的16个，全部由非政府组织管理。其中，6个是国际性的，10个是地方性的或者包括国际非政府组织的伙伴。

从一开始，全球环境基金就通过一个小型援助项目(SGP)帮助了接受国的非政府组织，显示了对从“自下而上”环境保护的承诺。到1997年底，给予非政府组织和社区团体的接近1000项数额在5万美元(国家的)到25万美元(区域的)之间的援助得到了批准。[33]小型援助项目被描述为在这一基金所实施的联合国发展项目中“非常具有吸引力”，然而，这只占了大约0.5%的全球环境基金资金。

1997年，一个全球环境基金—非政府组织工作小组为中型援助设计了一条“绕过理事会的快速道路”(75万美元以下的援助只需执行总裁的批准)：那些已经证明自己处在这一资助层次上的非政府组织可以得到100万美元。只有8个申请在1998年春天得到批准，但这条道路提供了报答那些与捐赠国政府一起促进了全球环境基金发展的人们的机会。[34]正在出现的难题——这个过程中的诸多瓶颈、不一致的资格认定和通过执行机构可移动的非正式财务最高限度——导致近来对改善这一安排的呼吁。美国驻参与方大会的代表提出了类似的关切，再次阐述了对直接处理秘书处事务的非政府组织的“第四个执行机构”的要求。

虽然还没有广泛发生，但有时是非政府组织而不是政府的能力被加强了。例如在约旦，整个国家的森林公园体系处在一个非政府组织的控制之下；在非洲的一部分，捐赠者更乐意与发展良好的非政府组织一起工作，而不愿意开始于与一个新环境部的摩擦。有时候，非政府组织由政府部门建立起来：这些组织被称为政府的非政府组织。哥斯达黎加在制度化保护上取得的显著成功，基本上应归功于一个政府的非政府组织(INBio)。同时，印度世界自然基金雇用了“退休的公务员和军人”。

草根非政府组织参与整个全球环境基金项目的相对稀缺，与执行机构职员未能提供快速可靠的关于项目申请资格的回应相关联。在投资机构等级中，大项目比非政府组织所偏好的中小项目安排更容易直接处理。经常处在高压之下的人们，对在可能不合格的申请中进行投资很谨慎。这一问题由于近来世界银行内部的结构调整而变得复杂化，尽管分散化最终可能带来好处。同时，小型非政府组织对介入全球环境基金所抱有的最大希望可能是通过联合起来的大规模国际非政府组织。但是，特权化的局内人真正地支持“未被邀请者”的需要吗？

接近政策

在与全球环境基金制度一起的工作小组中，非政府组织的优先性最近已经使环境价值观在世界银行项目中“主流化”并且简化了其援助程序。环境主义者希望全球环境基金为它们自己的组织和依赖官方资源流动的“制度化生态系统”之外的盟友做得更多。不太活跃的非政府组织骑在那些工作小组中劳动者的背上，或者，它们可以为活动分子提供政治营养。环境团体作为一个整体如何有效地连接价值裂痕，部分取决于理事会、秘书处和执行机构如何对其要求作出回应，部分取决于各种较小规模，通常是南方的保护非政府组织对基金代表它们所作努力的回应。对所有个人而言，介入全球环境基金及其非政府组织网络是一个学习过程；如果积极的兴趣能够建立并得以维持，随着学习可能会出现要求变化的自信。

官方信息文件《促进全球环境基金和非政府组织共同体之间的战略伙伴关系》[35]，总结了一个非政府组织工作小组关于他们依然想看到的“相对温和”变化上的共识。他们抱怨说，全球环境基金程序是不完整的、不一致的、僵硬的和缓慢的；致力于并且专长于一个具体领域的非政府组织，遭到了雇用外来顾问的世界银行有关部门的忽视；并且，全球环境基金对援助能力的志向和世界银行对缺乏执行能力的地方非政府组织的批评之间存在着矛盾。在寻求与实现机构交易中更大平等性的过程中，在一个特别工作小组中的兰迪·柯蒂斯(Randy Curtis)(自然保护)和阿基姆·斯泰纳(国际保护联盟)，与世界银行的全球环境基金单位举行了会议，并且撰写了一个报告《伙伴还是雇工?》。

他们的主要建议是：进一步建立执行机构与非政府组织一起的工作小组，来确定一起有效工作的压力和机会；改革和简化参与执行机构整个项目的文件、法律框架和执行程序——不只是与全球环境基金相关联的部分。为了实现这一过程，他们建议全国董事会(非政府组织借以与政府

等对话的机构)在寻求全球环境基金批准之前对观念进行核查。这样的职能分散化可以促进全球环境基金创议的“国家所有权”,《控制与评估报告》将其强调为对可持续性来说是至关重要的,并且会强化接受国的全球环境基金—非政府组织网络。

同时,其他非政府组织可能对它们的同事介入全球环境基金并认可其资助的方式看起来所蕴含的政治拉拢表示愤慨。鉴于草根组织明显上升的对全球环境基金中最具参与性和受非政府组织影响的、对脆弱社区和生态系统强加保护项目的敌视,1998 年 4 月新德里参与方大会后对“不道德的”全球环境基金的大众回应可能会进入一个新阶段。全球环境基金—非政府组织共同体是否会因此分裂,依然要依据谁替谁说话和事实上谁听来看。

3. 非政府组织、全球环境基金和参与性网络

一个将参与进全球环境基金的非政府组织团结起来的议题,是对“地方社区”、“土著人”和它们自己可获得参与渠道的不满。资源稀缺是一个原因,其他的原因则更为深刻。前南亚地区焦点的尼纳·辛格(Neena Singh)说到:

> 参与方式不涉及当前管理战略所依赖的不平等权力结构。“参与”在当前的体制和那些以各种可能的方式破坏人民权力的权力结构下寻求……不幸的是,授权被视为某种能够由当局给予人民的东西。历史的经验表明,授权不能“给予”,因为对一个人的授权意味着另一方权力的丧失。[36]

因此,参与全球环境基金的人们实际上也许不能把第一个事项放到最后。无论言论如何,全球环境基金职员必须达到世界银行传统的成本效益要求:花在“利益分享者”和“受影响社区”参与上的时间和努力属于成本而不是投资。当咨询在印度举行,并且一些未被咨询的当地人民能够直接抱怨时,印度生态发展项目及其涉及的村级微观计划因素,在 1997 年和 1998 年的全球环境基金—非政府组织协商上作为战场而出现。大众对全球环境基金的如此敌视,反映了当权威政府部门将参与性战略付诸实施时所产生的难题。

全球环境基金年度性的项目执行评估和项目学习研究，强调了有效项目的真正广泛参与的重要性。然而，全球环境基金秘书处的社会科学家在可能与经济、技术和外交专家发生冲突的那些假设下工作。作为在内部代表局外人的声音，他们可能受到地位和资源的限制[37]——有人认为，全球环境基金制度家族被“一等的男性”所主导。参与花费时间和金钱：全球环境基金被要求是迅速并且“花费有效的”。在这个以及其他交易中，全球环境基金的决定与实施必须符合多重要求并使摩擦最小化。

一个做法是将全球环境基金会议的所有非制度参与方不加区别地标为“非政府组织”。商业代表发现他们自己被逼走：全球气候联盟(GCC)——一个反对在气候条约下行动的组织——的代表在一个非政府组织协商会议上明显“不受欢迎”，并且从未再回来。其他较低姿态的商业非政府组织当然愿意与世界银行和全球环境基金打交道。法国的能源21世纪(促进可更新能源)领导人坐上了全球环境基金高级顾问团的席位；WBCSD也参与了，但却宣布与我们的研究合作是“不道德的”。

在传统的私人部门被从公开的全球环境基金会议上排除的同时，其他公然宣称自我为中心的但全球内不太受欢迎团体的代表也基本上缺席。[38]1997年11月，美洲第一民族(AFN)的一个代表发了言，这是第一个土著人在全球环境基金运行6年和接近3个常规非政府组织协商会议后首次做到这一点。他温和地强调了团体良心：社会的巨大多样性正在被几乎没有代表性的全球旅行的职业家所代言。正如一个新地区焦点在接下来的理事会议外强调的[39]，很少土著人能够为了关于运作项目和边际支出的秘密讨论而“获得一张护照，跟孩子吻别和离开”。虽然只有拥有最多资源的非政府组织真正能够进入全球性过程的“圈子”，另一份世界银行“伙伴关系简报”描述了非政府组织洛克菲勒基金会(RF)如何已经与世界银行工作了几十年——“分享的远见和相近的哲学对于成功是无价的”。

世界公民社会的大部分生存在一个不同于洛克菲勒家族和全球银行家的价值世界，与他们的有效交往需要几乎全职的投入、一台有调制解调器的计算机和国际旅行。当区域焦点被全球环境基金确定为21世纪议程下出席全球环境基金参与方大会的12个主要团体代表的任务时，一些

人质疑了他们这样一种地位的适宜性。尽管很少存在如此的谦卑，很少人仅仅因为没有足够的东西去分配而危及这些团体的权力机会。在维持斗争线的同时，非政府组织也寻求维系善意。因此，在舒适的空调大厅里，它们为推动其认为一个更好的全球环境基金而努力，包括使更小规模基金更容易安排好的《控制与评估报告》。它们不想破坏现状，以免现状与它们所有的希望一起沉没。依据一个非政府组织运动家的看法，随着参与和改进，全球环境基金可能被证明是一个好的事情。

政治生态学中的合作、吸纳和演进

如果基于"七国集团"的新自由主义"新世界秩序"通过这个秩序来维系跨国资本的霸权利益，那么，政府间国际组织构成了"能够被解释为自1945年以来资本国际化的政治对应物的国家全球化"。虽然自由民主制被标榜为促进了全球化政治运动，但它在全球层次上并不起重要作用。如果这个"全球国家"缺乏类似议会的某种东西，它可能只被划定为一种非政府组织的团体，旨在参与形成制度以支持更广泛的利益而不仅仅是银行和官僚机构。

将资本主义结构谴责为社会环境难题起因的团体依然处在主导性"政治争论"的外围，并且，局内环境主义者是否正在参与走向一个政治的而不是生态的持续性发展令人怀疑。斯维塔·克利莫瓦(Sveta Klimova)提出的另一个观点是：这个世纪的成功运动是那些采纳了包容(权利/公民身份)而不是排斥(权力斗争)话语的运动……你不能既在外边和反对一个体系，同时又利用它的资源。[40]

接受以国内生产总值界定增长——世界银行宣传的信奉全球化新自由主义的核心理念——的环境非政府组织，采纳了包容性的话语并赢得了那些管理新世界秩序者的赏识、支持及其资源。用列维(D. Levy)的话说，"公司的(并且我要补充，政府间的)组织采纳环境治理……可以被视为在一个葛兰西式'立场战争'中的让步，为环境主义者追求他们的目标开创了新机会"。[41]最大的非政府组织现在可以界定环境主义并诉诸于公众和掌权者：它们采取了特权化的中间立场。这些组织是否违背了克利莫瓦的规定并将资源疏导到"未被邀请者"——更不用说承担对抗世界银行的议会反对派的任务——仍然有待观察。

如果参与性民主有效的话，可能就不会有呼吁非政府组织发动一场运动的要求。与此同时，尽管可以挑战其结果，如果要想参与利用它的“剩余价值”的话，几乎没有人能够威胁全球政治经济的结构。吸纳不可避免地是一种风险：一旦习惯于全球化的生活方式、影响和参与的好处，就很难想象一个没有这样机会的世界。然后，明智的制度也许可以疏导一项运动挑战的能量，利用其技术能力加强它自己的议程。

尤其当(未经选举的)非政府组织承担从前的政府职能，并且由于引入私营部门的职员与方法来应对效率要求从而使得志愿地位成为问题时，非政府组织支持自然或者“人民”的主张就会被妥协。通常，北方的非政府组织“局内者”需要它们“运动”其他部分的信任，甚至表明其“反叛”性联系的存在有利于主导性利益。非政府组织在一个结构不平等体制中增加的影响，可能与它们代表激进化的局外人言辞却谴责局外人的策略相联系。因此，局内人非政府组织走了一根政治钢丝：它们可以被视为“新殖民主义”的工具或者抗议的代理者。局内人非政府组织究竟是谁可能直接反映了什么人在什么背景下结交朋友的问题。

4. 小　结

在这一“环形人群”之外[42]，环境运动中的一些人反对环境破坏并展示了激进的选择；通过自主确定变化的节奏，它们干脆对全球环境基金视而不见。其他运动与来自北方、南方和全球的政府联合，试图带来它们所能做到的改变。通过做到空前的透明性和可接近性，全球环境基金似乎是一个世界银行内改革主义环境价值的“特洛伊木马”。[43]随着非政府组织迫使全球环境基金为它们的价值服务，复杂的交互关系与一个极力地压制批评者的制度一起演进。

如果全球环境基金的革新只是一个全球化治理的悠长故事中的公共关系情节，如果声称挑战全球化最坏结果的组织喜欢其光彩一面的话，那么，它可能是一场象征超过实质的胜利。然而，环境团体可以利用全球环境基金的矛盾减缓措施带来的机会进入一些制度夹缝，并影响它去维持在“发展”和“保护”之间的适应性关系。一些人可能是绿色帝国主义者，

而其他人则看到了在一个公共补贴新时代创建一个"全球地方建设基金"的潜能。[44]

全球环境基金的所有参加者——官僚的、科学的、金融的、政府的或非政府的——在玩一个新游戏：以"全球化"语言表达它们的利益。这个游戏以及维系它的政治结构意味着，保护能够采取"绿色发展主义"的形式，即最新的"生态殖民主义"形式。在这些新圈子中，自然环境使全球精英受益——"科学的"、"生态"旅游和"基因资源"——以牺牲无价的本地文化和简洁性以及破坏那些低环境影响生活方式从而使政治生活复杂化为代价。然而，也许某些环境主义者可以避免拉拢并作为仅仅支持多样化的"生态系统成员"的"生物圈公民"——那些不能回避全球化的地方成本，更不用说利用其好处的人们。

奥德利(J. Audley)认为[45]，北美自由贸易协定谈判中那些参与谈判和反对这项条约的非政府组织之间的"好警察、坏警察"的划分，导致了激进者的严重中立化。然而，阿茨(B. Arts)总结了非政府组织、生物多样性公约和气候变化框架公约后认为[46]，街头抗议强化了参与谈判的非政府组织。全球环境基金也产生于局内人中环境主义者的努力，并且，谈判导致进一步妥协的过程可以发展非政府组织作为全球体系局外人的更广泛利益。[47]活动主义者可以在全球环境基金中看到一个全球化资助的"切入点"，而它在其他地方很大程度上被阻断。

这样的进入可能是很有限的，但也可能是暂时的。作为代表世界贸易组织和某种多边投资协定(MAI)的"一个单一全球经济的宪法"的狭隘政治运动。它们最不想要的一件事情就是，卑鄙的环境主义者为被剥夺权利者乱跑并展示激进选择道路。采纳和适应局外人言辞的精英也在招募最精明的专家；当激进分子扩展批判的范围时，顺从的局内人开始玩弄咨询、资金和影响的游戏。在被用来保护全球体系不受攻击的同时，他们可以利用其"支持群体"给予抗议以支持，从而使他们自己的观念更加接近权力核心。通过促进系统开放甚至解放，他们可以生态明智的社会进化方式合作性地"增加影响"。

"全球环境基金是那些试图穿越制度障碍的人们"的努力——其渗透性依然在变动中。来自多样化社会运动联盟的非政府组织压力一直在影响制度的变化；进一步的研究也许表明，那种变化如何对运动产生了影响——受到的影响如何重要。借助一致性的、系统内进行的大众行动（如果不是民主的），如果全球环境基金能够存活下来，它可能会更加有用——作为一个特洛伊木马，作为面向职业环境主义者的“支持群体”利益的一项地方建设基金，作为一个其他国际间组织在分配发展成本时从未如此诚实地收取“全球”利益账单的指标……

［注释］

[1] 本章的大部分信息来自原始材料：全球环境基金和非政府组织的出版物、会议文献和运动材料。更复杂的观点主要来自对出席1997年后期在华盛顿特区举行的第十次理事会和非政府组织协商会议的全球环境基金和非政府组织活动分子的采访，并得到1998年4月在新德里举行的第十一次理事会和第一次参与方大会获得的材料的补充。一般来说，这些讨论是不能确定归属的。

[2] 它的主席是洛德·肯内特。

[3] 希拉俱乐部、奥都邦协会、荒野协会、全国资源保护委员会、环境政策研究所、全国野生联盟、环境保护基金、伊萨克沃尔顿美国同盟、全国公园和保护协会、地球之友。

[4] 一项动议只有在60%的代表国家（联合国模式）和提供60%全球环境基金资助的国家（布雷顿森林模式）同意的情况下才能通过。尽管对重建全球环境基金管治的谈判拖得很长，但投票机制从未使用过，这应感谢在埃尔—阿什利主持下私人谈判达成的“共识”。

[5] 在美国世界自然基金1997年11月向世界银行作的一个关于保护战略的演讲中，世界银行职员询问非政府组织，什么是他们可以提供的最大帮助。他们得到的回答是相当不充分的——与它们试图影响的制度的规则相比，非政府组织更谨慎于超越非条文的规则。与此同时，除了一些“解放型思想家”和“呆板官僚”，还有一些与全球环境基金相关联的，感到社会多样性是一个“边缘性议题”的生物多样性专家，其他人则认为，自然最好通过强力排除当地人而得到保护。

[6] 在气候变化公约的“促进活动能力”条款下，全球环境基金帮助了政府的温室气体排放与降落数据库；对于生物多样性公约，全球环境基金帮助了一个促进生物多样性信息交流的情报交换所机制，以及在以英国剑桥为基地的世界保护控制中心（WCMC）帮助下的全国生物多样性数据库。世界银行也大幅度投资于它作为一个“智囊团”的新形象，支持大规模的信息加工设施以便将相关数据用于控制与计

划项目。“全球性组织”也许成为世界银行作为“知识银行”的新“绿色发展”面孔的受益者；资源分配数据对于全球的生物投机者、能源投资者等等是有用的。参见世界银行《世界发展报告》，华盛顿，1998 年；K. 麦克阿菲《绿色发展主义》，即将出版。

[7]《实施指令》，14.70。

[8] 在全球环境基金的自我评估报告中，我们得知，理事会的“规则提供对局外人尤其是非政府组织出席会议的邀请。这一规则在其他金融组织中是没有先例的”。

[9] 比如，基于 UCL 和 UEA 的环境经济学家“伦敦学派”的戴维·皮尔斯及其同伴的工作，对于全球环境基金的测量增加支出的项目(PRINCE)的发展是有影响的。

[10] 参见 http://www.agp.org。

[11] 一个主张废除布雷顿森林制度的非政府组织联盟已经存在了 50 年。

[12] 全球环境基金的一个旨在扩大项目看法来源的项目名称。

[13] P. 瓦普纳:《环境行动主义和全球公民政治》，纽约州立大学出版社 1996 年版。

[14] 作为“特别观察员”、“社会野心家”、“探索性社会研究者”和有时的“活动分子”，笔者同时是局内人和局外人。像其他非政府组织成员一样，笔者利用了全球环境基金职员友善地对待在场者这一事实，并且相信，在多样化共同体中的移动与学习帮助了这一研究。参见 J. 卡塞尔《研究中对观察员关系的观察》，载《定性方法研究》，1988 年第 1 期。

[15] 华盛顿 H 街 1818 号是世界银行总部的地址。

[16] I. 鲍尔斯和 G. 普里克特:《重新框架化绿色之窗:对全球环境基金试验阶段生物多样性与全球变暖方法的分析和对实施阶段的建议》，华盛顿保护国际和自然资源保护委员会 1994 年版。

[17] V. 希瓦:《全球范围的绿化》，载 W. 萨奇《全球生态学:政治冲突的新领域》，伦敦泽德图书出版社 1993 年版。

[18] 由于全球环境基金也许支持世界银行，生物多样性公约就大众参与而言据说是联合国进程中的一个“革命性”力量。

[19] 匈牙利能源效率共同资助基金(WB/IFC)。

[20] 联合国环境项目尤其希望得到对它项目的全球环境基金和其他外部支持；联合国发展项目一直通过其成员国办公室更接近于现存的接受国非政府组织，并寻求它们的支持以产生全国水平上的项目应用。

[21] 自从斯泰纳离开后，它似乎减弱了对网络的热情。

[22] 信件来自全球环境基金和其他 8 个以美国为基地的非政府组织，这应感谢苏珊·利文征集到了 1995 年 1 月 17 日非政府组织参与的资金。

[23] 由于对“可持续利用”和“尊重所有生命形式”原则解释上的长期分歧，有着对动物权利强烈信奉的非政府组织不再参加。“深生态学家”也没有参加，因为他们往往发现全球环境基金活动中的科学主义和管理主义风格。

[24] 与全球环境基金同时成立的世界贸易组织不如此开放，关于全球贸易的新谈判通常是秘密进行的。关于贸易与环境的多边谈判一直遵循着两个很大程度上不同的道路。

[25] 一个(迷人的、愿意交际的)区域焦点代表承认，她不知道为什么被选中。另外，在其他两个候选人中，一个人回答“没有人知道”，另一个“没有人喜欢”。

[26] 每一个被采访的全球环境基金秘书处和世界银行职员都回答，他们通过网络找到了工作。

[27] 依据一个由戴维·霍伊尔完成的未发表的关于世界自然基金的研究，1998 年。

[28] 英语、法语和西班牙语。

[29] 当 164 个国家政府的代表出席 1998 年在新德里举行的全球环境基金参与方大会时，翻译费用是一个难题，对于希望表达其想法的非政府组织和部落成员也是如此。

[30] 在全球环境基金的官方文件中没有提及，这一小组举行年度会议——通常在华盛顿的水门旅馆。个人咨询可以通过埃尔—阿什利实现。

[31] 我最初被告知，不存在这样的会议记录。

[32] 塞内加尔的达喀尔的 ENDA-TM 为肯尼亚、津巴布韦、马里和加纳政府部门的一个气候变化项目募集了资金。

[33] 但不包括小规模的私人部门。

[34] 以华盛顿为基地的自然资源保护委员会是那些据说因为游说国会山努力而有所回报的团体之一。

[35] GEF/C. 7/INF. 8，1996 年 2 月 29 日。

[36] 还包括来自自然保护、国际保护联盟、交互作用、美国世界自然基金的代表和一名律师。个体间的会议在 1996 年 7 月到 1997 年 5 月间进行，他们声称，“草稿体现了非政府组织共同体广泛分享的观点”。

[37] 有人指称，全球环境基金对参与的承诺是如此强烈，以至于这相同的标准文本在项目文件中反复出现。

[38] 这一词汇“自我利益为中心”并不是在否定意义上使用的，一个理事会成员在参与方大会上认为，没有私人部门被正式邀请是由于当**公共**利益作为目标时在**私人**利益中选择的困难。

[39] 他曾经试图得到一个拉坎顿代表与他一起出席全球环境基金协商。

[40] 私人通信。参见 social-movements @ staffmail. wit. ie 和 skimova @ afbl. ssc. ed. ac. uk，1998 年 5 月 25 日。

[41] D. 列维:《作为政治可持续性的环境管理》,载《组织和环境》1997 年第 2 期。

[42] “Beltway”在美语中是“环路”;“环形人群”在华盛顿特区设有它们的办公室。

[43] 埃尔—阿什利在 1997 年 11 月的协商会议上向环境保护基金的克里纳·霍塔让步说,全球环境基金不配将环境议题带入世界银行心脏的“特洛伊木马”的称号。

[44] 全称为“Global Che Guevara Pork Barrel Fund”的这一术语被两个大规模非政府组织的代表部分以玩笑的方式加以讨论。“Pork Barrel”是美国俚语中有利于地方性支持群体的项目的说法。

[45] J. 奥德利:《绿色政治和全球贸易:北美自由贸易区和环境政治的未来》,乔治敦大学出版社 1997 年版。

[46] B. 阿茨:《全球非政府组织的政治影响:以气候和生物多样性公约为例》,乌特勒支国际图书出版社 1998 年版。

[47] 一个非政府组织将其代表送到全球环境基金,只是为了保证“它不使事情更糟糕”。

（佐伊·扬）

第十二章　世界贸易组织、社会运动和全球环境治理

世界贸易组织已经成为国际政治经济中的主要全球治理机构之一。作为关贸总协定的继承者，世界贸易组织扩大和深化了国际贸易和支付的全球规则。它将关贸总协定的秩序延伸到以前在战后全球贸易体制中由保护主义方法治理的领域，即农业、纺织品和“新”议题，比如知识产权以及规范控制以外主体的投资措施。世界贸易组织的授权已经将它带入了与许多代表消费者、发展、劳工和环境利益的社会运动活动分子间的冲突。在世界贸易组织的背景下，环境治理从自由贸易原则延伸到以前未触及的全球经济领域和可持续发展作为全球治理的一个主要原则同时出现的交叉点中产生。贸易和环境辩论的一致性以及国际贸易体制的强化，提供了环境活动分子在其中寻求挑战关于贸易政策霸权话语的自由意识形态的政治空间。

近来，学者已经将他们的注意力转到了社会运动在世界政治中的作用。大多数评论家将他们的注意力限制在参与现存国家和国际决策中心的社会运动上。那些使用其他战略的社会运动角色得到了较少的关注。换句话说，分析集中在参与而不是抵抗政治上。本章考察了在世界贸易体系中尝试变革的两种不同战略。一方面是那些试图参加与国家和国际官员的建设性对话的团体。这些团体在政治体系内工作，寻求主要通过建设性参与形式来影响议程。正如将要看到的那样，这样的战略不应该因为保守而拒绝考虑，也不能认定官方决策者愿意接受这样的战略并且认为它们不具威胁性。另一方面，大量社会运动角色拒绝与国家或者国

际官僚机构任何形式的调解,并且努力动员针对致力于组织世界贸易体系的直接行动。虽然游说和其他形式活动发生在不同层次上——全国的和国际的,笔者集中考察社会运动角色在国际层次上的努力。笔者描述两种宽泛意义上的战略:参与和拒绝。

1998 年 5 月,世界贸易组织部长会议凸显了社会运动活动分子对该组织采取的两种根本不同的方法。一方面,成百上千的活动分子聚集在 Palais des Nations(世贸组织部长会议的地点)来讨论环境、劳动、性别和消费者议题,一些人还参加了与贸易官员的讨论;另一方面,活动分子在人民全球行动(PGA)的旗帜下聚集起来,组织了在日内瓦街上的和平示威。此后,一些非人民全球行动代表的活动分子发明了通过破坏窗户和在瑞士银行与快餐店喷涂标语来表达他们失望的激烈手段。笔者叙述了面对世界贸易组织的两种方法。可以认为,世界贸易组织是新自由主义计划的一个核心方面,而且对于创造全球化时代新形式控制是关键性的。社会运动经常被描述为在一个精英主义国际政治制度中的民主先驱,但是,笔者对一个基本上由社会运动组成的全球公民社会与主导性利益相对立的假设表示怀疑。

本章的第一部分探讨了面向世贸组织的社会运动活动所处的背景。它审视了全球治理的概念,讨论了社会运动在一个全球公民社会框架内的地位,并将世贸组织定位于国际贸易体制的制度性连结。第二部分分析了那些参与笔者称为影响政治的团体活动。这些团体采用了参与战略以便影响贸易和环境辩论以及促进在世贸组织内部更加透明和负责任。接下来的一部分转向了采取一种拒绝主义战略的团体。它们的关注焦点也是世贸组织,但不是将其作为一个被影响的制度,而是作为引起生态退化和社会非正义的经济全球化与贸易自由化的一个象征。这一部分探讨了社会运动所采取的对抗政治,它们挑战处在全球体制核心的权力关系并寻求激进的社会变化。笔者将以质疑这样一种政治是否构成一种反霸权力量来结束。

1. 全球治理、世贸组织和全球公民社会

全球治理和环境治理

全球治理的概念天生就是有疑问的。就如它与之竞争并在某种意义上取而代之的术语“国际秩序”一样，“全球治理”同时表明了一个空间领域和一种控制形式。它也意味着决心在更高(因而更好)水平上解决问题，从而消除和替代地方对抗主义的某种中性形式。同样地，治理的概念表明，规则和秩序明显是一个比无政府和无序更好的状态。

在将世贸组织作为一个全球治理的支柱考察之前，这一部分简短地讨论了全球化和可持续发展的概念。两个概念具有很多共性，比如它们都已经被多样化地经常是矛盾地界定，两者都成为一个主导性话语的组成部分——由此，环境得到管理，社会关系组织得以重建。这些术语的主导性界定是那些由全球机构诸如世贸组织所使用的定义。虽然这些术语在学术话语中被不断地争论和再定义，主导性的界定已经成为在决策过程内确定性辩论术语的一种“现实”。

已经开展了许多跨学科的来自社会学的、政治的、文化的和经济方面观点的关于全球化的辩论。笔者的观点是，在国际关系实践和全球治理制度中新自由主义经济议程得到了应用。这里，全球化被理解为“走向一个一体化全球市场的运动，并得到非规制政策与计算机通信技术加速变化的互动的强化”。这一过程被描述为不可逆转的，并且掌握着通过市场机制和在全球经济与政治制度内制定政策来解决环境退化或者贫困等“全球性”难题的关键。环境管理和决策已经被嵌入这个过程并且全球化了。全球环境政治的主导性议程将焦点集中在需要全球解决出路的“全球性”环境议题。从这种意义上来说，全球化可以被视为一种外部化的形式。通过将环境难题描述为“全球性的”将其从我们的范围中排除出去，超出我们的控制并且需要全球回应和全球管理。外部化被进一步通过低估环境退化的社会、经济、政治和文化原因的重要性而得到强调。难题被进一步描述为复杂和科学的，由此为技术统治强加的由上至下的解决方式作了辩护。这构成了议题的非政治化，因为权力关系被对全球解决的

要求所掩饰。

可持续发展概念像全球化概念一样已经引起了广泛的争论。然而，在主导性议程内，可持续发展的观念被视为与一个新的经济增长时代以及对环境退化和贫困难题的一个全球性政策解决出路不可分割的。在布伦特兰委员会的报告《我们共同的未来》中，可持续发展被定义为“满足当前的需要而没有牺牲子孙后代满足他们自己需要的能力”。其中，“需要”被定义为特别是世界穷人的根本需要，“发展”被模糊地定义为“经济和社会的渐进转型”。然而，发展仍然被包含在资本主义政治经济中。经济增长本身并没有受到质疑，尽管诸如《增长的极限》等报告，自然参数（临界点）仅仅得到认可，并且，主要限制是“技术和社会组织的当前状态”。

三边委员会的报告《超越相互依赖》是主导性议程制度化先例。它陈述到，“鉴于人类社会许多成员中物质贫穷所明显体现的增长需要，唯一合理的选择是可持续发展”。然而，该报告的主要关切是世界秩序和政策责任如何引入这些难题而没有从根本上破坏现状。重点仍然在全球治理上，环境治理已经嵌入其中，并且它是通过诸如可持续发展等全球解决方式应对全球难题的最合适的地点。

这种对可持续发展的全球共识在《创立世贸组织协定》的序言中得到了反映。新贸易制度对环境关切的认可，代表了在贸易自由化议程中的显著变化。关贸总协定专家组 1991 年对海豚－金枪鱼争议的第一次裁定，开启了一场在贸易和环境之间关系的激烈争论。世贸组织创立者对可持续发展重要性的认可，代表了一方面环境运动者的成功和另一方面主导利益集团维持对议程控制的能力。

世界贸易组织

因为对全球贸易所加剧的环境退化跨国界性质的关切在不断增长，世界贸易组织在全球治理机构中已成为了环境主义者的一个特别关注点。世贸组织作为关贸总协定的后继者建立于 1995 年 1 月 1 日，继承并且扩展了其授权。作为一个组织，世贸组织存在三个向度。首先，它是提供规则、标准和原则来管治多边贸易制度框架的一个法律协定。换句话说，它是世界贸易体制的法律和制度基础。第二，它是一个多边贸易谈判的论坛。多边贸易协定具体规定了决定贸易谈判和贸易立法的主要契约义务，并且，贸易政策机制促进了贸易关系和贸易政策的演化。第三，它充作争端解决的一个中心。

世贸组织的创立在三个方面改变了世界贸易管理。第一，它启动了从基于关税削减（浅层的或者消极的一体化）的贸易自由化到对国内政策、制度实践和规定的讨论（深入的或积极的一体化）的转变。第二，它建构了一项扩大范围的新议程（通过包括服务、与知识产权相关的贸易和国内的非贸易政策），并且使谈判性质从集中在产品的讨价还价转到对于影响竞争条件的政策的谈判。第三，它是一场走向政策和谐化的运动，比如在补贴、贸易相关的投资措施以及服务等领域。世界贸易体制的制度基础从在关贸总协定下实行的消极一体化到世界贸易组织主张的积极一体化，显示了全球化对世界贸易的影响。全球化一直伴随着一种增长的多边主义议程。

关贸总协定下的贸易自由化本质上由关税削减惯例组成，而且可以被视为一个消除贸易障碍的消极过程。在这个过程中，争端解决程序是很虚弱的，并且，该组织约束犯错误成员的权力受到了限制。世贸组织不仅将关贸总协定的职责延伸到新领域，而且通过一项有效争端解决机制的创立、贸易政策审核机制的形成和一套权力措施的制定重新界定了国家政府和世界贸易体制之间的关系。因此，世贸组织为贸易议题提供了一个更高和更突出的形象，并且吸引了大量角色的关注。与关贸总协定相比较，世贸组织增加的范围、持久性和规则制定权威，已经给环境主义者和其他公民社会角色拉响了警报。后者担心，重要国家决定的组织和控制已经被逐渐地和不可避免地从国家控制转移到一个秘密隐蔽的超国家组织。

社会运动通过世贸组织影响世界贸易议程的能力，受到了世贸组织的组织特征的限制。世贸组织主要是一个政府间谈判的论坛，并且不对社会运动活动分子正式开放。国际贸易的谈判依然完全是政府的责任。而且，多边贸易体制依赖于一系列规则。制度的契约性质强化了国家在世贸组织中的中心性。但是，虽然政府是在讨价还价过程中的合法代表，贸易政策是一个特殊利益团体在其中试图影响国家政策的政治过

程。在战后贸易体制中，保护主义的支持者和自由贸易的信徒一直寻求获得对政府政策的控制。由此产生的各种国家内部的政策混合体，体现了利益团体和游说者努力的不同力量。面向世贸组织的社会运动活动，由此被植入了一个预先存在的政治文化。寻求通过参与战略影响贸易政策辩论的团体，与商业和消费者利益团体在一个保护主义"难题"十分显著的领域展开了竞争。

虽然社会运动组织被从世贸组织审议中排斥，但是，世贸组织秘书处坚持主张与非政府组织的非正式关系。世贸组织和社会运动之间的协商，得到了1996年7月世贸组织总理事会所采纳的两大决定的促进。首先，《与非政府组织关系安排指南》强化了世贸组织审议的政府间性质，但在非政府组织可以在就贸易和贸易相关议题的更广泛公共辩论中发挥的作用上做了一些让步。其次，总理事会赞成取消对文件的限制。在世贸组织文件散发和取消限制程序下，大多数世贸组织文件将会被不加限制地进行流传，另外一些将会在60天后自动取消限制，一些文件可以在一个成员国的要求下取消限制，但其他的特别是那些适用于现行重要政策的文件则依然受到限制。而且，世贸组织秘书处提供了它工作计划的简报，并且接待来自非政府组织的代表。除了这些联系外，秘书处组织了许多包括社会运动代表的研讨会。

全球公民社会和社会运动

近来，大量的分析家使用全球公民社会的概念作为国际关系中的一个解释工具。他们认为，跨国网络的增长和非国家社团的出现，提供了一个全球公民社会出现的证据。在全球政治经济的功能和结构中，目前和持续中的转型改变了国家的作用并且为非国家角色的发展创造了空间。更为关键的是，主权的传统含义已经由于金融、生产和分配的全球化而变化了。

民族国家经济的国际化过程创造了一种事实上的跨国治理形式。主权的侵蚀、全球化过程和快速的技术变化，促进了多样性的、非排他的政治共同体的出现。人们开始视他们自己为一个更广泛的全球共同体，诸如妇女、工人、难民或者农民的一部分，而不是在国籍的基础上认同自己。

这些新的认同形式是跨国界的、区域的和全球的。通过将跨国界的公民社会联系起来，社会运动正在积极影响和再影响国际政治。社会运动挑战了国际制度的基本实践，并且揭示了它们提供选择性方案并激发深远社会变化的潜能。环境社会运动经常被作为公民社会的重要因素和一种新型政治形式的代表得到引证。

这里提出的论点阐明了“全球公民社会”术语的成问题性质，特别是就概念化社会运动活动而言。公民社会的观念存在着多样化的版本，描述了公民社会与国家和市场的不同关系。从笔者的观点来看，真正有趣的是这一术语在全球治理包括环境管理的总体背景下的全球化。[1]瓦普纳将全球公民社会描述为“存在于个人之上和国家之下但跨越边界的领域，其中人们自愿地组织起来追求不同的目标”[2]。特别是，全球公民社会似乎是非政府组织活动的领域。的确，非政府组织被视为全球公民社会的构成部分。

这一全球公民社会的自由主义概念是由国家间体制和一体化的世界市场培育的。另一方面，当前发展的批判性解读质疑社会运动在全球体制下可以影响变化的程度。社会运动活动的空间实际上被等级化结构所划分，并且不是设计来给一个激进的、反霸权挑战提供空间，而实际上是一个拉拢社会运动的场所。在 21 世纪议程中制定的全球环境治理的指南，可以被视为一个恰当的例子。它们呼吁通向可持续发展道路上的民主扩展，要求政府和国际机构创立机制来将公民社会、非政府组织、商业和工业结合进政策制定与落实过程，实际上是创造在所有层次上的新参与形式。这在理论上是美好的，但在实践中，这种参与的现实是一种虚假政治论坛的创立。其中，公民社会被吸纳而真正的决策权力转移到未被民主化的主导组织比如世贸组织、世界银行、全球环境基金或者可持续发展商业理事会(BCSD)。

从葛兰西的观点看来，霸权被看作位于不被视为完全分离于国家或国家间体制的资产阶级社会(公民社会)中。葛兰西对国家的扩展的观点包括政治结构在公民社会中的巩固。从这种观点来看，人民能够参与环境管理的一种扩大的全球公民社会的自由领域的确立，是与公民社会是一种霸权机制的观念相一致的，一种对“从属阶级对资产阶级领导权顺从

的”的让步。这种让步最终会导致既保存资本主义，又使它成为对工人和小资产阶级更能接受的社会民主主义的形式。这进一步与葛兰西的转化(transformismo)观念相关联。前文概括的话语比如全球化、可持续发展或全球公民社会，可以被看作一种战略。“通过使其调整适应主导性联盟的政策来吸收和驯化潜在危险的观念，并且可以因此阻止对现存社会和政治权力的(阶级为基础的)组织化对抗的形成”。因此，恐怕很难把由上至下的霸权与由下至上的反霸权区别开来，或者是在国家、市场、公民社会之间的独立领域，因为霸权是普遍渗透的。

一种自由主义观点主张，非政府组织的显著增加有助于民主化全球结构，并有助于保证公民社会的关切不再被边缘化。但是，联合国环境与发展会议揭示了在环境运动中形成的权力分化和不公平分配的影响。发育完善的非政府组织经常将它们自己与全球论坛上的草根组织分离开来，来自北方的主流环境团体掌握着大部分权力。康卡(K. Conca)声称[3]，非政府组织的主要影响是通过在国家代表团中保持存在，这“……放大了相对富裕的主流北方环境组织，尤其是非政府组织共同体中几个以美国基地的较大团体的声音”。那些有实力的组织最可能牺牲对强大的政府和跨国公司来说不太容易接受的激进变化的要求。因而，全球公民社会不一定是全球治理中的一个民主化力量。而且，公民社会角色之间的差异导致了它们对主要全球制度采取不同的战略。

2. 影响政治——参与世贸组织

接下来，分析将集中在为改革世界贸易体制进行游说的环境运动部分。这些“改革者”可以与那些寻求废除世贸组织的“激进”团体区别开来。当然，这样一个两分法并不总是很容易维持，因为个人和团体不仅随着时间改变立场，而且一些组织也许会持有多种观点。可以发现，“改革主义”的环境团体和世贸组织之间的关系从一种不了解到包容的转变。一些包容举动在贸易共同体和在日内瓦设有办公室并参加游说与支持活动的环境团体中间是可以看到的。在开始时，两个团体都不相信另一方提出的经济论断，并且很难进行真正的对话。现在它们都意识到，现存的贸易—环境联系的知识带有很大的试验性质。在过去两年里，世贸组织秘书处和非政府组织比如世界自然基金与国际保护联盟已准备以一种不太可能维持以前极端程度的方式来获取考察证据。宽泛地说，改革者已经寻求改变政策方向和修改世贸组织中的制度程序。其他环境团体诸如绿色和平组织则不太愿意参加这些讨论。

改革主义的环境团体已经在试图改变世界贸易规则的努力中发展了双重的战略。分析和研究的目的是改变人们理解贸易和环境联系的方式。它们在将新观念和规则带入政策辩论中发挥了关键作用。在1991年关贸总协定专家组裁定美国和墨西哥之间的金枪鱼—海豚争议后，环境团体发起了对自由贸易体制的危害性后果的联合攻击。自由贸易支持者和环境主义者之间的辩论在使议程的演进框架化中是关键性的，导致环境议题被结合进世界贸易体制。政策主张需要新信息和政治支持以便促进改革议程。为了实现这个目标，世界自然基金和国际可持续发展研究所等环境团体参加了旨在向决策者推荐政策的贸易和环境议题的分析。因此，游说集中在获得有学识的公众而不是一般公众的支持。在日内瓦，环境主义者已经建立了与各国政府代表和世贸组织职员的联系。在全国水平上，环境主义者已经建立了与各个政府部门的联系。在多元主义的民主制中，环境主义者一直在尝试为了增加环境部门参与贸易谈判而影响国家贸易谈判小组的组成。

参与游说世贸组织的环境团体已经形成了多样化的跨国支持联盟。这些网络在发展和支持关于具体政策的公共运动中是有用的。一个最近的例子是把多样化的国家和国际联盟连接到一起反对多边投资协定的运动。经合组织政府推迟关于多边投资协定谈判的决定部分是由于这些网络的活动。世贸组织的第一次和第二次部长会议，给社会运动活动分子提供了组织关于共同关注议题研讨会的机会。在会议休息期间，位于日内瓦的组织诸如世界自然基金和建立于1995年负责协调南方非政府组织活动的国际可持续发展中心(ICTSD)为环境网络提供了连结点。

环境团体和世贸组织之间变化中的关系，可以通过由世贸组织秘书处组织的研讨会得到说明。1994年6月，第一次举行的这类事件以摩擦为特点，几乎未对促进建设性对话有任何裨益。在这次会议上非常明显的是，出席会议的环境团体和秘书处代表之间的不同观点难以沟通。这

次关于贸易、环境和发展的研讨会目的在于促进观点交流，但两个群体之间的敌意导致了聋人间的对话。而且，在环境运动内部的紧张关系有助于会议被所有参加者视为一种失败。后来的研讨会，例如在 1996 年 9 月、1997 年 5 月和 1998 年 3 月举行的包括环境、发展和消费者团体代表的研讨会，被认为是更加建设性的。例如，因为在非政府组织和成员国家之间第一次有了实际的互动，国际可持续发展研究所宣称，1997 年 5 月举行的研讨会是一个成功。

制度聚合点

环境议题牵涉到世贸组织的整个组织结构，但贸易和环境委员会(CTE)负责集中讨论贸易和环境之间的相互关系。贸易和环境委员会是一个审议性而不是决策性实体，它在 1995 年 2 月的第一次会议和 1996 年的新加坡第一次部长会议之间，专注于澄清贸易和环境之间的关系。贸易和环境委员会的职权范围是：

(1) 确定在贸易措施和可持续发展之间的关系；

(2) 就多边贸易制度是否需要修改提出合适的建议；

(3) 评估改进贸易和环境之间互动关系的规则需要，包括避免保护主义措施和用于环境目的的贸易措施的监管。

两个参量指导着贸易和环境委员会的工作程序。首先，世贸组织在这个领域的政策协调能力限于贸易和那些可能对其成员国带来贸易影响的与贸易相关的环境政策方面。换句话说，世贸组织不会卷入评估国家的环境优先性，制定环境标准或者发展全球环境政策。其次，在保护环境的政策协调难题确定的情况下，解决它们所采取的步骤必须坚持或捍卫贸易体制的原则。贸易和环境委员会被给予两年期限来达到世贸组织的要求，并在新加坡部长会议上对它进行成效评估。这个评估得出的结论是，贸易和环境委员会应该继续发挥作用，但由于缺少一个主席，它在 1997 年的大半年依然是停滞不前的。第一次世贸组织部长会议为环境运动提供了以全面的方式关注世贸组织的成功的第一次机会。

环境非政府组织强烈地批评了贸易和环境委员会未能在它的审议中带来实质性进步。环境主义者认为，贸易和环境委员会的议程很狭隘，并且未能完成研讨贸易和可持续发展以便就多边贸易体制是否需要改动提出建议的任务。贸易和环境委员会不是关注贸易和环境的关键性议题，而是误入到了关于技术议题的讨论。而且，它只是涉及了三个议题的细节：世贸组织规则和与多边环境协定(MEAs)相关的贸易措施之间的关系；生态标签和世贸组织规则；环境措施对市场进入的影响。而且，环境非政府组织尖锐地批评了环境议题转移到贸易和环境委员会的方式。可持续发展以许多方式涉及了世贸组织工作程序，而环境非政府组织认为，这应该影响到世贸组织的政策。

在第一次和第二次部长会议之间，环境团体继续批判贸易和环境委员会的运作。它们认为，贸易和环境委员会不但未能在与多边环境协定相关的贸易措施上取得任何进步，而且通过明显地扩展世贸组织的管辖权破坏了现存的共识。对贸易和环境委员会活动的一种解释认为，多边环境协定中达成并在各方应用的贸易措施，仍然能够带到一个世贸组织争端小组面前。更确切地说，世贸组织成员能够诉诸世贸组织争端解决机制来破坏已经在多边环境协定中规定的义务。虽然多边环境协定是关注跨国全球环境威胁的有效手段，世贸组织却能够破坏它们。有关世贸组织规则的持续不确定性，可能阻碍参与各方使用在多边环境协定中规定的贸易措施。在日内瓦和各国首都，环境团体为了加强贸易和环境委员会而展开运动。尽管国家政府在 1996 年 12 月就对贸易和环境委员会的进步持乐观态度，到 1998 年 5 月，四大巨头(欧盟、美国、日本和加拿大)才公开承认贸易和环境委员会需要注入活力。对贸易和环境委员会不充分性的迟到认识究竟是产生于向一种环境团体提出论点方式的转变还是对它无作为成本的评估是不明确的。[4] 无论“真相”如何，很清楚的是，环境团体将注意力集中在贸易和环境委员会及其监督规则执行的活动，保证了这一议题停留在审议的最前线。

而且，将新信息来源导入公共领域的研究和出版，已经改变了在自由经济学家和环境主义者之间的话语词汇。讨论已经从贸易—环境联系的宽泛争论转移到贸易与可持续发展背景下对具体议题的讨论。这些讨论包括：与通过环境破坏和不可持续的生产过程创造出来的产品贸易相关的难题，多边贸易体制和多边环境协定之间的关系，以及生态标签。生产

过程和方法(PPM)对于将可持续发展引入全球贸易制度的努力具有核心性。生产过程和方法是指在一种产品生产中使用的技巧和方式。辩论是因为自由贸易体制的规则调节产品、而不是用来调节创造它们的过程而产生的。

贸易共同体以有效性和实施的困难为由反对贸易体制中包含生产过程和方法。考虑到不同的吸收能力和不同的环境价值,强加全球标准的努力不但会使专门化失去比较优势,还会给主权国家强加外来价值观。而且,反对者指出了内在于设计监督系统和在生产过程中实施的困难。但是,环境主义者主张,坚持在生产和产品之间的区别是困难的。生产过程和方法对于保护健康和环境是必需的。从这种观点看来,生产过程和方法将会有助于更加有效生产和更严格环境标准的发展。据称,一个基于污染者负责原则的制度将会削弱复杂的监督措施的必要性。

环境主义者断言,世贸组织关于生态标签的规则是不明确的。例如,不确定的是,世贸组织规则是否包括在贸易技术障碍协定(TBT)中和它的附加条款是否涵盖基于与生产、过程和方法的非产品相关的生态标签。这个争论一方面与下列事实相关联:贸易技术障碍协定的规定是否适用于涉及生命周期分析的标准是不清楚的。由于贸易技术障碍协定指的是产品标准,同时间接地涉及生产、过程和方法,因而,不清楚这个规则是否适用于比如农药在生产中的使用,即使那里没有农药残留。他们认为,非产品的生产、过程和方法应该被列入议程,并且要求将生态标签实施者包括在谈判中。

民主化世贸组织

当代全球治理的言论充满了对参与和民主的要求。环境活动分子一直在为世贸组织中增加透明性、参与和可问责性而展开活动,将其描述为一个缺乏问责性的秘密组织。一种观点认为,公民社会组织在使世界贸易体制更加透明和负责的过程中具有关键性作用。关注日内瓦议事的环境非政府组织认为,对信息的接近和参与决策对民主来说是至关重要的,并且还会改善世贸组织的政策输出。环境主义者意识到,贸易谈判的性质意味着,一种对非政府组织开放进入的体制是不可能的。因此,他们对参与和透明性的要求是用改革主义术语表达的。倡议的改革主张在提高对多边贸易体制的公开审议的同时维持组织的政府间性质。环境主义者声称，世贸组织应该能够以不损害某些机构比如贸易政策评估机制的保密需要的方式进行改革。他们建议，贸易和环境委员会的成员应该扩大到包括非政府组织，所要求的是观察员地位而不是完全成员资格。而且，他们认为，争端解决机制应该更多地利用独立专家。就透明性议题而言，非政府组织严厉批判现存的对取消文件限制的保留安排。他们认为，如果关键性文件直到发布 6 个月之后才能被解除保管限制，那么，非政府组织的监督职能将会被削弱。

直到最近，对增加参与的要求一直被坚决地拒绝。许多发展中国家担心，任何沿着这个方向的发展将会由于具有参与政策过程能力的非政府组织来自北方国家，而以它们的利益为代价进一步促进北方的利益。改革的反对者提出如下四点。

首先，努力游说世贸组织的各种团体应该在它们的母国这么做。既然贸易政策是国内政治交易的一个结果，那么，环境、发展、商业和消费者利益团体应该在国家层次上努力影响政策。

其次，世贸组织的谈判要求高度的保密，如果非国家角色被授权参与，就可能无法保证。在谈判过程中，政府经常不得不权衡一个国内利益集团与另一个利益集团之间的关系集团。如果其他角色参加的话，政府将不能在多边贸易谈判中获取进展。

第三，日内瓦谈判过程不应该鼓励保护主义团体的积极卷入。任何扩大社会运动对世贸组织决策过程参与的努力，将会不可避免地增加商业共同体的游说活动。考虑到商业组织比非政府组织所具有的竞争优势，任何对非政府组织介入的自由化都会增加大公司的影响。一些政府认为，设计一种许可合法非政府组织参与的方式不但是困难的，而且，许多非政府组织并不代表一个独特的利益共同体。

这种对世贸组织当前实践的辩护，依赖于重申这一组织的政府间地位和贸易谈判的特殊性。在来自美国压力团体的压力下，美国政府已经常地对代表议题采取一种同情态度。世贸组织一项更坚定的对商业团体和非政府组织开放的承诺，是由美国在 1998 年 5 月的部长会议上提出

的。而且，世贸组织总干事雷内托·鲁杰罗(Renato Ruggiero)对发展非国家角色和世贸组织之间的联系给予了支持。社会运动活动分子对增加接近世贸组织的要求，遇到了来自同样希望增加它们对贸易政策影响的私人利益团体的竞争。很可能的是，社会运动团体参与的任何增加，将会较少地受到对一个民主理想的信奉，而更多地受到短期的政治利益的影响。

尽管非政府组织的参与要求不可能在最近的将来实现，很明显的是，政府正在努力以更加开放的方式与发展和环境组织交往。为了战胜一直存在的保护主义支持者，自由贸易秩序的捍卫者需要盟友。贸易官员关心提高自由化项目的合法性，并且最终会为了扩大对增加的自由化的公众支持基础而笼络公民社会的代表。

3. 抵抗政治——拒绝主义的立场

尽管前面讨论的角色明确地属于全球公民社会的自由主义概念，拒绝对全球环境治理的主导性方法的社会运动的空间并没有被明晰地定义。在前文中已经看到，社会运动的角色主要是各种非政府组织，它们做出种种努力，以影响国际贸易谈判为目的来直接游说世贸组织。笔者关心那些具有解放意图的社会运动角色，寻求对一种更好的变革发挥影响，虽然这种变化的具体内容和它如何发生在团体之间互不相同。影响政治和抵抗政治之间的关系并不一定是两分的或者矛盾的，但也不能说，社会运动已经形成了一种既妥协又对抗的两面战略。一些研究显示，寻求影响的非政府组织已经被拉拢了，而剩下的更加激进的团体则被边缘化。这并不是说，与世贸组织打交道的社会运动不关心根本性的变化。事实上，1997 年 5 月在日内瓦召开的世贸组织－非政府组织关于贸易、环境和可持续发展的研讨会期间，许多尤其是来自南方的非政府组织公开批评了全球化、商业自由化和可持续发展的新自由主义意识形态。然而，它们的要求和政策建议更可能是被淡化的，无论通过被说服或者自我审查制度，还是通过遵从主导性制度规则的参与过程。因此，社会运动和非政府组织活跃的全球公民社会领域并不是一个没有竞争、没有冲突和权力关系的领域。实际上，非政府组织和社会运动不但互相交往，而且还与同样被归入全球公民社会领域的商业角色进行对抗，并且，社会运动的议程与非政府组织的利益时常不一致。在全球公民社会内部，可以发现存在着各种各样的观点。然而，那些位于谱线末端的激进草根团体认为，全球公民社会领域对它们的战略和利益是敌对性的。

这一部分将讨论采取对抗态度并且挑战世贸组织和贸易自由化观念本身、而且较少制度化的草根运动。这些“边缘化”的团体不断在全球各地组织起来，与发展的消极影响作斗争。对这些多样化的地方斗争在结构上相互联系的认可，导致了抗议活动的一个有意识的全球化。人民全球行动集中体现了这些类型运动的抗议战略。

反对世贸组织和“自由贸易”的人民全球行动

人民全球行动展示了对游说世贸组织和影响辩论努力的一种激进背离。它视世贸组织和经济全球化为使一种为社会和生态退化负责的制度永久化的因素。如此，人民全球行动没有集中在任何单一议题而是采取了一种整体性立场，明确地承认生态剥削和退化在根本上是与社会、文化、经济或政治的等其他形式剥削相联系的。

反对世贸组织和“自由贸易”的人民全球行动于 1998 年 2 月在日内瓦举行了它的第一次年度会议，邀请了来自世界范围的参加与破坏人性和地球作斗争的人民运动。人民全球行动并不是一个组织，相反，它将自己视为一个抵抗全球化市场的联系与协调的全球性工具，以及一个支持建构地方选择和人民权力运动的工具。

受 1996 年和 1997 年分别在墨西哥和西班牙举行的会议的启发，日内瓦会议由下列成员组成的一个委员会发起和召集：Central Sandinista de Trabajadores（尼加拉瓜）、Frente Zapatista de Liberacion Nacional（墨西哥）、独立分析基金会（FIA）、为了独立的阿蒂亚拉（Aotearoa）基金（新西兰）、土著妇女网络（北美和太平洋）、卡纳塔克邦农民协会（印度）、母亲 86（乌克兰）、奥格尼人民生存运动（尼日利亚）、Movimento Sem Terra（巴西）、菲律宾农民运动（KMP）和欧洲正义行动（PFE）。

该委员会制定了作为讨论基础的四个出发点：首先，明确拒绝被视为不民主的并只服务于跨国公司和投机商利益的世贸组织和其他自由化论

坛;其次,主张一种对抗态度而不是毫无结果的游说;第三,呼吁非暴力的公民反抗以及由当地人民建立的地方选择方式;第四,分散化和自主性作为组织原则。论坛不是全球治理制度的让步性施予,而是从下至上打造的空间。来自71个国家的超过300名代表很少是"主流"非政府组织,并且没有来自世贸组织或者跨国公司部门的代表。人民全球行动的底线是明确地拒绝经济全球化,并且呼吁"成为已经在世界范围内与全球化抗争的不同社会部门、人民和组织联系起来的桥梁"。该会议的主要部分是起草声明,它涉及了广泛的议题,包括环境、公司权力、性别、农民、土著人、工会、青年、失业者、移民、住房、文化、学生和健康。声明确定需要"发展新结构……那种强调不质疑资本主义的全球化逻辑就没有解决我们所面临难题出路的新型组织"。该宣言进一步陈述到:这些组织必须超越占主导地位的方法;它们必须是"独立于政府结构的,自主于经济权力的和民主以促进人民参与的"。因此,人民全球行动的政治立场明显是一种无政府主义的和反资本主义性质的。

论坛绝不是同质的,而是来自多样化背景、年龄和文化的团体集合。统一性被接受,但是被理解为同时植根于多样性。用一个活动分子的话说,人民全球行动是"建立对抗跨国资本主义阶级的人民运动的跨国联盟的努力"。这一立场的基础是一种在运动之间的跨国团结,但在过去,社会运动和非政府组织常常突出了南北运动之间利益的分裂。涉及联合国环发大会进程以及关于可持续发展的辩论时,这个观点尤其普遍。人民全球行动看起来重要的是,它在努力弥合这种分化。一些评论家将此归因于全球化的观念。例如,范达纳·希瓦(Vandana Shiva)将全球化视为迫使北方和南方的人民进入一种正在营造新团结的"被排除在外的共同状态"[5]。在确定"共同敌人"时,一种团结感在日内瓦可以被清楚地感觉到。对所有人来讲都很明确的是需要一种整体的方法,而单一政治议题不再是充分的。正如一个活动分子呼喊的:我们不得不开始瞄准头部。我们已经成为反对核能、住房供给和男性至上主义的斗士。怪物拥有不同的触角。针对其触角你将永远不会达到目的,你真的必须瞄准头部。世贸组织被设想为一个即将到来的"单一全球经济"总部的象征。[6]这个观点在很大程度上是说,在全球化的时代,抗议也需要被全球化。

然而，虽然态度是一种对抗，就与主导制度和那些游说这些制度的非政府组织的交往与对话而言，人民全球行动的立场仍然是不清楚的。一方面，由于游说不民主的机构是没有效果的，因此，主张所有的非政府组织(包括改革主义者)应该脱离它们并加入人民全球行动的人民抵抗。另一方面，坚持认为与这些制度交往是挑战这个体制所必需的，就像建立“局内人”和“局外人”之间的对话一样。[7]

鉴于人民全球行动的要求已经接受了辩论的制约或者在这个过程中被减弱，影响政治更可能是拉拢的例子而不是激进社会变化的战略。另一方面，人民全球行动拒绝了主导性话语和主导性制度，并且认为通过全球治理机构不能够带来更深刻变化，因而要求超越并最终废除这些制度及其所代表的体制。虽然人民全球行动包括了来自世界各地的很多人，但它并没有得到太多的媒体报道。除了一家日内瓦地方报纸外，第一次会议并没有被新闻报道，并且，与 1998 年 5 月和平游行有关的新闻报道几乎完全集中在了暴力事件方面。尽管呼吁非暴力，人民全球行动究竟是否容许了那些暴力仍是不清楚的。考虑到在人民全球行动旗帜下采取行动的许多团体的多样性，人民全球行动是否构成了一种致力于积极变化的力量或它是否会充作一个特洛伊木马的密探，仍然需要观察。

考克斯(R. Cox)已经指出[8]，世界秩序的转型将需要社会关系和对应于国家社会关系结构的国家政治秩序的根本变化。这一工程不可能在全球制度中发生，因为它们被视为“吸收反霸权观念”。这个论断补充了全球公民社会的自由主义观念被充作拉拢工具的看法。然而，只回到国家层次是不能令人满意的，尤其就全球社会行动主义而言，比如看起来正在塑造一种全球意识的人民全球行动。虽然社会运动最终将回到它们的地方性所在，人民全球行动的主要目标之一是建立正在全球范围内展开斗争的桥梁和交互意识，由此形成激进社会变化的新空间，以对抗不负责的、不民主的精英的全球治理。

4. 小　结

笔者已经指出，社会运动形成了关于世界贸易体制的两大战略——参与和拒绝。那些参与到我们所界定的影响政治的社会运动角色试图参

加与贸易共同体的理性辩论。这些组织正在尝试转换贸易范式，使环境议题以一个有意义的方式被转换到贸易谈判中。正如所看到的，它们的努力已经获得了一些成功。贸易官员的得意洋洋已经被一个认可贸易和环境之间十分重要的联系方式所取代。然而，在超过三年的活动之后，贸易和环境委员会很明显未能发展环境议程。贸易和环境之间的关系仍然是争议性的。笔者已经证明，环境主义者挑战世界贸易体制规则的能力受到了世贸组织制度背景和自由贸易话语的限制。世贸组织是一个对社会运动代表参与相对封闭的组织。贸易谈判中的秘密传统、组织的政府间地位和它作为一个谈判论坛的职能，妨碍了社会运动活动分子介入机会的增加。

依此，人们可以得出结论说，以世贸组织为目标的努力被误置了，因为有效改革世界贸易的压力最有可能在国内领域被发现。然而，这样一个结论将会是过早的。如果接受随着世贸组织的创立、全球贸易的治理结构已经随着权力的增加转移到国际组织的话，那么，仅仅指向国家层次的运动将不能抓住整个范围的议题。现在还难以作出明确的结论，但考虑到环境议题将继续在多边贸易体制中具有重要性，环境运动将依然是有争议的贸易和环境领域中的角色之一。克林顿总统断言：世贸组织第一次提供了一个论坛，其中，商业、劳工、环境和消费者团体能够表达其观点并帮助指导世贸组织的进一步演进。这会如何转化为实践还是不清楚的，但将商业团体包含在内削弱了社会运动角色的潜在影响。

拒绝主义方法开始于环境管理现在已经全球化为建立全球治理的总体过程中一部分的假设。环境全球管理被理解为一种技术统治性的问题解决方法，不关心由社会、经济或者政治关系调节的环境退化的消除，而是关心制度的平稳运转。全球化和可持续发展的话语被视为在根本上与这一过程密切联系。而且，那种认为议程制定过程已通过全球公民社会的出现而实现民主化的声称遭到了质疑，并且，这一自由主义构思的领域被拒绝作为一个激进社会变化的场所。它仅仅淡化了占主导地位的方法，并且模糊了环境治理和管理的现实。虽然一些社会运动可以通过游说和提高公众意识在将议题带入政治舞台方面具有关键性，但它们在决定议程中究竟能在何种程度上施加影响仍然是有疑问的。一种激进的挑战更加深刻，它不只是要影响议程，而是想根本改变制度并且建立一个反映人民和整个星球利益的新议程。然而，就参与模式而言，这并不只是一个参与或者不参与的问题。评估每种模式的成功还需要时间。目前，强大的全球治理制度几乎不重视社会运动的作用，无论是改革主义的还是革命性的。

［注释］

[1] 埃希尔分析了公民社会概念向全球层次的推延，指出了这一概念存在的问题，尤其是公民社会、市场和国家的固定划分以及其中隐藏的欧洲中心论的普遍主义。参见 C. 埃希尔《全球化中的公民社会：社会运动和来自下层的全球政治的挑战》，第二届欧洲社会运动会议论文，西班牙，1996 年。

[2] P. 瓦普纳：《全球公民社会中的治理》，载 O. 扬斯主编《全球治理：吸取环境经验》，剑桥 MIT 出版社 1997 年版，第 66 页。

[3] K. 康卡：《绿化联合国：环境组织和联合国体制》，载 T. 威斯和 L. 戈登克主编《非政府组织、联合国和全球治理》，1995 年印制，第 449 页。

[4] 它担心有关环境的持续冲突会外溢到世贸组织工作计划的其他领域。

[5] 参见 J. 马德利《遭到攻击的全球化……或者相反》，第三世界网络，http://www.twnside.org.sg。

[6] 世贸组织总干事雷纳托·鲁杰罗曾在 1996 年 12 月新加坡部长会议上在多边投资协定的背景下宣称："我们正在起草一个单一全球经济的宪法。"

[7] 这是开幕式上两个代表之间的一个对话。它从未成为一个广泛辩论的议题。

[8] R. 考克斯：《葛兰西、霸权和国际关系：论方法》，载 S. 吉尔主编《葛兰西、历史唯物主义和国际关系》，剑桥 MIT 出版社 1993 年版，第 64 页。

（马克·威廉姆斯、露西·福特）

结　论　全球环境运动的前景

在当前的全球化时代，地方越来越少地自主于其他地方的行动和发展，而民族国家——如此经常和直到最近依然作为压制地方文化的特殊性、语言和政治制度的代理者——自己看起来也日益从属于超国家的制度和协定。人类日益意识到全球环境难题，但所见证和参与的大多数环境行动都是地方化的。在结论部分，笔者将重点考察地方环境行动的性质，并且阐明它是如何形成的，以及其结果是如何由非地方层次上的行动和无行动所决定的。然后，笔者将考虑是否存在或者可能形成一个全球性环境运动，并集中讨论近年来一些绿色和平组织行动的意义。

1. 全球思考

大多数国家的大多数人在全球性思考环境难题方面遇到的困难实在是太明显了。而且，在环境关切的显著性和这种关切形式的平衡性方面存在着明显的跨国差异。

在英国，最普遍的环境关切形式是关于景色和乡村的保持以及污染。其他种类的环境关切不怎么普遍，并且具有更分化的社会人口统计特征。教育水平较低的人群和妇女表达了对核能和危险废弃物的关心；科技界和医药职业人士与普通人相比，较少关心污染和废弃物。全球绿色意识在中年和高学历的人群中有着很不相称的比例。

人们对环境的关切类型似乎在很大程度上是他们拥有知识的一种功能。1991～1992 年的国际社会调查项目设计了一组 12 个只要求简单回答真实或错误的问题，以及一组以 6 个设计来测试环境威胁感知的问题。

威瑟斯普恩(S. Witherspoon)提供了1993年在英国调查的结果。[1]知识水平线性地随着教育资历而增加，但关切水平一般来说更高。只有20%的被调查者知道，“温室影响是由地球大气层空洞引起”的陈述是错误的，但51%的人认为，“温室影响”对环境构成了“极端”或者“十分”严重的威胁。有趣的是，具有最多科学知识的回答者乍看要比一般人较少关心环境危险对他们自己和家庭所构成的威胁[2]，但他们可能在政治上对环境问题更加积极。对此的解释部分存在于这样的事实：那些对自然的认识最浪漫和对环境的看法最悲观的人们，表达了环境威胁对他们自己、家庭的最大关切；然而，对自然的浪漫主义只是与对绿色政策的支持存在温和的相关性——与环境悲观主义则根本不相关。在估计到他们对环境较少的浪漫主义和悲观主义倾向之后，具有较多知识的人实际上看起来也许更加关心环境灾难，最支持环境政策并且最可能活跃于环境运动。

这一在英国观察到的模式也在跨国比较中得到了证实。在南欧和东欧，虽然大多数人表示了对环境的关切，他们的环境意识比在北欧更可能采取“个人抱怨”而不是“全球关切”的形式，并且，现实中的环境主义水平与北欧相比较低。比如，吕蒂希(W. Rüdig)报告了关于全球转暖知识和环境关切的跨国比较数据。[3]初看起来，结果显示的模式是自相矛盾的：1993年大约三分之一的南欧人甚至没有听说过全球变暖，然而，他们对它的关切水平相对要高(都在欧盟平均水平之上)。但在丹麦和荷兰，模式就颠倒了过来：知识水平高而关切相对较低。这个自相矛盾的发现，是与英国对各种潜在危险表示出忧虑的证据一致的。

这表明，在环境知识和忧虑之间存在着一种相反的关系，而在知识和实际环境关切之间存在着一种肯定的关系。那些对理解一个环境难题的知识具有自信的人们，更不可能如此广泛地对此表示焦虑以至于不能做任何实际的有助于缓解的事情。“科学知识也许引导人们采取一个较少天启性的自然观点，但它积极地与环境关切和行动主义相关联……”受过科学和技术教育的自信可以是误置的，但这一发现仍然是完全与长期积累的政治社会学证据即知识与个人能力感之间存在正向关系的事实相一致。并且，这有助于解释为什么那些环境难题在客观上最严重和“个人抱怨”最突出的国家并不是采取广泛联合行动解决这些难题的地方。[4]

在人们所拥有的环境难题知识和他们对难题所表示的关切之间，存在着相当密切的联系。这种联系似乎是（主要是但不完全是）教育[5]：拥有较高教育水平的人具有不断增强的认知能力来理解复杂的环境议题，评估所涉及到的风险并且设计个人或者集体的实际修补行动。英国数据证实了这种联系：更简单和较不复杂的环境关切形式更可能在受到较少教育的人群中发现，而接近于一个全球生态世界观的态度更可能在受到更高教育水平的人群中找到。[6]

为了更好理解为什么不同种类的关切会被如此不均匀地在社会阶层中分布，考虑议题的内在特征可能是有帮助的。比如，空气和水污染等议题像乡村保护一样几乎是普遍的关切，因为它们看起来是相对简单和可见的难题。大多数人对此有直接经验，并且因此具有广泛的理解。相反，核废料、臭氧层耗竭以及全球变暖是超越大多数人实际经验的复杂议题，并且科学观点对此也未达成一致；甚至环境主义者和绿色政治学者也不十分理解在全球变暖和臭氧层耗竭之间的差异，更不用说理解其相关的过程。

一旦近距离考察，甚至一个看起来简单的议题像空气污染都是十分复杂的。空气污染中的降尘——门外汉最容易意识到的——由于最可见因而最可能成为抱怨的对象，但它与几种较不可见的空气污染形式相比也许具有较少的危险性，如一氧化二氮、一氧化碳和地表臭氧等。

对大多数人来说，最严重的污染难题实际上是不可见的。他们没有直接的臭氧层耗竭、全球变暖和核废料污染的个人经历或知识。而且，由于在所有这些议题上科学共同体的观点是分裂的，期待门外汉们能够有不同的表现是不现实的。因此，大多数人所"了解"的这些议题的信息，只是他们所相信的媒体所描述的内容。由于大多数记者只有肤浅的理解，并且大多数媒体几乎没有能力或者意愿来论证考察如此复杂和有争议的问题，媒体报道倾向于事件、一系列的奇观和轰动效应而不注重过程，很少有或几乎没有持续地应对长期的和地方性环境难题的努力。因此，公众所被告知的实在是太少了，并且，公众对环境事务的观点经常表现为恐慌的形式而不是接近于任何类似科学知识的形式。所有这些有助于形成大量的焦虑和疑惑，但相对较少的实践行动。

最可能动员大量普通公民而成为公共议题的环境关切是这样一些事情：

- 影响他们或者特别是他们的孩子；
- 被他们所理解；
- 来自于并且/或者能够适应于大众价值观；
- 人们所洞察或者相信自己能够深入了解的事物；
- 人们相信能够得到有效关注的问题。

这就是为什么“不要在我后院”抗议在环境争论中显得如此突出的原因之一；后院至少是一个熟悉的领域。人们基于各不相同的理由而不能全球通盘考虑，但也许仍可以进行地方性行动。

2. 地方行动

地方环境抗议在英国不是什么新奇事，但它们在近年来似乎日益频繁和突出。没有别的地方比英格兰东南部更加明显了，自从80年代初以来，那里处在日益增长的经济发展及其交通基础设施压力之下。肯特——曾经被描述为“英格兰的花园”，由于在海峡隧道建设之前就已发展迅猛的跨海峡交通，现在更多地被称为“欧洲门户”。一些地方抗议已经相对成功；在伦敦和海峡隧道之间计划修建的快速铁路，由于一系列热烈而且配合很好的地方运动被迫改变了好几次。然而，地方环境行动的局限通过肯特几个近来的环境争议得到了很好的展示。

西森林(West Wood)绿洲村

围绕兰克(Rank)休闲集团建设“绿洲村”的提议产生了一场争议，该“绿洲村”由位于西森林的400个森林旅馆、350个临水别墅、90个摄影室、1个村庄中心、1个人工湖、1个乡村俱乐部和1个9洞高尔夫球场组成，西森林是一个被邻近于福克斯通(Folkestone)的林闵奇(Lyminge)森林的种植园所包围的古代阔叶树林地。西森林长期以来一直受到地方散步者和野餐者的欢迎，但在1987年的大暴雨中遭到了严重破坏。建议的发展项目许诺在一个长期高失业地区至少增加100个新工作机会，并且得到了肯特郡议会的支持，但该地点位于著名自然美景(ONB)的北多恩

斯(North Downs)地区,并且,一个更早由帕克斯(Parcs)中心提出的在同一地区发展一个林地假日和休闲中心的倡议,已经被与肯特自然保护信托(KTNC)相联系的环境主义者的抗议所阻挠。

对地方环境主义者反对十分敏感的兰克公司,付出了大量精力来让"信托"官员——以及地方议员——在它提交正式申请前参加咨询。作为发展的附带利益所提供的"计划收益"是,许诺投资重新创造一大片环绕林地作为"社区森林"来对当地人民失去西森林宜人美景进行补偿。尽管遭到地方居民和一些坎特伯雷环境主义者的口头反抗,该提议还是得到了地方区议会和在一次公共质询之后(全国)环境国务秘书的准许。抗议者没有接受这个决定,拥有500名成员的"解救林闵奇森林行动团体"诉诸于高等法院,要求对这一决定进行司法审核。[7]

至此,这一故事也许只是表明了地方环境运动在面临来自不懈的跨国公司和祈求经济发展的区域与全国政府联合压力下所表现的无能,只有那个组织完善的地方运动对全国法院的偶尔求助才算合格。但是,这一故事由于媒体宣传产生了波折,在法庭听证几个星期之前,报道说兰克无论如何都会推迟作出关于这一发展项目的最终决定,因为缺乏另一项近来在英格兰西部完成的发展项目的财政可行性的明显证据。推迟的理由与兰克公司的整体现金流动和它满足其股东对上升中的股息收入要求的需要相关联。因此,无论司法审查的结果如何,发展项目将会被推迟或放弃是可能的,但这不是因为地方抗议,而是因为跨国公司财政管理的考虑。在那种情况下,即使会被毫无疑问地描述为地方反抗的一个"胜利",地方争议的结果对非地方角色行动和不行动的严重依赖得到了进一步证明。

里奇伯劳(Richborough)电站和沥青乳油

另一个争议围绕沥青乳油在靠近桑德维奇(Sandwich)的里奇伯劳电站的燃烧,这是一种来自委内瑞拉的以沥青为基础的燃料。因为当沥青乳油被燃烧时会产生包括钒在内的有毒重金属,这遭到了环境主义者的反对。然而,它只是在当来自工厂的硫磺排放引起对存放在附近一家进口商后院的汽车油漆破坏时,才成为一个公共议题。肯特郡议会的环境小组调查该议题的努力，遭到了电站经营者（Powergen）的阻碍，强调了它从污染巡视员得到的许可和它（暂时的）对二氧化硫排放限制（因为燃料是试验性的，并且该地区被认为具有较低的总体“污染负载”）享有的豁免。地方的保守党议员参加进来，辩护说该公司所受到的指控是环境主义者的威胁就业的反工业侵扰。

这一议题被坎特伯雷绿色和平组织的地方支持团体接受，但却受到了其无能建立与公司对话从而保证获得地方或国家政客的支持，或者使普通公众对一个对大多数人来说不可见的议题产生兴趣的阻碍。英国绿色和平组织没有接受这个议题，而尽管地球之友在柴郡（Cheshire）和威尔士发起了全国性的反对燃烧沥青乳油的运动，它和毫无生气的地球之友地方团体都没有捡起这个里奇伯劳议题。只是在地方抗议者已经实际上放弃了这个领域之后，补救行动才似乎变得可能：普鲁登什尔（Prudential）这个最大的人寿保险和抚恤金团体威胁使用法律行动来获得由来自电站的污染物质对它拥有的附近农场所造成破坏的赔偿。结果不久后，这个电站宣布由于“经济原因”关闭，借口是电力供应已经过剩。

除了再次表明地方环境抗议在面对强大既得利益时的无能，这个例子展示了当一个议题与一个地方景观的丧失或者改变等相比不突出的时候，地方环境抗议面临特殊困难。空气污染也许是近乎普遍关切的事情，那种门外汉最能够意识到的和最可见的空气污染类型即降尘最可能成为抱怨的对象，但它几乎肯定比来自电站烟囱的较不可见的重金属空气污染危险较少。只有当破坏实在太明显时——当对财产或者公众健康产生了可证实的影响时——地方公众以及全国政客才能对这一议题表示兴趣。

斯拉克斯泰德（Thruxted）制造厂

第三个争议涉及一个动物废物熬炼厂，是在坎特伯雷和阿什福特（Ashford）之间的肯特乡村的斯拉克斯泰德制造厂。当地人民许多年来已在抱怨工厂引起了不可容忍的污染，比如由于在田野上处理动物尸体及其流出物所产生的有害气味和污染。1995 年，在关心公众健康威胁的地方抗议者揭露了靠近污水排放地的林木正在死亡之后，该公司因为严

重违反污染控制规定而被定罪和罚款。在采取补救行动和安装一些新设备后,工厂在1996年被认定为已符合规定。然而,当地人民继续抱怨气味,并担心地下水可能被污染。实际上,这一议题长久以来成为行政教区议会的主要关切,但它受到了两方面考虑的阻碍:首先,工厂的关闭可能造成附近一个屠宰场的关闭并损失300个工作岗位;其次,由于工厂位于离最近城镇坎特伯雷有5英里的农村地区,它只是对住得很近的少数几百人来说可见。相应地,人们很难被动员起来,因为这个地区的乡村特征和他们的关切很难传播到住在坎特伯雷和阿什福特的更大人规模群中。

因此,如果不是因为欧盟委员会坚持英国应该为了消除疯牛病而大规模杀牛,这个事件本可以到此为止。阿什福特早在1985年已经作为第一次确认的疯牛病个例发生地而获得了坏名声,现在根据一名地方神经学者的观点,它是一个空前的地方CJD密集中心,CJD据称是来自暴露于疯牛病感染的牛组织的人类脑炎形式。由欧盟委员会决定的需要被屠杀牛数量的急巨增长,暴露了英国有效处理如此大量尸体的能力限制,并且使人们将焦点瞄准了动物废物熬炼业。

在1996年夏天的一个星期天,全国性的BBC广播4套午间新闻节目"周末世界",长篇报道了斯拉克斯泰德工厂,播出了当地人的抱怨及对工厂的忧虑,披露了工厂相对过时的技术和原始的工艺流程,以及一个神经学者的担心——普列昂病毒(来自感染疯牛病的牛的易感染源)可能已经渗透到蓄水层,然后,通过附近的中肯特河水泵站进入居民区的供水系统。由于该工厂是这一地区最大的动物熬炼厂,因而增加牛屠杀的直接后果是工厂中加工尸体数量的增加和处理大量的流出物。人们对经济前景的忧虑,在欧盟委员会压力下全国政府对难以找到处置史无前例数量牛的手段的焦虑,导致了地方污染控制标准的放松。

在随后的一个星期,这一议题被几家全国性报纸捡起,并且变成了坎特伯雷和阿什福特地方媒体的焦点。据报道,来自工厂的流出物数量超过了周围地区的吸收能力,而坎特伯雷市议会被要求允许将其排放到临近行政教区的农田。议会不愿意这样做,因为它得到的提示是,被公司及其捍卫者称为"最精细的自然过滤"的底层粉末包含着可能使流出物直接进入蓄水层的缝隙。这一议题持续在英国的地方媒体和德国媒体上吵嚷[8]，抗议集会仍然有很多人参加。坎特伯雷加工厂及时向环境国务秘书上诉，指责坎特伯雷市议会未能在8周的法定时间内决定工厂计划允许的申请，结果，一个公众质询于1997年2月举行。

这一例子中有意思的是，它再次表明，环境抗议只要是纯地方性的，就很可能是无效的。它还表明，一个跨国机构的行动——这里是欧盟委员会——可以改变全国政府的政策并使得地方行动的性质与背景发生变化。结果是，一直满足于地方媒体上信件与短篇报道的地方抗议者，突然间获得了接近全国印刷媒体与广播和区域电视的机会。因此，地方抗议对全国性媒体的依附地位得到了证实。

3. 从地方到全球

地方行动或许依赖于其他层次上的行动或者无作为，但那不是说，它总是没有成效的。地方行动的一个重要影响是可以教育那些以几乎全球性方式看待环境难题的人们。对地方废弃物管理争端的研究表明，加入反对废弃物处理设施选址的"不要在我后院"运动的经验，对很多参加者来说是具有深刻教育意义的；他们不但了解了更多关于废弃物的性质及其处置技术，而且变得敏感于诸如与废弃物运输相关的能源以及更小规模和更加地方化的废弃物处理手段的可能性议题。美国关于公众对有毒废物污染反应的证据分析得出了相同的结论。反对有毒废物的运动开始于"不要在我后院"的抗议，抗议者在斗争过程中发展了一种对工业实践的更广泛理解和批判并由此产生了"环境正义运动"。因此，地方关切逐渐被认同为全球议题，地方运动被认同为全球现象，并因而被视为存在于**每个人**的后院。的确，另一项美国研究表明，议题的这种扩展可能是成功的一个条件。沃尔什（E. Walsh）等得出结论[9]：反对废物设施选址运动的成功，更多地依赖于尽早将抗议议题框架化为能够吸引更广泛公众的环境管理议题而不是简单的"不要在我后院"的抗议，更少地归因于社区的固定特点。

然而，地方行动可能经常看起来是徒劳无用的，并且维系它的能力严重地依赖于许多个人的知识、技能、能量和魅力。地方行动过于容易被资源丰富的国家角色侵扰所压倒，而结果是，地方角色不得不避免过早地提

出政治关心或者使他们自己承诺于其手段难以维持的行动。然而，如果为了避免多线作战，地方行动完全局限于寻求限制其影响的体制内运作，它最终的有效性又将成为疑问。这表明，没有真正的激进环境行动——也就是说，就针对难题的根本而言的激进——能够保持纯粹的地方性；为了提高有效性，它被迫努力将它自己提升到全国——或者甚至跨国——层次上。的确，如果没有全国性新闻报道，许多地方抗议将只能是在地方可见的情况下运行。

地方环境行动的这些困难表明了一个更高层次上的利益表达的需要，这可以通过一个政党或者一个在全国或者跨国层次上运行的社会运动组织得以实现。

然而，正如肯特的这些例子表明的，问题在于这些议题最终在全球层次上得到应对，而不是地方抗议实现一个在集合的更高层次上的联系。全球——或者至少跨国——行动和事件在地方层次上产生回响，可以要么压垮要么巨大地提高地方环境抗议的机会。全球、国家、区域和地方持续而不断增加地互相贯通。事实上，全球化的应有之义是，越来越少的争议领域中其参数是纯粹国家的、区域的或地方的。前文描述的事例中，没有一个有全国或者跨国运动组织的参与。因此，在行动层次上，地方环境运动的自主性得到了保持。但是，地方抗议的命运日益依赖于更强大的非地方角色的行动或不行动。正如维迪克(A. Vidich)和本斯曼(J. Bensman)40 年前在他们的经典研究《大众社会中的小城镇》中所谈到的[10]，在地方层次上研究权力的麻烦是：决定地方社区人民命运的最重要决定是在大公司的会议室或者立法机构或公共官僚机构的议事室等其他地方作出的。就像美国的小城镇情况一样，地方环境运动也是如此。

4. 全球行动

决策者日益认识到，环境难题不再容易地被国家政治边界所限制，因而，国际协定和合作的领域大大膨胀了。跨国公司和经济发展机构诸如对环境产生前所未有影响的世界银行的全球影响也是如此。地方以及甚至全国的环境运动看起来与这些全球角色的政策和行动的环境影响作斗争的任务很不相称。那么，有能力的全球环境运动发展的前景如何？

斯克莱尔(L. Sklair)是悲观的。[11]真正的跨国运动——非国家的、人民之间的运动——的确可以被创造，但它们“往往是像佩文和克洛沃德在全国水平上发现的、对全球性难题负责的相当官僚化的组织”。维持、服务和财政资助这些组织的负担是如此大，结果，这些社会运动组织远不是在促进联合行动的事业，而是对可以实现真正胜利的更加自发和及时的地方行动的制约。对此，斯克莱尔引用了劳工运动和它与跨国资本的不平等斗争做比较。不难理解，为什么日益国际化资本的发展能够很容易地超过一个跨国劳工运动的发展速度；资本家及其服务人员被无限制地提供了更好的资源(物质、智力、文化和语言)，这使得他们的跨国行动比工人及其集体组织更有可能并且更有成效。

然而，与劳工运动的类比可能是误导性的。资源的不均衡性在资本和环境主义者之间的例子中不是这么严重。环境主义者可能缺乏大公司的物质资源，但因为他们不成比例地来自受过高等教育、专业化和技术上有专长的阶层，他们就智力、文化和语言资源而言劣势并不明显。拥有大众通信和信息技术的现代媒体更进一步缩小了这种不平等。总体上，似乎环境主义者比他们所反抗的公司在更大程度上、更富创新地并且更加有效地利用了这些新技术。绿色和平组织在布伦特(Brent)钻台上全面击败壳牌公司是最明显的例子。由此，斯克莱尔对有效的跨国**穷人**环境运动前景表示的悲观可能是正确的，但他看来低估了至少努力促进跨国角色的环境组织的——实际上已经由其实现的——可能性。

我们现在能否谈论一个全球环境运动依然是有争论的。当然，没有一个真正的全球环境运动组织；绿色和平组织可能比其他的更加具有跨国性——就它与比如地球之友等相比更少的中央集权化和较低程度的等级化而言更加如此——但是，它在相对富足的第一世界工业化国家影响最大，并且即使在那里也是不均匀分配的。接下来，笔者将讨论两个都包括了绿色和平组织的例子，来说明全球或者跨国环境运动的支持者和学者必须考虑的一些问题。

绿色和平组织和布伦特钻台

第一个是壳牌石油公司在深海处置布伦特钻井平台的企图被阻挠的

例子。在这个例子中，一家跨国公司依据有关国家政府的批准以及国际协定和最佳的科学建议而采取的行动，被一个尽管壮观但相对温和的直接行动所击败。这个行动由一个善于制造和控制新闻事件，以跨国运动组织名义活动的一个多国抗议者团队来完成。媒体报道使绿色和平占据布伦特钻台获得了全球公开性，并进一步刺激了许多一开始并未参加或受到直接影响的国家中并非由绿色和平组织发动的对壳牌产品的抵制。

在这个例子中，一个强大的跨国石油公司被一个具有比较温和资源的运动和新闻报道对运动的同情性反应所击败。无论国家法律、国际协定还是科学建议，都不能反对或者限制一个甚至不对其支持者负责的组织所发动的运动。绿色和平组织随后承认，它对布伦特钻台中所含的污染物的估计被严重夸大，但这只对其信誉产生了微弱影响。正如早些时候的调查所表明的，当谈及环境议题时，人民对环境组织要比对国家政府或者公司更信任。

绿色和平组织和法国南太平洋核武器试验

第二个例子是绿色和平组织在南太平洋反对法国核试验的行动。该行动比布伦特钻台行动要求更多组织上严格的和昂贵的资源。它使绿色和平组织获得了大量的新闻报道和尊严，并且引起了一场绿色和平组织既没有参与组织，也没有同意的对法国产品的国际抵制运动。这场抵制直接破坏了法国农产品在北欧和南太平洋的市场，并且间接地产生了其他影响。其中之一就是抑制了英国苹果(以及除法国之外从其他国家进口的苹果)在英国市场的销售，其价格也因法国苹果的充斥而大大下降了。

在这个例子中，绿色和平组织强烈地促使一个民主选举的政府陷于尴尬境地并设法使国际压力对准该政府，但它也产生了其不能控制的和对计划施压目标之外的对各方都具有破坏性影响的力量。这不但表现了强大的民主国家政府影响那些国内得到微弱支持的国际运动在它们边界之外所采取行动的脆弱性，而且，它们也几乎不可能控制运动本身的进程或者发动同情性抗议。

含义

这些例子提出了一系列有趣的问题。跨国公司对跨国运动的挑战要比斯克莱尔所主张的更为脆弱吗？绿色和平组织不符合新社会运动的典范形式，但它的明显成功已经导致更多其他环境运动组织采纳其战术和风格。[12]这对民主化大众参与一直被视为一个标志的新社会运动理论来说有什么含义？

全球思考，地方行动

绿色和平组织长期以来鼓励其地方支持团体将它们自己限制在地方层次上，为它们的全国和国际行动作宣传和募集资金，并且明确禁止地方团体在任何自主的地方行动中使用绿色和平的名称。获得全国组织的支持或吸引全国大众媒体的持续关注，经常是地方运动（尤其在像法国和英国这样集权化的国家）成功的一个条件。然而，正如坎特伯雷绿色和平活动分子所表明的那样，英国绿色和平组织不认可或支持从地方上起源的运动。这在英国绿色和平组织内部产生了危机，并在坎特伯雷团体中得到了充分体现。由于不愿将它们自己限制在筹款和为绿色和平组织的全国与国际行动进行宣传的有限地位，坎特伯雷团体的成员开始了他们自己的尤其是反对在里奇伯劳电站使用沥青乳油的有限性地方运动，但因为无法在该议题上取得任何进展而遭挫败。这次失败在该团体日益脱离英国绿色和平组织并转变为一个地方反道路抗议团体中具有关键意义。这个地方性例子反映的难题在1995年被英国绿色和平组织认识到。作为对下降中的积极支持者和停滞不前的捐赠水平的回应，该组织宣布，为了“授权”地方支持者，准备放宽对地方支持团体将它们自己限于筹款和宣传作用的预期。考虑到绿色和平组织对地方支持者筹集款项的依赖，毫不奇怪的是，实践中没有任何可见的变化证据。

积极的绿色和平支持者的经验是特别有趣的，因为正是它们——作为一个比其他组织更积极地和实践地致力于环境难题的全球性质的真正跨国性环境运动组织地位的主要竞争者的支持者——可能经历了在全球思考和地方行动之间的最紧张关系。坎特伯雷团体的经历表明，“全球思

考，地方行动”的律令越是被严肃地加以对待，运动活动分子对在其极大的期望与实际上在地方层次所能获得的极为有限成果之间的鸿沟的失望就越大。

绿色和平的组织形式反映了对在跨国层次上从事有效运动行动限制的实用主义回应。在全国层次及跨国层次上的有效行动，使组织结构和一定程度的精英自主性成为必需。在任何接近一个全球层次上，任何内部民主的社会运动组织鉴于回应速度的需要和在多国支持者之间有效交流的障碍都是不切实际的。因此，议题和全球层次上决策的复杂性使得决定权不可避免地转移到了精英的手中。在缺乏一个民主全球政体的情况下(有谁认真地相信**那**是一个近期的前景?)，这是一个民主负责的政党不可能有效治理的层次。考虑到欧盟内部对“民主赤字”的批评，它是一个小小的安慰：最有力地促进全球环境协定的政治角色是欧盟自己民主选举出来的政府。

如果说绿色和平的组织结构是不民主的，那么国家政府在环境事务中的民主责任性是日益值得怀疑的，而抱怨遭到绿色和平威吓的公司所具有的信用甚至更少。跨国公司的辩护者认为，他们可以通过市场来负责：如果人们不喜欢和不信任他们，没有人会购买他们的产品；他们必须通过广告媒介说服人们去购买。一个并不更少说服力的论点可以用来为绿色和平组织辩护。如果人们不支持或者赞同绿色和平组织的行动，他们就不会捐赠对维持绿色和平组织运动所必需的大量资金。而且，绿色和平行动所经常借助的正是市场的民主；它在德国首先是一次消费者对壳牌公司商品的抵制以说服该公司放弃在海里倾倒布伦特钻井平台的企图。

5. 全球行动，地方思考

如果环境运动的欧洲化甚至全球化是一个可以从这些近期事件中提取的信息，那么，另一个信息则是国家间差异的持续：德国、法国和英国公众在每一个事件中都作出了相当不同的反应。事实上，这两个议题在英国的显著性由于反对活动物的出口而相形见绌。这是一个在许多其他欧盟国家以近乎怀疑的不可理解态度进行反应的议题。环境运动的国家特殊性清楚地证实了国家文化和政治结构的持续影响，并带有民族国家政治的烙印。

环境主义者也许被要求做到“全球思考，地方行动”，但因为无论政治思考还是政治行动都受到国家文化和制度的特殊性的影响，不同国家的公民往往不同地思考，甚至是当努力地全球性思考的时候。很明显，当可能的全球运动角色确实在尝试全球思考的时候，它们往往依据使这些思考借以进行的文化假设来这样做。

然而，如果没有环境运动组织令人信服地联合了第一和第三世界的环境主义者，如果我们采纳一个不太限制性的环境“运动”的定义，那么，的确存在一个包括了南方和北方环境运动活动分子精英的联系和分享关切的网络。来自北方和南方的环境主义者也许始于不同的观点，具有不同的经历并且有着不同的优先性，但据说，在里约北方向南方学习并且由此产生的联系已经使一个全球环境运动至少开始成为现实。尽管如此，绿色和平等组织可能有志于创立一种跨国环境意识，以作为与来自除了北方之外其他文化的活动分子的联系增加的结果。这些组织可能日益敏感于相互间的观点差异和利益平衡，但是，它们创立一个跨国环境意识的努力继续通过国家或区域文化和制度的过滤而被接受和转化成政策与行动。

6. 超越环境运动

大多数评论家相信，作为经济全球化和新通信技术不可避免伴随现象的民族国家主权的侵蚀，对于有国际头脑的环境主义者来说也许未必是一件纯粹的幸事。在全球政治体制中缺乏有效的民主控制机制的情况下，民族国家主权的侵蚀在巨大地提高了精英机会和权力的同时实现了对最贫穷和最虚弱的人的束缚。

有人认为，所有的环境行动都不可避免地是地方性的。从政策实现意义上来说，那是真实的，但更重要的事实是，损害或保护环境的最重要决定和行动都是在精英层次上作出的。许多环境运动所熟悉的直接民主的神话——以及授权地方社区的律令——是一种道德观念而不是一种实践战略。被授权的地方社区只能作出几乎无关乎其他生活在较远社区人

们的环境的决定。如同清洁欧洲河流体系的努力所展示的，环境难题超越了政治边界。但超国家政治论坛的存在虽然促进了对这些难题的讨论，鉴于观点和涉及利益的多样性，达成协定和有效的政策执行是特别困难的。[13]缺乏这种跨地域的政治安排，保护和改善环境的联合行动将是不可能的。关于环境政策决定应该“在合适的层次”上作出的更加理性和更少基要主义的建议，存在着如何以某种民主方式决定**谁**应该决定、**哪里**是合适层次的困难而失败。

正常的民主过程并不足以可靠地将对最没优势人群的最大关切送入政治议程，即使是在最民主的国家里。因为普通公民没有足够的知识或者对环境议题的理解，他们不能指望给那些实际上（而不只是明显的）对他们自己或其他人最具威胁的环境危险的缓和施加压力。较不可见和更加复杂的环境难题不太可能作为公共议题由下层提出。

几乎在每个地方，精英压力和行动而不是大众压力是新环境规定的代理人。如果政府尤其是在欧洲已经准备好对付如此复杂的议题，这很少是因为，它们对民主大多数的要求作出了回应，而更多地是因为，它们屈服于非选举精英的论点（并且有时是威胁）——科学共同体或者环境非政府组织。如此多的国际协定这么快达成是非常显著的，但如果不是霸权的管理精英接纳科学精英和非政府组织的论点或者至少是如此开放性的政府代表的话，很难想象结果会是这样。当产生这些协定的谈判历史被写出来时，它更可能是精英之间互动而不是一个大众动员的历史。

非政府组织推进环境议题的成功再次提出了负责性问题。环境运动组织很少是民主上可问责的，甚至对其成员和支持者而言也是如此。非政府组织在资源上不可能与政府竞争，而且值得怀疑的是，即使它们获得了科学共同体的善意，它们总是能够想出正确的答案。这是因为，像政府一样，非政府组织具有使其不能成为最科学的中性接受者的先入之见和既得利益。就环境运动组织动员了大量受到情感而不是对议题的正确理解的公众而言，它们可能无意识地迫使政府行动和达成从科学观点来看不仅是次最佳而且甚至达不到预期目标的协议。[14]

太多的环境政治讨论已经假定环境正义的压力来自下面。很清楚的是，它只是偶尔地做到这一点，因为所有国家人口中教育水平较低和资源较少的大众没有知识或者手段来实现对既存政治和经济权力的集中进行有效的挑战。环境运动组织也许在某种程度上可以补偿，但它们自己对议题的理解和民主信用是成问题的。这里提出的根本问题是，精英们将他们自己认为必需的紧迫环境难题的解决出路强加在不情愿的大众身上是否是合适的。只不过由于最复杂环境难题的突出性和克服它们所付出代价的相对缺乏，迄今为止模糊了这种情形的严峻性。

精英对民主压力的更大回应性并不能保证环境正义会被更加安全地得到确立。在一些国家，通过经济发展实现物质进步的意识形态是如此流行以至于当国际环境协议强加真正的经济成本变得显而易见时，一个强大的对抗性反应是可以预期的。例如，澳大利亚宣布反对将二氧化碳排放目标包括在京都谈判的气候变化条约草案中。因为澳大利亚代表认为，执行这样的目标将会严重限制经济发展并且会威胁就业。澳大利亚工党政府很可能准备在这个问题上冒被国际孤立的风险[15]，因为国内政治日程意味着，对国际社会的承诺可能威胁已经变得难以捉摸的经济增长，而这样进入大选对执政党来说是自杀性的；它的保守党继承者甚至更加无条件地承诺于经济增长。最后的结果是，在气候变化议题上，澳大利亚环境非政府组织已经完全地被边缘化了。在澳大利亚由于相当特殊的原因发生的事情，可能是也在其他地方出现的征兆。如果统治精英开始对被统治者的经济关切更加具有回应性（不可避免地是短期的），那么，国际环境协定将会变得更加捉摸不定，而它们的执行甚至会更加不确定。

民主的出路是投资于大众教育，以便使人们更好地理解议题并在环境政治中扮演一个负责任的角色。当前，这似乎只是一个虔诚的希望。全球环境难题不只是对于大多数人来说难以接近，也基本上不被他们所理解。大众对全球变暖的理解仍然停留在视每一段不寻常的温暖天气为温室效应的证据——然后以每一次严重寒流来否定它——的水平。这些如此没有科学共识和较少大众理解的议题尤其易受媒体简化和误传的影响，并且，因此要比一个能够被有效动员的明智的公共舆论更可能产生恐慌和警报。

结果，问题从民主领域撤退到了精英决策领域，并且成为一个在科学家和政治家之间的平衡行为。在为一个有效的民主全球环境运动所作的

悲观预测中，斯克莱尔引用了米歇尔关于革命目标将会从属于官僚机器的可能性的观点。[16]但是，米歇尔不像大多数评论家所描述的那样是一个彻底的悲观主义者。他相信，民主大众政党组织的必然代价是权力在其内部的不平等分配，但他没有假定那种不平等的**程度**是不变的。相反，他认为，随着教育水平的增长，更大比例的市民将会能够进行有效的政治参与，而且，他确定工人阶级的社会教育是一项紧迫的任务以便与工人阶级运动的寡头政治趋向作斗争。在我看来，那似乎是展示了过去三十年里成为先进西方社会普遍经验的渴望民主参与浪潮的相当程度上的先知先觉。因此，这一进程可能也将与环境运动同在。在每个地方，受过高级教育的人口比例正在增加，而且，受过更多教育——尤其是更好的科学和技术教育——的人口，将能够更好地理解环境议题和维系可以应对它们的民主组织。

[注释]

[1] S. 威瑟斯普恩：《英国的绿化：浪漫和理性》，载 R. 约威尔主编《英国社会态度：第11个报告》，阿尔德肖特达特茅斯出版社 1994 年版。

[2] 美国近似的发现，参见 A. 拉德和 S. 拉斯卡《对固体废弃物燃烧的反对》，载《社会探索》1991 年第 3 期。

[3] W. 吕蒂希：《公共意见和全球变暖：比较分析》，载《斯特拉斯克拉德大学政府与政治论文》1995 年总第 101 期。

[4] 但从考西斯(参见第 8 章)的论述可以看出，对环境破坏的**地方性**抵抗在希腊、西班牙和葡萄牙还是广泛的；它们没有与有效的的全国性环境运动组织的联系这一事实，更多地应从其政治机会和政治文化由过去的极权统治和民主转型环境所决定的特殊方式来解释。

[5] 而且，“绿色政治活动分子看起来有一种将他们的环境行动主义与抵抗经济增长偏见和对强烈的福利供给联系起来的世界观和意识形态。因此，绿色行动主义者更容易在一个有着将社会和环境难题与解决方案联系起来的、内在一致的意识形态的群体中找到”。甚至牺牲部分个人代价的对绿色政策的支持“不仅依赖于知识，而且依赖于社会价值。那些将别人福利和解决社会难题的集体方法置于一个很高地位的人，比其他人更可能愿意支持环境政策”。这不同于吕蒂希关于正在出现一个“生态冲突向度”的观点。主张环境议题看起来增添了集体主义—福利

主义和个人主义的一个新向度，未必贬低它们的严肃性和新颖性。参见：S. 威瑟斯普恩《英国的绿化：浪漫和理性》，载 R. 约威尔主编《英国社会态度：第 11 个报告》，第 128、135 页；W. 吕蒂希《解释绿党发展》，载《斯特拉斯克拉德大学政府与政治论文》1990 年总第 71 期。

[6] 这也许有助于解释为什么后物质主义和对绿党支持的相关性一般是温和的：在投票支持绿党和支持环境运动的人群中，既有受到较多教育的"后物质主义"生态主义者，他们不必担心后果十分遥远的全球环境难题对自身安全的影响，也有一些较少受到教育的人，他们主要是受到了担心污染和核废料带来的对他们物质安全威胁的驱动。参见：W. 吕蒂希《解释绿党发展》，第 14 页；M. 弗兰克林和 W. 吕蒂希《欧洲的绿化：1989 年欧洲议会选举中的生态投票》，载《斯特拉斯克拉德大学政府与政治论文》1991 年第 82 期；M. 弗兰克林和 W. 吕蒂希《论绿色政治的持续性：1989 年欧洲议会选举研究》，载《比较政治研究》1995 年总第 28 期。

[7] 关于这一运动的背景和发展，参见笔者在本章中关于这个和其他地方性例子的分析，也来自地方媒体的报道，尤其是 *Kentish Gazette*。

[8]《地方感在动物工厂会议占重要地位》，1996 年 9 月 19 日 *Kentish Gazette*。

[9] R. 沃尔什等：《不要在我后院运动和焚烧地点：社会运动理论的含义》，载《社会问题》1993 年第 1 期。

[10] A. 维迪克和 J. 本斯曼：《大众社会中的小城镇》，普林斯顿大学出版社 1958 年版。

[11] L. 斯克莱尔：《社会运动和全球资本主义》，载《社会学》1995 年总第 29 期，第 509 页。

[12] 对于绿色和平，可参见：R. 埃尔曼和 A. 加米森《作为组织武器的环境知识：以绿色和平为例》，载《社会科学信息》1989 年第 2 期；R. 戴尔顿《绿色彩虹》，耶鲁大学出版社 1994 年版；D. 鲁赫特《精心策划的生态抗议：比较绿色和平和"地球第一"》，载 W. 吕蒂希《绿色政治》，爱丁堡大学出版社 1995 年版；P. 瓦普纳《环境行动主义和世界公民政治》，纽约州立大学出版社 1996 年版，第 3 章；R. 杉科《美国绿色和平：新的、旧的和借的》，载《美国政治和社会科学院学报》1995 年总第 528 期。其中，戴尔顿和杉科提供的证据表明，甚至一个明确的跨国组织像绿色和平也难以逃脱地方环境对其组织、战略和取向的影响。

[13] 对于德国荷兰边界的问题，参见 D. 德琼和 P. 利罗伊《关于自然保护与自然发展的边界政策中冲突的自然构建》，"21 世纪的环境：环境、长期治理和民主"国际会议论文，1996 年 9 月。

[14] 生物多样性公约也许是一个恰当的例子。

[15] 澳大利亚当然不是完全孤立的。京都会议前几个月，澳大利亚代表作出了巨大努力来联合抵抗对二氧化碳减少量目标的接受，而且，它的这一立场得到了美国、加拿大和日本的支持。澳大利亚的确有一个特殊理由，即它在所拥有的初级产品尤其是矿产品上是一个相对能源有效的加工者，但特殊的理由当然有很多。

[16] L. 斯克莱尔：《社会运动和全球资本主义》，载《社会学》1995 年总第 29 期，第 498 页。

（克里斯托弗·卢茨）

附录　分章作者

卡尔—沃纳·布兰德(Karl-Werner Brand):德国爱尔兰根—纽伦堡大学科学研究跨学科研究所(IIWW)科学社会研究教授和慕尼黑社会与环境研究单位“慕尼黑社会研究小组”(MPS)负责人。

乔安·卡明(JoAnn Carmin):美国麻省理工学院(MIT)助教。

马里奥·迪亚尼(Mario Diani):意大利特伦托大学社会学教授。

帕罗·唐纳提(Paolo Donati):意大利米兰 TESI 的研究者和顾问。(已故)

露西·福特(Lucy Ford):英国牛津布鲁克斯大学国际关系讲师。

杰夫·海恩斯(Jeff Haynes):英国伦敦城市大学政治学教授。

海因安顿·范德海登(Hein-Anton van der Heijden):荷兰阿姆斯特丹大学政治学讲师。

曼纽尔·吉门尼兹(Manuel Jiménez):西班牙马德里朱安马奇研究所研究官员,并在卡迪兹大学授课。

玛丽亚·考西斯(Maria Kousis):希腊克里特大学社会学教授。

约琛·卢斯(Jochen Roose):德国莱比锡大学研究者。

克里斯托弗·卢茨(Christopher Rootes):英国肯特大学环境政治学和政治社会学教授、社会与政治运动研究中心主任。

迪特·鲁赫特(Dieter Rucht):德国柏林社会研究中心(WZB)社会学教授。

戴维·施劳斯伯格(David Schlosberg):美国北卡拉罗纳大学政治系助教。

德里克·沃尔(Derek Wall):英国肯特大学社会与政治运动研究中心荣誉研究员。

马克·威廉姆斯(Marc Williams):澳大利亚新南威尔士州大学国际关系教授。

佐伊·扬(Zoe Young):英国赫尔大学地理系研究助理,现为自由职业作家与制片人。

Environmental Movements
Local, National and Global

Published by an arrangement with Frank Cass & Co. Ltd.

For more information about the publications of this Press, please visit its website:

Http://www.frankcass.com/jnls